KB135625

파인만의 물리학 길라잡이

Feynman's Tips On Physics : A Problem-solving Supplement To The Feynman Lectures On Physics

---

Authorized translation from the English language edition, entitled FEYNMAN'S TIPS ON PHYSICS: A PROBLEM-SOLVING SUPPLEMENT TO THE FEYNMAN LECTURES ON PHYSICS, 1st Edition, ISBN: 0805390634 by FEYNMAN, RICHARD P., published by Pearson Education, Inc, publishing as Benjamin Cummings, Copyright © 2006 Michelle Feynman, Carl Feynman, Michael Gottlieb, and Ralph Leighton.

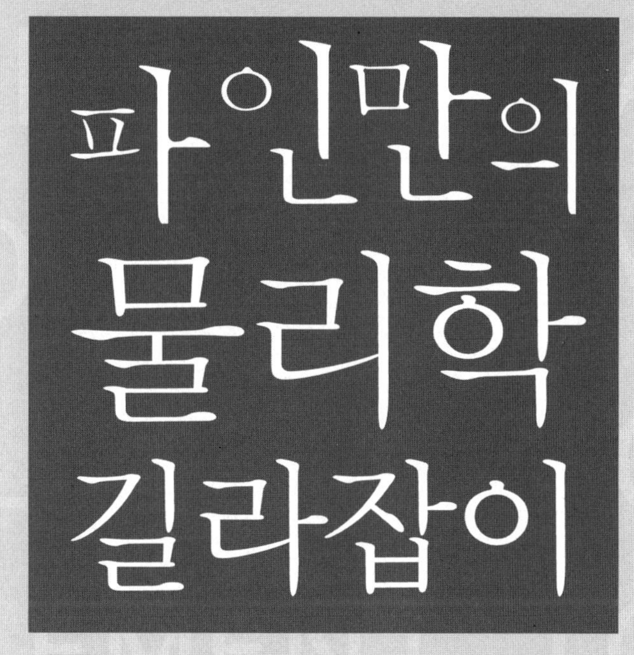

강의록에 딸린 문제 풀이

리처드 파인만, 마이클 고틀리브, 랠프 레이턴 | 지음
박병철 | 옮김

승산

머리말

히말라야 고지대의 인도-중국 국경 근처에서 라마스와미 발라수브라마니안(Ramaswamy Balasubramanian)은 쌍안경을 통해 티베트에 주둔 중인 중국 민중해방군의 동태를 살피고 있었다. 물론 민중해방군도 망원경으로 이쪽을 주시하고 있었다. 인도와 중국이 국경 문제로 외교적 마찰을 빚다가 1962년에 서로 포격을 주고받은 후로, 이곳은 단 하루도 긴장이 풀릴 날이 없었다. 적으로부터 감시당하고 있음을 눈치 챈 민중해방군은 『모택동의 어록(Quotations from Chairman Mao, 흔히 '모택동의 붉은 책'으로 알려져 있음)』의 복사본을 잔뜩 실은 비행기를 상공에 띄워 인도군에게 무차별로 살포하였다.

발라수브라마니안은 난리통에 어쩔 수 없이 징집되긴 했지만, 전선에서도 틈틈이 짬을 내 물리학을 공부했을 정도로 열렬한 학구파였다. 어느 날, 민중해방군의 치졸한 전술에 염증을 느낀 그는 감시용 탑에 올라가 그에 적절한 응답을 보여 주기로 결심했다. 잠시 후, '모택동 어록 살포용' 비행기가 또 한차례 다가오자 그를 비롯한 인도병사들은 일제히 '빨간 책'을 높이 쳐들고 비행기를 향해 신나게 흔들었다. 그 책은 『모택동의 어록』이 아니라, 바로 그 유명한 『파인만의 물리학 강의(The Feynman Lectures on Physics)』 1, 2, 3권이었다!

어느 날 나는 발라수브라마니안으로부터 한 통의 편지를 받았다. 사실 그 편지는 파인만 교수에게 감명을 받았던 사람들이 지난 몇 년 동안 내게 보내온 수백 통의 편지들 중 하나에 불과했지만, 막상 봉투를 열어 보니 매우 의미심장한 내용이 담겨 있었다. 그는 '파인만의 빨간 책 사건'을 회고하면서 이렇게 적었던 것이다. "그 일이 있은 후로 이제 20년이 흘렀습니다. 그런데 두 권의 '빨간 책' 중 아직도 사람들에게 읽히는 책은 과연 무엇일까요?"

그렇다. 『파인만의 물리학 강의』는 초판이 출간된 후로 무려 40여 년의 세월이 흘렀지만, 전 세계의 사람들은 아직도 그의 책을 읽으며 무한한 영감을 떠올리고 있다. 지금 이 순간에도 티베트에서 파인만의 책을 읽는 사람이 분명히 있을 것이다.

몇 년 전에 나는 한 파티석상에서 마이클 고틀리브(Michael Gottlieb)를 만난 적이 있다. 그때 파티장의 대형 컴퓨터 스크린에는 투바공화국(Tuva, 시베리아와 몽고 사이에 위치한 인구 30만의 소국 : 옮긴이) 출신 가수의 샌프란시스코 라이브 공연 화면이 나오고 있었다. 고틀리브는 수학을 전공했고 물리학에도 관심이 많았으므로, 나는 그에게 『파인만의 물리학 강의』를 읽어 보라고 권했다. 그 후로 6개월 동안 고틀리브는 세 권으로 된 시리즈를 완전히 독파하였고, 다시 6개월의 시간을 들여 이 책을 집필하게 되었다.

이제, 물리학에 관심이 있는 전 세계의 독자들은 더욱 정확하게 개정된 『파인만의 물리학 강의』를 본 참고서와 함께 읽을 수 있게 되었다. 지금까지 그래왔듯이, 앞으로도 파인만의 강의록은 맨해튼의 중심가에서 티베트의 오지에 이르기까지, 전 세계의 학생들에게 번뜩이는 영감을 불어넣으며 물리학의 필독서로 영원히 남을 것이다.

2005년 5월 11일

랠프 레이턴(Ralph Leighton)

1962년경의 리처드 파인만

입문

나는 1986년에 『파인만씨, 농담도 잘하시네!(Surely You're Joking, Mr. Feynman!)』라는 책을 통해 리처드 파인만과 랠프 레이턴을 처음 알게 되었다. 그로부터 13년이 지난 어느 날, 한 파티 석상에서 처음 대면한 후로 절친한 친구가 된 랠프와 나는 파인만을 기리는 우표의 디자인 작업을 함께 하였다.[1] 그동안 랠프는 내게 파인만과 관련된 다양한 서적들을 건네주었는데, 그중에는 내가 컴퓨터 프로그래머로 일할 때 받았던 『파인만의 엉뚱 발랄한 컴퓨터 강의(Lectures on Computation)』도 포함되어 있었다.[2] 이 책에는

1) 1999년에 투바공화국의 명가수 온다르(Ondar)가 발표한 CD앨범 ≪Back TUVA Future≫의 재킷에는 파인만과 함께 우리의 우표가 수록되어 있다(Warner Bros. 9 47131-2).

2) 『파인만의 엉뚱 발랄한 컴퓨터 강의(Feynman Lectures on Computation)』 리처드 파인만 저, 앤서니 헤이(Anthony J.G. Hey), 로빈 앨런(Robin W. Allen) 편집, 1996, 애디슨 웨슬리, ISBN 0-201-48991-0

양자역학적 컴퓨팅에 관한 논의가 흥미진진한 필치로 소개되어 있었는데, 그 값진 내용을 제대로 이해하려면 양자역학을 따로 공부해야만 했다. 그때 랠프는 내게 『파인만의 물리학 강의』 3권을 읽어 보라고 권유했는데, 3권의 1장과 2장은 1권의 37, 38장과 같은 내용이었기에 3권을 잠시 덮어 두고 1권을 손에 잡았다가 아예 내친 김에 『파인만의 물리학 강의』 전 3권을 몽땅 읽기로 작정했다. 양자역학을 공부하겠다는 나의 의지가 그토록 강렬했던 것이다! 그리고 책을 읽으면서 파인만의 정신 세계에 흠뻑 매료된 나는 '오로지 즐거움을 위해' 물리학을 공부하는 것을 가장 큰 낙으로 삼게 되었다. 정말이지 나는 파인만에게 완전히 반해 버렸다! 1권을 반쯤 읽었을 때, 나는 컴퓨터 프로그램을 잠시 접고 장기 휴가를 내어 코스타리카의 한적한 지방 도시로 날아갔다. 6개월 안에 파인만의 보물 같은 책을 완전히 독파하기로 결심했기 때문이다.

그곳에서 나는 매일 오후마다 파인만의 강의록을 펼쳐 들고 새로운 물리학의 세계에 빠져들었으며, 오전에는 어제 읽었던 내용을 다시 읽으면서 머릿속의 생각을 정리하였다. 그리고 랠프와 틈틈이 이메일을 주고받으면서 1권의 오타를 수정하였다. 사실, 1권에는 오타가 거의 없었으므로 그다지 어려운 일은 아니었다. 그러나 2권과 3권으로 넘어가니 의외로 오타가 꽤 많이 있었다. 전 3권에 걸쳐 내가 찾아낸 오타는 무려 170여 건에 이른다. 랠프와 나는 놀라지 않을 수 없었다. 다른 책도 아닌 『파인만의 물리학 강의』에 이토록 많은 오타가 근 40년 동안 방치되어 있었다니, 파인만의 열렬한 팬인 나로서는 도저히 그냥 넘길 수 없는 일이었다. 그래서 랠프와 나는 여러 차례 의견을 교환한 끝에 수정판을 재출간하기로 결정했다.

그 후 나는 파인만의 머리말에서 다음과 같은 글귀를 발견하였다.

"나는 수강생들로 하여금 소모임을 조직하여 별도의 토론을 하도록 지시했기 때문에 문제 풀이에 관한 강의를 따로 준비하지는 않았다. 첫해에는 문제 풀이법에 대하여 세 차례에 걸쳐 강의를 했었는데, 그 내용은 이 책에 포함시키지 않았다. 그리고 회전계에 관한 강의가 끝난 후에 관성 유도에 관한 강의가 당연히 이어졌지만, 그것도 이 책에서 누락되었다."

이 글을 읽는 순간, 나는 누락된 내용을 첨가하여 재출판해도 좋겠다는 생각이 문득 떠올랐다. 여기에 오타까지 수정하여 개정판을 내면 칼텍과 애디슨 웨슬리(Addison-Wesley) 출판사 측에서도 환영할 것 같았다. 그러나 당장 누락된 강의내용을 찾는 것이 문제였다. 그때만 해도 나는 코스타리카에 죽치고 있었기 때문이다! 그 덕분에 랠프가 많은 고생을 했다. 그는 부친의 서재와 칼텍의 문서 보관소를 이 잡듯이 뒤진 끝에 관련 문서 중 일부를 찾아냈고, 여기에 약간의 추리력을 발휘하여 '파인만의 누락된 강의록'을 재구성하는 데 성공했다. 또한 그는 파인만의 육성이 녹음된 테이프까지 '발굴'함으로써, 개정판의 구색을 갖추는 데 결정적인 역할을 했다. 캘리포니아로 돌아온 후, 나는 랠프와 함께 오타를 수정하던 중 잡동사니가 들어 있는 상자 속에서 파인만의 필체가 가득 적혀 있는 여러 장의 칠판 사진을 발견했다(이 사진은 오랫동안 분실된 것으로 알려져 있었다). 이 소식을 전해 들은 파인만의 유족들은 사진을 마음대로 사용해도 좋다고 허락해 주었으며, 파인만-레이턴-샌즈 삼총사 중 현재 유일하게 생존해 있는 매슈 샌즈(Matthew Sands)는 우리의 원고에 여러 가지 유익한 조언을 해 주었다. 그후 랠프와 나는 시험 삼아 "리뷰강의 B"를 재구성하여, 수정된 오타와 함께 칼텍과 애디슨 웨슬리에 넘겨주었다.

애디슨 웨슬리 출판사는 우리의 원고를 크게 환영했지만, 칼텍 측에서는 다소 회의적인 반응을 보였다. 그래서 랠프는 칼텍에서 이론물리학을 연구 중인 파인만 석좌교수 킵 손(Kip Thorne)을 만나 끈질기게 설득한 끝에 '원고를 검토해 보겠다'는 약속을 받아 냈다. 사실, 칼텍 측에서는 『파인만의 물리학 강의』에 커다란 역사적 의미를 부여하고 있었기에 새로운 개정판을 달갑지 않게 여긴 것이 사실이었다. 그리하여 랠프는 누락된 강의를 별도의 책으로 출판한다는 아이디어를 떠올렸고, 그 결과 『파인만의 물리학 강의 : 개정판』과 이 책이 동시에 출판되기에 이른 것이다. 『파인만의 물리학 강의 : 개정판』에는 그동안 나를 포함하여 여러 사람들이 발견한 오타가 모두 수정되어 있다.

매슈 샌즈의 회고문

랠프와 나는 네 개의 강의록을 재구성하면서 수많은 의문에 직면했는데, 다행히도 그중 대부분은 매슈 샌즈 교수가 나서서 해결해 주었다. 특히 그는 『파인만의 물리학 강의』를 출간한다는 야심 찬 프로젝트를 출범시키는 데 결정적인 역할을 한 사람이었다. 그런데 한 가지 유감스러운 것은 전 세계의 독자들이 파인만 강의록의 탄생과 관련된 사연을 거의 모르고 있다는 점이었다. 그래서 우리는 이와 관련된 이야기를 개정판에 추가하기로 결정했고, 고맙게도 매슈 샌즈 교수가 글을 써 주기로 했다.

네 개의 강의

매슈 샌즈는 우리에게 다음과 같은 이야기를 들려주었다. 1961년, 칼텍의 물리학과 교수들은 1학기 기말고사를 며칠 앞두고 1학년 학생들에게 새로운 내용을 강의하는 것이 너무 가혹한 처사라는 데 의견일치를 보았다.[3] 그래서 파인만은 시험 전주에 '새로운 내용이 전혀 없는' 세 개의 리뷰 강좌를 강의하였다(학생들은 이 강의를 들어도 되고 안 들어도 상관없었다). 평소 수업을 따라오지 못하는 학생들을 위해 특별히 개설된 이 강좌는 물리학의 원리 이해 및 문제 풀이 능력을 함양하는 데 주안점을 두고 진행되었으며, 강의에서 다뤄진 연습 문제 중에는 '러더퍼드의 원자핵 발견'과 '파이 중간자의 질량 결정법' 등 물리학사에 큰 획을 그은 초대형 문제도 포함되어 있었다. 또한 파인만은 특유의 기지를 발휘하여 학급에서 평균 이하의 수준에 있는 학생들에게 감성을 자극하는 문제를 내주기도 했다.

---

3) 칼텍의 1년 학사일정은 3학기로 나누어 진행된다. 1학기는 9월 말~12월 초, 2학기는 1월 초~3월 초, 3학기는 3월 말~6월 초이다.

네 번째로 진행된 강의 "역학적 효과와 응용(Dynamical Effects and Their Application)"은 1학년 학생들이 짧은 겨울방학을 끝내고 막 돌아온 2학기 초에 시작되었다. 원래 "강의 21(Lecture 21)"이라는 이름으로 계획된 이 강좌는 제1권의 18～20장에서 다뤘던 어렵고 지루한 내용(회전 운동)을 응용문제 중심으로 좀 더 흥미롭게 개편한 것이었다. 간단히 말해서 '재미로 듣는 강의'였던 셈이다. 이 강좌에서는 관성 유도장치 등 1962년 당시에 '새로운 기술'로 취급되던 내용들이 주로 강의되었으며, 회전과 관련된 자연현상들도 체계적으로 다루어졌다. 또한 파인만은 자신이 강의했던 원래의 강좌에 이 내용이 누락된 이유도 친절하게 설명해 놓았다.

강의가 끝난 후

파인만은 강의가 끝난 후에도 종종 마이크를 끄지 않았는데, 이 때문에 우리는 파인만이 학부생들과 대화하는 내용을 들을 수 있는 특별한 기회를 갖게 되었다. 이 책의 뒷부분에는 "역학적 효과와 응용"의 강의가 끝난 후 파인만과 학생들 사이에 오갔던 대화가 수록되어 있는데, 이 부분을 잘 읽어 보면 아날로그에서 디지털로 넘어가는 초창기(1962년)의 일반적인 사고방식을 엿볼 수 있다.

연습 문제

개정판 작업이 진행되는 동안 랠프는 자신의 부친 로버트 레이턴과 절친한 동료였던 로쿠스 포크트(Rochus Vogt)를 찾아가서 레이턴

(부친)과 포크트가 공동 집필했던 『기초물리학 연습(Exercises in Introductory Physics)』의 문제와 해답을 복원하자고 제안했고 포크트는 흔쾌히 수락하였다[이 책은 그들이 1960년대에 『강의(The Lectures)』를 위해 특별히 만든 문제집이었다]. 그러나 페이지상의 제한 때문에 이 책에는 제1권의 1～20장("역학적 효과와 응용"에 직접적으로 관련된 문제들)만 수록되어 있다. 이 문제들은 로버트 레이턴의 말을 빌자면, "풀이법이 간단하면서도 정곡을 찌르는 문제들"이다.

웹사이트

www.feynmanlectures.info를 방문하면 이 책과 『파인만의 물리학 강의 : 개정판』에 관하여 더욱 많은 정보를 얻을 수 있다.

코스타리카, 플라야 타마린도(Playa Tamarindo)에서

마이클 고틀리브(mg@feynmanlectures.info)

감사의 글

이 책을 출간하는 데 도움을 주신 모든 분들에게 진심으로 깊은 감사를 드린다. 특히, 아래 열거된 분들에게는 각별한 감사의 뜻을 별도로 전하고 싶다.

토머스 톰브렐로(Thomas Tombrello) : 칼텍의 물리학과, 수학과 및 천문학과장으로, 개정판 작업이 칼텍의 이름으로 진행되는 것을 허락해 주었다.

칼 파인만과 미셸 파인만(Carl Feynman and Michelle Feynman) : 리처드 파인만의 유족(상속인)으로, 부친의 강의를 출판하자는 우리의 제안을 흔쾌히 수락해 주었다.

매슈 샌즈(Matthew Sands) : '파인만 강의록'을 탄생시킨 세 명의 원저자 중 유일하게 살아 있는 사람으로, 깊은 지혜와 해박한 지식을 우리에게 나누어 주었으며 작업 내내 유익한 충고를 아끼지 않았다.

마이클 하틀(Michael Hartl) : 우리의 원고를 꼼꼼하게 읽어 주었으며, 『파인만의 물리학 강의』에서 찾아낸 오타를 일일이 확인해 주었다.

로쿠스 포크트(Rochus E. Vogt) : 독창적인 연습 문제로 가득 찬 『기초물리학 연습』의 저자로서, 우리의 개정판에 자신이 만든 문제를 수록하도록 허락해 주었다.

존 니어(John Neer) : 휴스 항공사(Hughes Aircraft Corporation)에서 베풀어진 파인만의 강연에 세심한 주석을 달았고, 그 내용을 우리에게 제공하였다.

헬렌 턱(Helen Tuck) : 오랜 세월 동안 파인만의 비서로 일했던 그녀는 우리의 개정판 작업에 시종일관 격려와 도움을 아끼지 않았다.

아담 블랙(Adam Black) : 애디슨 웨슬리 출판사의 물리학분과 편집장인 그는 우리의 작업에 끊임없는 관심을 보이면서 원고가 완성될 때까지 참을성 있게 기다려 주었다.

킵 손(Kip Thorne) : 시종일관 우리의 작업을 관리·감독하면서, 이 일과 관련된 모든 사람들에게 변함없는 애정과 신뢰를 보여 주었다.

Contents

제 4 장

역학적 효과와 응용_리뷰강의 D 185

제5장

『파인만의 물리학 강의』의 탄생비화

매슈 샌즈의 회고

1950년대에 변경된 교과과정

나는 1953년에 칼텍(caltech)의 전임교수로 부임하여 첫 강의로 대학원 강좌를 맡았었는데, 당시 대학원의 교과과정은 그야말로 실망스러운 수준이었다. 대학원에 진학한 학생들이 첫해에 배우는 내용이라는 것이, 고작해야 역학과 전자기학 등 고전물리학에 국한되어 있었기 때문이다[게다가 전자기학은 정적인(static) 경우만 다루었으며, 복사에 관한 내용은 아예 언급조차 되지 않았다]. 전국에서 모여든 똑똑한 학생들을 대학원에 앉혀 놓고 2～3학기가 지나도록 현대물리학을 강의하지 않는다는 것은 정말로 수치스러운 일이 아닐 수 없었다(그 현대물리학조차도 20～50년 전에 개발된 것이다). 참다못한 나는 대학원 교과과정에 대대적인 개혁이 필요하다고 목소리를 높이면서 일련의 계몽활동을 펼쳐 나갔다. 다행히도 로스앨러모스(Los Alamos)에서 일하던 시절부터 친분이 두터웠던 리처드 파인만 교수가 나의 의견에 동감하여 커다란 힘을 실어 주었다. 나와 파인만은 새로 기획한 교과과정 이수계획서를 들고 물리학과 교수들을 일일이 찾아다니면서 끈질기게 설득했고, 결국 물리학과에서는 우리의 의견을 수용하기로 결정하였다. 개정된 교과과정에 의하면 대학원생은 처음 1년 동안 전기역학과 전자 이론(샌즈 강의), 양자역학 입문(파인만 강의), 그리고 수리물리학[로버트 워커(Robert Walker) 강의]을 수강하도록 되어 있었으며, 훗날 이 개혁은 '매우 성공적'이라는 평가를 받았다.

1957년 10월 러시아 우주선 스푸트니크(Sputnik) 1호의 발사 소식에 커다란 충격을 받은 MIT의 제럴드 자카리아스(Jerrold Zacharias)는 미국 고등학교의 교육방식을 전면적으로 뜯어고쳐야 한다고 강력하게 주장하면서 개혁의 선봉을 자처하고 나섰다. 그 결과로 PSSC(Physical Science Study Committee, 미국물리교육연구회) 프로그램이 만들어졌고, 과학교육과 관련된 수많은 아이디어들이 전국 각지에서 쏟아졌다(물론, 그의 개혁은 수많은 논쟁도 야기시켰다).

PSSC 프로그램이 거의 완결될 무렵, 자카리아스와 그의 동료들[이들 중에는 프랜시스 프리드만(Francis Friedman)과 필립 모리슨(Philip Morrison)도 끼어 있었다]은 "고등학교뿐만 아니라 대학의 물리교육도 달라져야 한다"며, 10여 개 대학의 물리학과 교수들을 규합하여 소그룹 형태의 모임을 주관하다가 마침내 대학물리학위원회(CCP, Commission on College Physics)를 발족시켰다. 미국국립과학재단으로부터 재정을 확보한 CCP는 대학 물리교육의 개선을 외치는 수많은 교수들의 지원을 받으며 냉전시대 미국의 물리학 발전에 결정적인 공헌을 했다. 자카리아스는 CCP의 첫 번째 회의에 나를 초빙하였고, 훗날 나는 이 위원회의 위원장이 되었다.

칼텍 프로그램

나는 대학교육의 전면적인 개편 작업에 직접 관여하기 시작하면서, 내가 몸담고 있는 칼텍의 교과과정도 어떻게든 뜯어고쳐야 한다고 생각했다. 당시 학부생들은 기초물리학 강좌의 교재로 밀리컨(Millikan)과 롤러(Roller), 그리고 왓슨(Watson)이 공동 집필한 책을 사용하고 있었는데, 1930년대에 쓰인 이 책은 나름대로 훌륭한 교재였지만 나중에 롤러가 약간의 수정을 가했을 뿐, 현대물리학에 관한 내용은 거의 찾아볼 수 없었다. 게다가 이 강좌는 교수의 강의 없이 진행되었기 때문에 새로운 내용을 소개할 기회도 거의 없었다. 그저 포스터 스트롱(Foster Strong)이 편집한 문제집에서 마땅한 문제를 골라 매주 숙제로 내주고, 학생들은 2주에 한 번씩 모여서 풀이 과정을 토론하는 식으로 진행되었다.[1)]

물리학과의 다른 교수들과 마찬가지로 나는 해마다 일부 학생들의 지도를 맡아 자문에 응해 왔는데, 놀랍게도 3학년 학생들 대부분은 물리 공부를 계속할 생각이 없다고 고백해 왔다. 그들이 이 정

---

1) 이 책의 5장에 수록된 연습 문제 중 상당수는 스트롱의 문제집[『기초물리학 연습(Exercise in Introductory Physics)』 로버트 레이턴, 로쿠스 포크트 편저]에서 발췌하였다.

도로 자신감을 잃은 데에는 여러 가지 원인이 있었겠지만, (내가 보기에) 가장 큰 이유는 대학에 입학하여 무려 2년 동안 물리학을 공부했음에도 불구하고 첨단 물리학에 대하여 아는 것이 하나도 없다고 느꼈기 때문인 듯했다. 사정이 이러할진대, 교육개혁의 바람이 이 동네까지 불어오는 날을 가만히 앉아서 기다릴 수만은 없었다. 지금 당장 칼텍이 나서서 무언가를 해야만 했다. 특히, 현대물리학의 중추를 이루는 원자론과 핵이론, 그리고 양자역학과 상대성 이론만은 기초물리학 과정에 반드시 포함시켜야 한다고 생각했다. 그래서 나는 토머스 로리슨(Thomas Lauritsen), 리처드 파인만 등과 토론을 거친 후, 당시 물리학 과장이었던 로버트 바처(Robert Bacher)를 찾아가 기초물리학 과정을 대대적으로 수정해야 한다고 강력하게 주장했다. 그러나 바처 교수의 첫 반응은 매우 냉담했다. "저는 그동안 주변 사람들에게 칼텍의 교과과정이 매우 우수하다고 자랑해 왔습니다. 경험 많은 교수들의 충분한 의견수렴을 거쳐서 결정된 교과과정을 왜 바꿔야 합니까?" 나는 처음부터 일이 순조롭지는 않을 거라고 이미 예상했기에 바처 교수를 끈질기게 붙들고 늘어졌다. 게다가 일부 교수들도 나의 의견에 동조하는 기미를 보이자 결국 바처 교수는 우리의 의견을 수용하기에 이르렀고, 포드 재단으로부터 지원금도 약속 받았다(내 기억에 의하면 백만 달러가 넘는 규모였다). 이 지원금은 실험에 사용할 기자재와 새로운 강좌를 개발하는 데 주로 사용되었으며, 강좌 개혁 프로젝트에 시간을 할애하는 교수들의 별도 급여도 여기서 지급되었다.

지원금이 도착하자 바처 교수는 프로젝트를 책임지고 수행할 사람을 지정하였는데, 위원장은 로버트 레이턴이 맡았고 빅터 네어(Victor Neher)와 내가 집행위원으로 임명되었다. 그 무렵 레이턴은 우수학생을 위한 특별 프로그램을 진행 중이었으며[그가 집필한 『현대물리학의 원리(Principle of Modern Physics)』가 이 프로그램의 주교재였다[2)]], 네어는 천재적인 실험물리학자였다. 솔직히 말해서, 나는 바처 교수가 나를 위원장으로 임명하지 않은 것에 대해 약간의 불만을 품고 있었다. 당시 바처는 내가 싱크로트론 연구소에서 연구를 진행하느라 몹시 바쁘다는 점을 염두에 두었겠지만, 나의 '급진적인' 성향도 고려한 것으로 생각된다. 그는 레이턴의 보수적 성향과 나의 과격한 행동이 적절한 균형을 이루기를 바랐을 것이다.

그 후 우리 세 사람은 여러 차례의 회의를 거친 끝에 네어가 새로운 실험을 기획하고(그는 이 분야의 진정한 전문가였다) 레이턴과 나는 다음 해에 새로 개설할 강좌를 개발하기로 결정했다. 물론 새 강좌에는 그동안 내가 생각해 왔던 내용들이 충분히 반영되어야 했다. 우리 두 사람은 일단 강의계획서를 작성한 후 각자 연구실로 돌아가 구체적인 내용을 채워 넣었다. 그리고 매주 한 번씩 만나 의견을 교환하면서 절충안을 찾기 위해 노력했다.

---

2) *Principle of Modern Physics*, by Robert B. Leighton, 1959, McGraw-Hill, *Library of Congress Catalog Card Number* 58-8847.

막다른 길목에서 영감을 떠올리다

그러나 절충안을 찾기란 결코 쉽지 않았다. 지난 60년 동안 교육되어 온 내용을 차마 저버리지 못했던 레이턴은 내가 비실용적인 테마에 집착한다고 생각하는 것 같았다. "학생들은 아직 현대물리학을 배울 준비가 되어 있지 않다"는 것이 그의 주장이었다. 그러나 나는 어떻게 해서든 현대물리학을 기초물리학 강좌에 집어넣고 싶었다. 그때 나와 의견을 같이했던 사람이 바로 파인만이었다. 그는 칼텍에서 명강의로 소문난 교수였으며, 난해한 현대물리학을 일반인들에게 설명하는 능력도 타의 추종을 불허했다. 나는 집으로 돌아가는 길에 파인만의 집을 방문하여 내 생각을 구구절절 늘어놓곤 했는데, 그럴 때마다 파인만은 매우 긍정적인 자세로 해결책을 제시해 주었다.

뚜렷한 진전 없이 몇 개월의 시간이 흐르면서 나는 점차 의기소침해졌다. 강좌의 내용에 관한 한, 레이턴과 나는 결코 의견일치를 볼 수 없을 것만 같았다. 그러던 어느 날, 머릿속에 갑자기 멋진 아이디어가 떠올랐다. "가만, 파인만에게 강의를 맡기면 어떨까? 그래, 나와 레이턴이 작성한 아우트라인을 그 친구에게 건네주면 혼자 알아서 적절히 섞을 수 있을 거야!" 나는 당장 파인만을 찾아가 이렇게 말했다. "이봐, 딕(파인만의 애칭 : 옮긴이). 자넨 지난 40여 년 동안 물리학을 이해하기 위해 부단히 노력해 왔지? 이제 차세대 물리학자들에게 자네의 지식을 전수할 수 있는 절호의 기회가 왔다네! 내년에 1학년 학생을 대상으로 강의해 줄 수 있겠나?" 파인만은 당장 관심을 보이지 않았다. 그러나 나는 몇 주 동안 그를 쫓아다니며 끈질기게 설득했고, 어느 날 그는 나를 찾아와 이렇게 물었다. "누구나 인정하는 위대한 물리학자가 학부 1학년 강의를 맡았던 전례가 있었나?" "글쎄. 그런 적은 없었던 것 같은데?" "그럼, 내가 하지 뭐."

파인만이 강의를 맡다

나는 위원회의 미팅 석상에서 내가 떠올린 아이디어를 신명나게 발표하였다. 그러나 역시 예상했던 대로 레이턴의 반응은 냉담하기만 했다. "그건 별로 좋은 생각이 아닌 것 같습니다. 파인만은 학부 강의를 해 본 적이 없지 않습니까? 그는 신입생들과 의사소통도 서툴 것이고, 학생들이 뭘 배워야 하는지도 잘 모를 겁니다." 그러자 네어가 나서서 분위기를 반전시켰다. "아니요, 제가 보기에는 훌륭한 해결책인 것 같습니다. 파인만은 물리학의 모든 분야에 능통한 데다가, 그것을 흥밋거리로 전환시키는 능력도 탁월합니다. 그가 맡아주기만 한다면, 정말로 환상적인 강의가 될 것입니다!" 분위기가 이쯤 되자 레이턴도 설득될 수밖에 없었다. 그러나 결정이 내려진 후부터 레이턴은 우리의 계획을 전폭적으로 지지하면서 물심양면으로 도움을 아끼지 않았다.

그로부터 며칠 후, 또 다른 문제가 생겼다. 파인만에게 강의를 맡긴다는 우리의 계획을 바처 교수가 반대하고 나선 것이다. 파인만은 대학원 개선 프로그램에 반드시 필요한 사람이기 때문에 학부강의를 맡길 수 없다는 것이었다. 하긴 그랬다. 대학원에서 파인만이 빠지면 누가 양자전기역학(quantum electrodynamics)을 강의할 것이며, 이론물리학을 전공하는 대학원생은 누가 지도할 것인가? 설령 파인만이 학부로 간다 해도, 과연 신입생들의 눈높이에 맞춰 강의할 수 있을까? 걱정되는 것이 한두 가지가 아니었다. 그러나 나는 어떻게 해서든 우리의 계획을 관철시켜야 했기에, 학과장에게 영향을 줄 만한 사람들에게 로비를 시도하면서 끈질기게 물고 늘어졌고, 나중에는 교수들을 향해 이런 말까지 하게 되었다. "만일 파인만 스스로 학부 강의를 간절히 원한다면, 그걸 막을 수는 없지 않겠습니까!" 결국 바처 교수는 파인만의 학부강의를 허락했다.

첫 강의를 6개월쯤 앞둔 시점에서 레이턴과 나는 파인만에게 우리의 개편 의도를 설명해 주었다. 그러자 파인만은 곧바로 강의노트를 작성하기 시작했고, 그 열정은 실로 대단한 것이었다. 그 무렵에 나는 적어도 일주일에 한 번 이상 파인만의 자택을 방문하여 새로운 강좌에 관한 의견을 나눴는데, 그는 다음과 같은 질문을 자주 했다. "나만의 독특한 접근법이 과연 학부생들에게 먹혀들어 갈까? 그렇지 않다면 어떤 식으로 강의해야 할까?" 예를 들어, 학부생들에게 파동의 간섭과 회절을 설명할 때 마땅한 수학적 도구를 사용할 수 없다면 강의가 매우 어려워질 것이다. 파동의 특성을 수학적으로 무난하게 표현하려면 복소수(complex number)를 사용해야 한다. 파인만은 학부생들 앞에서 복소수를 들먹거려도 무리가 없겠느냐고 물어 왔고, 나는 다음과 같이 대답해 주었다. "이봐, 칼텍에 입학한 학생들은 전국에서 고르고 고른 수재들이라네. 지금 당장은 복소수를 모른다고 해도, 하루 정도 시간을 내서 복소대수학을 가르쳐 주면 따라오는 데 별 무리 없을 걸세." 이 말이 효과가 있었는지, 그는 스물두 번째 강의(『파인만의 물리학강의』 제1권 22장)에서 복소대수학을 쉽고도 명쾌하게 설명하여 후속 강의(파동, 진동, 광학 등)를 무리 없이 진행할 수 있었다.

그런데 또 한 가지 문제가 있었다. 파인만이 가을학기 3주 동안 학교를 떠나야 할 일이 생겨서 강의를 두 차례나 빼먹게 된 것이다. 그래서 그 기간 동안은 내가 대신 강의를 맡기로 했다. 그러나 '파인만식'으로 진행되던 강의에 갑자기 다른 사람이 끼어들면 흐름이 깨질 수도 있으므로, 원래의 진도에 영향을 주지 않는 '부차적인' 내용으로 강의를 진행하였다. 제1권의 5장(시간과 거리)과 6장(확률)이 주 내용과 다소 동떨어진 제목을 달고 있는 것은 바로 이런 이유 때문이다.

이런 예외적인 경우가 있긴 했지만, 사실 파인만은 거의 모든 강의를 혼자서 개발하고 진행하였다. 그는 미처 생각하지 못한 난제가 나중에 갑자기 튀어나오는 것을 방지하기 위해, 강의노트를 몇 번이고 점검하면서 만전을 기했다. 그 학년도의 나머지 기간 동안 파인만은 기초물리학 강의 준비에 혼신의 노력을 쏟아 부었으며, 1961년 9월에는 완벽한 강의를 위한 만반의 준비를 갖추게 되었다.

새로운 물리학 강좌

원래 파인만의 강의는 '대학강좌 쇄신 운동'의 출발점으로 계획되었다. 칼텍에 새로 입학한 모든 학생들로 하여금 앞으로 2년 동안 새롭게 개선된 강좌를 듣게 하는 것이 이 운동의 목적이었다. 아직 발등에 불이 떨어지지 않은 다른 교수들도 앞으로 1년 이내에 각자 한 과목씩 맡아서 새로운 강의내용과 교재, 숙제, 시험문제, 실험 주제 등을 개발하기로 되어 있었다.

그런데 개선된 강의를 진행하다 보니 당장 문제가 생겼다. 시간이 워낙 촉박했기에 강의에 걸맞은 교재를 학생들에게 제공하지 못한 것이다. 그래서 담당교수들은 강의와 교재집필을 동시에 진행하는 수밖에 없었다. 강의는 화요일과 수요일에 오전 11시부터 한 시간씩 진행되었으며, 강의와는 별도로 강사나 조교의 지도하에 매주 한 번씩 토론시간이 배정되어 있었다. 그리고 실험은 매주 3시간씩 네어의 지도하에 진행되었다.

파인만은 목에 마이크를 걸고 강의를 진행했고, 그의 목소리는 다른 방에 있는 자기테이프(magnetic tape)에 녹음되었다. 또한 칠판에 적힌 내용은 주기적으로 사진촬영되어 자료실로 보내졌다. 당시 녹음과 촬영을 담당했던 사람은 기술 보조요원 톰 하비(Tom Harvey)였고, 녹음된 내용을 타이프하여 기록으로 보관한 사람은 줄리 쿠르시오(Julie Cursio)였다.

강의 첫해에 레이턴에게 주어진 임무는 파인만이 작성한 강의노트를 매번 번개같이 명료하게 정리하여 강의가 끝난 직후 학생들에게 인쇄물의 형태로 나눠 주는 것을 감독하는 일이었다. 원래는 토론수업 담당조교 중 한 명이 파인만의 수업을 들은 후 강의내용을 정리하여 학생들에게 나눠 준다는 계획이었는데, 막상 뚜껑을 열고 보니 별로 좋은 방법이 아니었다. 무엇보다도 시간이 오래 걸리는 데다가, 조교가 정리한 강의노트에는 파인만의 생각보다 조교의 생각이 더 많이 반영되어 있었기 때문이다. 그래서 레이턴은 학기 도중에 시스템을 개편하여 강의록 배포만은 자신의 책임하에 이루어지도록 만들었다. 그는 물리학과와 공대 교수들을 섭외하여 강의록 편집을 부탁했는데, 그 바람에 나도 첫해에 여러 장(章)의 강의록을 편집해야 했다.

강의가 2년째로 접어들었을 때 또 한차례의 수정이 가해졌다. 그해에 레이턴은 1학년 신입생들의 지도교수로서 강의를 비롯한 전반적인 지도를 맡고 있었는데, 이 학생들은 작년에 작성된 파인만의 강의록을 곧바로 받아볼 수 있었다. 그래서 2년차 강의를 듣고 있는 학생들에게 강의록을 배포하는 일은 나의 몫이 되었다. 게다가 2년차 강의는 작년보다 수준이 높아져서 레이턴처럼 다른 사람에게 편집을 맡기기도 부담스러웠으므로 모든 일을 내 손으로 처리해야 했다.

나는 2년에 걸쳐 진행된 파인만의 강의를 거의 빠짐 없이 다 들었고 별도의 그룹토론에도 참여했으므로, 강의에 대한 학생들의 생각을 비교적 정확하게 파악하고 있었다. 기초물리학 강의가 끝나면 파인만과 게리 노이게바우어(Gerry Neugebauer), 그리고 나는 종종 점심식사를 같이 하곤 했는데(가끔씩 다른 교수 한두 명이 동행하는 적도 있었다), 그 자리에서 우리는 학생들에게 내줄 숙제와 연습 문제에 대하여 의견을 나누곤 했다. 그러나 새로운 아이디어는 대부분 파인만이 제기하는 편이었고 우리는 그의 이야기를 경청하는 쪽이었다. 노이게바우어는 이때 거론된 의견을 종합하여 매주 학생들에게 내줄 연습 문제를 선별하였다.

강의는 어땠는가?

파인만의 강의를 듣는 것은 내게 커다란 즐거움이었다. 그는 항상 강의가 시작되기 5분쯤 전에 강의실에 나타나서 셔츠 주머니에 접어넣어 둔 메모지 한두 장을 꺼내 기다란 교탁 위에 펼쳐 놓곤 했다. 여기에는 그날 강의할 내용이 간략하게 정리되어 있었지만, 강의 도중에 메모지를 쳐다보는 일은 거의 없었다(『파인만의 물리학 강의』 제2권 19장의 첫 페이지에 실린 사진을 보면 교탁 위에 두 장의 메모지가 놓여 있는 것을 확인할 수 있다). 강의 시작을 알리는 벨이 울리면 파인만은 곧바로 자세를 가다듬고 특유의 말투로 강의를 시작했다. 그의 강의는 임기응변이 아니라 철저한 계획의 산물이었기에, 매 시간 입문-전개-절정-대단원으로 이어지면서 뚜렷한 교훈을 남겼으며, 1분 이상 초과하거나 일찍 끝나는 일이 거의 없을 정도로 주어진 시간을 철저하게 지켰다. 특히 그가 휘갈긴 판서는 아주 정교하게 편집된 하나의 안무처럼 무질서 속에서 절묘한 조화를 이루고 있었다. 칠판의 좌측 상단에서 시작된 그의 판서는 정확하게 우측 하단에서 끝나곤 했다.

그러나 무엇보다도 나를 즐겁게 했던 것은 그의 명쾌하고 기지 넘치는 논리전개 방식이었다.

교재를 출판하기로 결정하다

애초에는 강의 교재를 책으로 출판할 계획이 전혀 없었다. 그러나 강의가 1년 반쯤 진행되었을 무렵부터(1963년 봄) "교재를 출판하는 게 어떻겠느냐"는 의견이 대두되기 시작했다. 사실, 출판 문제는 파인만의 명강의를 소문으로 전해 들은 타교 학생들에 의해 처음으로 제기되었다가, 출판업자들이 가세하여 여론에 불을 지피는 바람에(아마도 그들은 복사본의 일부를 어떻게든 입수해서 읽어 보았을 것이다) 우리도 그 문제를 고려하지 않을 수 없게 되었다.

우리는 몇 차례의 회의 끝에 출판을 하는 쪽으로 결론을 내린 후, 관심을 표명했던 출판업자들에게 사업계획서를 제출해 달라고 요청했다. 그리고 얼마 지나지 않아 여러 건의 계획서가 접수되었는데, 그중 애디슨 웨슬리(Addison-Wesley, A-W)의 계획서가 가장 눈에 띄었다. 그들은 1963년 9월까지 하드커버로 된 양장본을 출판할 것을 약속했는데, 원고가 완성된 상태라 해도 물리학과 교재를 6개월 만에 만들어 내는 것은 결코 아무나 할 수 있는 일이 아니었기에, 우리는 A-W사를 공식 출판업자로 선정하였다. 또한 우리 교수진은 책의 인세를 전혀 요구하지 않았으므로 비교적 저렴한 가격으로 판매될 수 있었다.

출판과정이 이토록 초스피드로 진행될 수 있었던 것은 당시 A-W사가 오프셋 인쇄에 필요한 장비와 인력을 모두 갖추고 있었기 때문이었다. 그리고 담당 편집자는 각 페이지의 양쪽 끝에 널찍한 여백을 할애하여 설명에 필요한 그림과 도표들을 그곳에 집어넣었다. 이렇게 하면 도중에 수정사항이 발생해도 조판 전체를 뜯어고치는 번거로움을 피할 수 있다.

A-W사가 출판 파트너로 결정된 후, 원고를 검토하고 주석을 다는 일은 나에게 떨어졌다. 그래서 나는 A-W사의 편집자들과 상당한 시간을 같이 보내면서 교정과 교열을 비롯한 제반 작업에 몰두하였다(이 무렵 레이턴은 1학년 강의에 전념하느라 따로 시간을 내기가 어려웠다). 내가 타이프된 원고를 읽어 보고 수정을 가하면 파인만이 최종 점검을 하고, 이런 식으로 몇 개의 장(章)이 완성되면 곧바로 A-W사로 보내졌다.

A-W사에 원고를 처음으로 보내고 며칠 후 인쇄된 결과물을 돌려받았을 때, 나는 거의 뒤로 넘어갈 뻔했다. 그것은 한마디로 '대형사고'였다! A-W사의 편집자가 '대학교재'임을 감안하여 구어체를 문어체로 바꾸면서 "you"를 "one"으로 바꾸는 등 원고에 대대적인 수정을 가했던 것이다. 나는 걱정스런 마음으로 편집자에게 전화를 걸어 "캐주얼한 구어체는 이 강의의 전체적인 분위기를 좌우하는 중요한 요소입니다. 그러니 사적인 뉘앙스를 풍기는 인칭대명사가 다소 거슬리더라도 제발 그대로 살려 주시기 바랍니다"라며 거의 애원을 하다시피 했다. 다행히도 편집자는 나의 의도를 깊이 이해해 주었고, 그 후로는 거의 모든 어투를 그대로 살려 두었다(그 후 그녀와 나는 매우 즐거운 마음으로 일을 해 나갔다. 세월이 너무 많이 흘러서 그녀의 이름을 기억하지 못하는 것이 안타까울 뿐이다).

두 번째로 마주친 난관은 더욱 난감했다. 마땅한 책제목을 찾을 수가 없었던 것이다. 어느 날, 나는 이 문제를 놓고 파인만과 의견을 나누다가 "저자는 파인만과 레이턴 그리고 샌즈로 하고, 책제목은 'Physics'나 'Physics One'으로 하는 것이 어떨까?"라고 물었다. 그랬더니 파인만은 당장 따지고 들었다. "자네 이름(샌즈)이 거기 왜 들어가나? 자네가 한 일이라곤 내 강의를 글로 옮긴 것뿐인데!" 나는 그의 말에 동의할 수 없었다. 나와 레이턴이 아니었으면 그의 강의는 책으로 출판되지 못했을 것이기 때문이다. 이 점을 강조하며 그를 설득해 보았지만, 그 자리에서 결론을 내리지 못하고 돌아와야 했다. 며칠 후에 파인만을 다시 만나 설전을 벌인 끝에, 우리는 다음과 같이 합의를 보았다. "제목 : 파인만의 물리학 강의(The Feynman Lectures on Physics), 저자 : 리처드 파인만, 로버트 레이턴, 매슈 샌즈."

파인만의 머리말

2년차 강의가 끝난 후 어느 날(1963년 6월 초), 학생들의 기말고사 성적을 산출하고 있는데 파인만이 불쑥 나타나서 한동안 못 볼 것 같다며 작별인사를 건네왔다(아마도 브라질로 갈 예정이었을 것이다). 그러고는 학생들의 성적이 어느 정도인지 물었다. "그런대로 괜찮다"고 했더니, 평균 성적이 얼마냐고 물었다. "글쎄…… 대략 65점 정도?" 그러자 파인만은 긴 한숨을 내쉬며 이렇게 말했다. "맙소사! 정말 끔찍하군. 난 그보다 훨씬 좋을 거라고 예상했는데……

내 강의는 완전 실패작인 것 같아.” 나는 결코 그렇지 않다고 강조하면서 파인만을 달래려고 애썼다. “이봐, 딕. 자네도 잘 알겠지만 원래 평균 성적이라는 것이 고무줄 아닌가. 시험문제의 난이도나 채점 방식에 따라 얼마든지 달라질 수 있다네. 그리고 평균 점수를 미리 낮게 조절해 놓으면 점수분포곡선이 적절한 형태로 틀이 잡혀서 A, B, C로 등급을 매기기가 쉬워진다구(이제 와서 고백하건대, 사실 이 말은 인사치레였다). 내가 보기엔 많은 학생들이 자네 강의 덕분에 실력이 일취월장한 것 같아. 안 그런가?” 아무리 달래도 파인만의 얼굴은 펴지지 않았다.

나는 출판 쪽으로 화제를 돌렸다. “자네의 강의록 출판이 일사천리로 진행되고 있다네. 그래서 말인데, 머리말을 좀 써 주지 않겠나?” 이 말에는 관심을 보이는 듯했지만, 파인만에게는 시간이 별로 없었다. 그래서 나는 내 책상 위에 있는 녹음기로 파인만의 구술을 녹음한 뒤 문서화한다는 아이디어를 제안했고, 그는 평균 성적에 대한 부담감을 지우지 못한 표정으로 의자에 앉아 머리말을 녹음하기 시작했다. 이것이 바로 강의록 1, 2, 3권의 앞부분에 수록된 ‘파인만의 머리말’이다. 그가 머리말에서 “내 강의를 스스로 평가한다면, 다소 회의적이다. 학부생의 입장에서 볼 때는 결코 훌륭한 강의가 아니었을 것이다”라고 적은 것은 녹음을 하기 전에 나와 나눴던 대화의 영향이 컸던 것 같다. 나는 이 일을 두고두고 후회해 왔다. 머리말을 급하게 서둘지 않았다면 그 정도로 의기소침한 글을 쓰지는 않았을 것이다. 물리학을 가르치는 교수들이 파인만의 머리말을 읽고 교재로 사용할 것을 포기한 사례는 혹시 없었는지, 지금도 걱정이 태산이다.

2권과 3권

강의록 제2권(2년차 강의)의 출판은 1권과 사뭇 다른 환경에서 진행되었다. 2년차 강의가 끝나갈 무렵에(1963년 6월) 강의록을 두 권(전자기학과 양자역학)으로 분할하기로 결정되었으며, 양자역학 강의록은 새로운 내용이 첨가될 여지를 많이 남겨 두고 있었다. 그래서 파인만은 그해가 끝나갈 무렵에 양자역학과 관련된 강의를 추가로 진행하였고, 이때 강의된 내용은 3권에 첨부되었다.

또 다른 문제도 있었다. 1년쯤 전에 연방정부는 스탠퍼드 대학교에 2마일(3.2km)짜리 선형 입자가속기(20GeV)의 건설을 허락하였다. 그것은 당시 세계에서 가장 크고 비싼 가속기로서, 동시대의 입자가속기가 낼 수 있는 에너지의 몇 배를 가뿐하게 발휘할 수 있었기에, 관련 연구를 하는 학자들로서는 선망의 대상이 아닐 수 없었다. 그런데 스탠퍼드에 새로 건설된 '스탠퍼드 선형 입자가속기 연구소'의 소장으로 임명된 파노프스키(W.K.H. Panofsky)가 나에게 부소장이라는 직위를 제안하며 소위 말하는 '스카우트의 손길'을 뻗어 온 것이다. 나는 근 몇 달을 고민하던 끝에 7월경에 스탠퍼드로 자리를 옮기기로 결정했다. 그러나 나는 '파인만 강의록 출판 프로젝트'를 완결할 책임이 있었으므로, 기간 내에 일을 마무리 지으려면 팔소매를 걷어붙이고 직접 나서야 했다. 게다가 스탠퍼드로 가면 할 일이 엄청나게 많았으므로 매일 저녁시간을 파인만의 강의록과 함께 보내야 했다. 우리는 혼신의 노력을 기울인 끝에 1964년 3월에 제2권의 최종본을 받아볼 수 있었다. 다행히도 그 무렵에 매우 유능한 비서 퍼트리샤 프리우스(Patricia Preuss)가 새로 배정되어 내게 커다란 도움이 되었다.

그해 5월에 파인만은 양자역학 보충강의를 시작했고 우리는 3권 작업에 착수했다. 3권은 추가할 내용이 많았으므로, 나는 패서디나(Pasadena)를 여러 차례 방문하여 파인만과 많은 대화를 나눴다. 이리하여 파인만 강의록 1, 2, 3권의 출판 작업은 9월에 대단원의 막을 내리게 되었다.

학생들의 반응

나는 지정된 토론시간에 학생들과 대화를 나누면서 파인만의 강의에 대한 학생들의 생각을 현장에서 직접 들을 수 있었다. 내가 보기에는 상당수의 학생들이 파인만의 강의를 수강하는 것을 일종의 특권으로 생각했던 것 같다. 또한 그들은 파인만의 재기 넘치는 아이디어를 접할 때마다 탄성을 쏟아 내곤 했다. 물론 모든 학생들이 그랬던 것은 아니다. 180명의 수강생들 중 나중에 물리학을 전공할 학생은 반도 되지 않았고, 대부분은 필수 과목이라서 어쩔 수 없이 듣게 된 (수동적인) 수강생들이었다. 이런 분위기 속에서 강의의 결점은 곧 드러나기 시작했다. 예를 들어, 학생들은 강의의 주된 내용과 부차적인 응용문제를 구별하지 못하는 경우가 많았기 때문에 시험공부를 할 때 엄청나게 고생했던 것으로 기억한다.

『파인만의 물리학 강의 : 특별 기념판』에 수록된 굿스타인(David Goodstein)과 노이게바우어의 머리말에는 "……강의가 진행되면서 학생들의 출석률은 눈에 띄게 줄어들기 시작했다"고 적혀 있는데, 그들이 이 말을 어디서 들었는지는 나도 잘 모르겠다. 또한 "많은 학생들은 파인만의 강의가 '공포스럽다'고 생각했다"는 말도 수긍할 수 없다. 당시 굿스타인은 칼텍에 있지 않았다. 노이게바우어는 파인만의 강의를 직접 들었는데, "강의실에 학부생은 거의 없고 온통 대학원생뿐이었다"고 반 농담 삼아 말하곤 했다. 아마도 그들은 이 일을 기억하면서 그와 같은 머리말을 썼을 것이다. 나는 강의실의 제일 뒷좌석에 앉아 파인만의 강의를 듣곤 했는데, 내 기억에 의하면(뚜렷하진 않지만) 수업에 빠진 학생은 평균 잡아 20%정도였다. 대형 강의실에서 진행되는 다른 강좌에서도 이 정도의 결석은 늘 있는 일이었으며, 학생들이 파인만의 강의를 특별히 부담스러워했던 기억은 별로 없다. 소그룹 토론시간에 "파인만 교수님의 강의가 무섭다"고 토로하는 학생들이 간혹 있긴 했지만, 대부분은 매우 즐거운 마음으로 강의를 들었다. 물론 개중에는 숙제로 내준 연습 문제를 부담스러워하는 학생도 있었다.

2년에 걸친 파인만의 강의는 학생들에게 어떤 영향을 주었는가? 아래 제시된 세 가지 사례를 읽어 보면 독자들도 짐작할 수 있을 것이다. 무려 40년 전의 일임에도 불구하고, 아직도 내 기억 속에 또렷하게 남아 있는 사건이 있다. 2년차 강의가 처음 시작되었을 때, 시간표상의 오차 때문에 내가 지도하던 소그룹 미팅의 첫 시간이 파인만의 첫 강의보다 먼저 시작되었다. 들은 강의도 없고 숙제도 없는 상황에서 마땅한 토론 주제가 없었으므로, 나는 학생들에게 "작년에 들었던 파인만 교수의 강의를 평가해 보라"는 과제를 던져 주었다(종강한 지 3개월이 지난 시점이었다). 그러자 한 학생이 손을 번쩍 치켜들며 이렇게 말했다. "저는 지난 학기에 파인만 교수님께서 벌의 겹눈 구조를 기하광학 및 파동의 특성과 연계하여 설명하셨을 때 가장 큰 감명을 받았습니다(제1권 36-4절)." 그 부분을 좀 더 자세히 설명할 수 있겠냐고 물었더니, 그 학생은 당장 분필을 집어 들고 핵심적인 내용을 단숨에 써 내려갔다. 무려 6개월 전에 들은 강의를 이토록 생생하게 기억하는 학생을 보면서, 나 역시 커다란 감명을 받았던 기억이 난다.

두 번째 사례는 1997년에 내 앞으로 배달된 한 통의 편지에서 찾아볼 수 있다. 편지의 주인공은 34년 전에 파인만의 강의를 들었던 빌 새터드웨이트(Bill Satterthwaite)였는데, 그는 소그룹 미팅에서 나의 지도를 받았던 학생이기도 했다. 편지의 내용은 다음과 같았다.

> "파인만 교수님의 강의를 기획하고 수고해 주신 모든 분들께 감사하는 마음으로 이 글을 씁니다. 파인만 교수님은 머리말에서 '학생들에게 잘 대해 주지 못했다'고 적으셨는데, 저는 그 말에 결코 동의하지 않습니다. 교수님의 강의를 들은 것은 정말로 값진 경험이었으며, 강의내용도 더할 나위 없이 훌륭했습니다. 저와 동료들은 그 강의를 통해 많은 것을 배울 수 있었

습니다. 제가 칼텍 시절에 들었던 정규과목 중에서 강의가 끝날 때 학생들이 기립박수를 쳤던 사례는 없었습니다. 그런데 파인만 교수님의 과목은 매번 강의가 끝날 때마다 우레와 같은 박수가 터져 나오곤 했습니다……."

마지막으로, 바로 몇 주 전에 있었던 일화 하나를 소개한다. 나는 그때 더글러스 오셔로프(Douglas Osheroff)의 자서전을 읽고 있었다. 그는 헬륨-3의 초유체(superfluid) 현상에 대한 연구로 1996년도에 노벨 물리학상을 수상한 물리학자이다[데이비드 리(David Lee), 로버트 리처드슨(Robert Richardson)과 공동으로 수상하였다]. 그런데 그의 자서전에서 다음과 같은 글이 눈에 띄었다.

"나는 운 좋게도 파인만의 그 유명한 기초물리학 강의를 들을 수 있었다. 2년에 걸쳐 진행된 그의 강의는 나의 학창시절에 가장 큰 영향을 미쳤다. 파인만 교수의 강의를 모두 이해하지는 못했지만, 그 이후에 내가 발휘했던 물리적 직관은 대부분 파인만에게서 배운 것이었다."

다시 돌아보는 파인만의 강의

나는 2년에 걸친 파인만의 강의가 끝나던 무렵에 다소 매정한 마음으로 칼텍을 떠났기 때문에, 강의에 대한 학생들의 후속 반응을 관찰할 기회가 거의 없었다. 따라서 책으로 출판된 파인만의 강의록이 학생들에게 미친 영향에 대해서도 별로 아는 바가 없다. 사실, 파인만의 강의록에는 각 장(章)의 요약과 그림, 연습 문제 등이 상당 부분 누락되었기 때문에 대학교재로서는 부족한 점이 많다. 이 부분은 담당교수였던 파인만과, 1963년부터 이 강좌를 운영했던 레이턴, 포크트 등이 채워 넣었어야 했다. 이 부분이 보강된 개정판이 나왔을지도 모른다는 생각에 한때 서가를 뒤져 본 적도 있었지만, 역시 눈에 띄지 않았다.

나는 그동안 CCP 관련업무로 출장을 다니면서 여러 대학의 물리학과 교수들을 만나 보았는데, 그들 중 대부분은 파인만의 강의록이 정식교재로 부적절하다는 생각을 갖고 있었으며, 부교재로 사용하는 교수도 극히 일부에 불과했다(내가 보기에, 교수들이 파인만의 강의록을 교재로 사용하지 않는 또 다른 이유는 학생들이 질문을 했을 때 대답을 할 수 없기 때문인 것 같다). 요즘은 대학원생들이 논문자격시험을 준비할 때, 파인만의 강의록을 최상의 복습교재로 활용한다고 들었다.

파인만의 강의록은 미국보다 해외에서 더 큰 반향을 불러일으킨 것 같다. 출판사 측의 말에 의하면, 파인만의 책은 전 세계 12개국 언어로 번역되었다고 한다. 내가 해외에서 개최되는 고에너지 물리학회에 참석하면 사람들은 으레 이렇게 묻곤 한다. "저…… 혹시 파인만 빨간 책의 저자 중 한 사람인 바로 그 샌즈 교수님이십니까?" 외국에서는 파인만의 강의록을 기초물리학 교재로 사용하는 사례가 종종 있다고 들었다.

내가 칼텍을 떠나면서 또 한 가지 아쉬웠던 점은 파인만과 그의 부인 궤네스(Gweneth)를 더 이상 만날 수 없다는 것이었다. 파인만과 나는 로스앨러모스 시절부터 절친한 친구 사이였고, 1950년대

중반에는 그들의 결혼식에 참석하기도 했다. 1963년에는 가끔씩 패서디나에 들른 적이 있는데, 그때마다 나는 파인만 부부와 저녁시간을 함께 보냈으며, 심지어는 그의 집에 식객처럼 눌러앉은 적도 있었다. 내가 파인만을 마지막으로 만났을 때, 그는 최근에 받은 암수술에 관하여 차분히 설명을 해 주었다. 그리고 얼마 지나지 않아 물리학계의 큰 별은 우리의 곁을 영원히 떠나갔다.

그의 강의가 끝난 후 40여 년이 지났는데도 『파인만의 물리학 강의』가 여전히 출판되고, 또 전 세계의 사람들에게 읽히고 있다니, 나로서는 커다란 기쁨이 아닐 수 없다. 개정판의 출간에 수고를 아끼지 않은 모든 분들에게 진심으로 감사의 말을 전하고 싶다.

2004년 12월 2일, 캘리포니아 산타크루스(Santa Cruz)에서

매슈 샌즈(Matthew Sands)

1장
준비운동
(리뷰강의 A)

1-1 리뷰강의를 시작하면서[1]

앞으로 진행될 세 차례의 선택 강의에는 새로운 내용이 거의 없다. 여러분(칼텍의 1학년 학생들)이 지금까지 기초물리학에서 배웠던 내용들을 아무런 첨가 없이 반복 강의할 것이다. 그런데도 이렇게 많은 학생들이 강의를 들으러 와 있다니, 나로서는 그저 놀라울 따름이다. 솔직히 말해서, 나는 수강생이 지금보다 훨씬 적기를 바랐다. 수강생이 아예 없어 강의를 할 필요가 없었다면 더욱 좋았을 것이다.

---

1) 본문에 달려 있는 모든 각주는 저자(파인만은 아님)와 편집자, 또는 원고와 관련된 일을 하는 스탭진에 의해 첨가되었다.

본 강의의 목적은 여러분이 '적어도 한 번 이상 들어 본' 내용들을 장난감 삼아 이리저리 굴리면서 여유 있는 시간을 보내자는 것이다. 물리학을 배우는 데에는 이것만큼 좋은 방법이 없다. 강의실까지 애써 찾아와 재방송을 듣는 것은 어느 모로 보나 비경제적이다. 복습은 혼자서도 얼마든지 할 수 있다. 그러므로 나는 여러분에게 이렇게 충고하고 싶다. 수업시간에 배운 내용이 완전히 꼬여서 치유 불가능한 지경에 이른 학생들은 이 강의를 귀담아들어라. 그러나 아직 이 지경까지 오지 않았다면, 강의 따위는 잊어버리고 여유 있게 빈둥거리며 "특별한 길을 파지 않아도 재미있을 법한 문제"를 찾아보라. 그리고 일단 만만한 문제가 발견되면, 도마 위에 올려놓고 온갖 괴상한 짓을 다 해 보라. **교수가 숙제로 내준 문제는 두통의 근원일 뿐이지만, 본인 스스로 찾은 문제는 놀이의 대상이 될 수 있다. 그리고 놀이에 몰입하다 보면 엄청나게 많은 내용을 쉽고 빠르게 배울 수 있다**. 수업시간에 듣기는 했지만 이해가 가지 않는 것, 대충 알고는 있지만 좀 더 자세히 알고 싶은 것, 책에 나온 해답에 약간의 변형을 가해 보고 싶은 것 등등…… 이 모든 것들이 일단 놀잇감으로 '전락'하기만 하면, 여러분은 가장 깊은 곳에 숨겨진 단물까지 몽땅 빨아먹을 수 있다. 이것이 바로 '무언가를 배우는' 최상의 방법이다!

여러분이 그동안 내게 들었던 강의는 이름만 '기초물리학'이지, 사실은 처음으로 시도된 강좌였다. 어떻게 하면 물리학을 가장 효율적으로 가르칠 수 있는가? 아무도 모른다. 물리학뿐만 아니라 모든 교육이 마찬가지다. 그러므로 여러분이 강의를 들으면서 무언가 불만스러움을 느끼는 것은 지극히 당연한 일이다. 만족스러운 교육이란 있을 수 없다. 인간은 수백 년이 넘도록 이상적인 교육법을 연구해 왔지만 아무도 해답을 알아내지 못했다. 따라서 이번 강의가 다소 불만스럽다 해도 너그럽게 이해해 주기 바란다. 여러분이 다른 과목을 들었어도 사정은 크게 다르지 않았을 것이다.

그동안 칼텍의 교수들은 교과과정을 개선하기 위해 부단히 노력해 왔고, 금년에도 물리학과의 교과과정은 많은 변화를 겪게 될 것이다. 그동안 제기되어 왔던 불만 중 하나는 최상위권에 있는 학생들이 고전역학이라는 과목을 매우 지루하게 여긴다는 점이었다. 그들은 혼자서 공부하고, 연습 문제를 풀고, 혼자 복습하고, 때가 되면 시험을 치른다. 이렇게 지루하고 빡빡하게 짜여진 반복 속에서는 무언가를 '생각할' 여유가 생기지 않는다. 재미가 없는 것은 두말할 나위도 없다. 이런 식으로는 고전역학과 현대물리학 사이의 연관성을 결코 간파할 수 없다. 그래서 이 강의는 방금 말한 단점을 보완할 수 있도록 계획되었다. 고전역학을 지루하게 생각하는 학생들에게 도움을 주고, 좀 더 넓은 안목에서 고전역학과 우주의 연결 관계를 알아보는 것이 이 강의의 주된 목적이다.

이 강좌의 특징은 다음 시간에 배울 내용을 짐작하기가 어렵다는 점이다. 강의할 내용은 제법 많고, 재미있는 문제를 골라내기도 어려울 것이므로 자칫하면 혼란에 빠지기 쉽다.

한 가지 미리 양해를 구할 것이 있다. 이 강의를 듣다 보면 분명히 혼란에 빠지거나, 속에서 부아가 치밀거나, 혹은 강의실에 들어오기가 싫어질 것이다. 간단히 말해서 이런 학생들은 '길을 잃은' 사람들이다. 반면에, 길을 잃지 않을 자신이 있다면 굳이 이 강의를 들을 필요가 없다. 그런 학생들은 지금 기회를 줄 테니 강의실에서 나가 주기 바란다…….[2)]

용기 있는 사람이 아무도 없는 것 같다. 만일 모든 학생이 길을 잃는다면 나는 참담한 실패자가 되고 말 것이다!(이 강의의 모토는 '즐기는 것'임을 명심하라)

1-2 칼텍의 열등생들을 위한 충고

지금 내 머릿속에는 다음과 같은 장면이 떠오르고 있다—한 학생이 내 방에 찾아와 하소연을 한다. "교수님, 저는 수업을 단 한 시간도 빼먹지 않고 다 들었습니다. 그런데 중간고사 문제를 하나도 못 풀겠어요. 저는 아무래도 이 클래스에서 바닥인 것 같아요. 이럴 땐 어떻게 해야 합니까? 제발 저 좀 살려 주세요……."

이런 학생에게 과연 어떤 말을 해 줘야 할까?

가장 먼저 지적하고 싶은 사실은, 칼텍에 입학한 것이 여러분에게 득이 될 수도 있지만 어떤 면에서는 손해가 될 수도 있다는 점이다. 여러분은 대학에 진학하기 전에 "칼텍에 들어가면 이러이러한

2) 아무도 나가지 않았다.

점이 좋다"는 이야기를 수도 없이 들었을 것이다. 그런 이야기들은 대부분 칼텍의 '높은 대외적 인지도'와 관련되어 있다. 물론, 우리 학교는 그만한 대접을 받을 자격이 있다. 훌륭한 교수들이 강의하는 강좌가 많이 개설되어 있고(이 강좌도 거기 속하는지는 나도 잘 모르겠다. 물론, 나 스스로 평가를 내리고는 있지만 굳이 공개하지는 않겠다), 학생들도 매우 똑똑하다. 칼텍을 졸업한 후 산업체나 연구소 등으로 진출한 사람들은 자신이 대학에서 받은 교육을 항상 자랑스럽게 생각하고 있으며, 다른 대학을 나온 사람들과 자신을 비교할 때(물론 칼텍 말고도 좋은 대학은 얼마든지 있다) 모종의 우월감을 느끼면서 거기에 걸맞은 위치를 확보하기 위해 부단히 노력하게 된다. 이것이 좋은 점이라면 좋은 점이다.

그러나 양지가 있으면 음지도 있는 법, 칼텍에 입학한 것이 불리하게 작용할 때도 있다. 여러분도 잘 알다시피 칼텍은 소위 말하는 '일류대학'이기 때문에, 캠퍼스에 돌아다니는 모든 학생들은 예외 없이 고등학교에서 1~2등을 다투던 수재들이다. 그 많은 고등학생들 중에서 최상위권에 속하는 사나이들만이 칼텍에 지원할 수 있다.[3] 그리고 칼텍의 교수들은 온갖 테스트를 동원하여 최고 중의 최고를 가려낸다. 여기 앉아 있는 모든 학생들은 이 과정을 모두 통과했으므로, 가히 '전 세계적인 수재'라 불릴 만하다. 그러나 우리가 신입생을 아무리 신중하게 뽑는다 해도, 도저히 해결할 수 없는 문

3) 1961년만 해도, 칼텍에는 남학생만 지원할 수 있었다.

제가 하나 있다. **제아무리 뛰어난 천재들의 집단이라 해도, 결국 그들 중 절반은 평균 이하의 성적을 받을 수밖에 없다는 것이다!**

이것은 너무도 당연한 이야기이므로 겉으로는 농담 삼아 웃어 넘길 수도 있다. 그러나 마음속으로는 결코 편하게 웃지 못할 것이다. 여러분이 고등학교에 다닐 때에는 항상 전교에서 1~2등(가끔가다 3등)을 다투면서, 평균 이하의 학생들을 바라보며 내심 바보라고 생각했을 것이다. 그런 학생들이 칼텍에 와서 평균 이하의 성적을 받으면(여러분들 중 절반이 여기에 해당된다) 그야말로 하늘이 노래질 것이다. 그동안 '바보'라고 생각했던 무리 속에 자신이 속하게 되었기 때문이다. 이것이 바로 '칼텍에 입학했기 때문에' 받게 되는 불이익이다. 이때의 심리적 충격은 정말로 치명적이다. 물론, 나는 심리학자가 아니기 때문에 이런 학생들을 불러 놓고 심리상담을 해 줄 수는 없다. 대략적인 상황은 상상이 되지만, 구체적으로 어떤 증세가 나타날지는 나도 잘 모르겠다.

"내가 칼텍에서 평균 이하의 성적을 받는다면, 이 끔찍한 현실을 어떻게 극복해야 하는가?"—중요한 문제는 바로 이것이다. 스트레스가 너무 심하여 당장 학교를 그만두고 싶겠지만, 그것은 감정적인 충동일 뿐 궁극적인 해결책은 될 수 없다. 그보다는 차라리 내가 말한 식으로 스스로를 위로하는 편이 낫다. "그래, 고등학교에서 그렇게 날고 기던 녀석들도 여기로 오면 무려 50%가 평균 이하로 곤두박질치잖아? 나만 그런 게 아니니까 신경 끊고 살지 뭐." 이런 생각으로 4년을 잘 버틴 후 학교를 졸업하고 밖으로 나가면 세상은 다시 원상태로 돌아온다. 여러분이 다니는 직장에는 인치를 센티미터 단위로 환산할 줄 몰라 쩔쩔매는 사람들이 사방에 널려 있을 것이고, 그들 중에서 여러분은 어렵지 않게 '넘버원'의 자리를 차지할 수 있다! 분명히 그렇다. 산업체로 진출하거나 그다지 유명하지 않은 학교에서 학생들을 가르치는 경우, 칼텍에서의 성적이 하위 50%였건, 하위 10%였건 간에 스스로를 학대하지만 않는다면(어떤 식의 학대인지는 잠시 후에 언급될 것이다), 자신이 매우 유용한 사람이고 칼텍에서 받은 교육이 매우 유익했음을 깨닫게 될 것이다. 이제 모든 것이 제자리로 돌아왔다. 여러분은 다시 '최고'가 된 것이다.

그러나 이런 식으로 '유연하게' 대처하지 못한다면 커다란 난관에 부딪히게 된다. 평균 이하의 성적을 받는 학생들 중에는 과거의 '넘버원' 자리를 되찾기 위해 기를 쓰고 대학원에 진학하는 학생이 있다. 성적이 바닥임에도 불구하고, "최고의 학교에서 최고의 박사가 되겠다"는 집념하에 일부러 가시밭길을 택하는 것이다. 이런 사람들은 최고의 수재들 틈에 끼인 채 평생을 바닥에서 길 수밖에 없다. 자신이 최하위권에 속할 수밖에 없는 초일류 그룹을 경쟁 상대로 택했기 때문이다. 바로 이것이 문제이다. 그리고 이 모든 것은 여러분의 선택에 달려 있다(나는 지금 내 연구실로 찾아와 눈물로 하소연하는 하위 10% 이내의 열등생을 대상으로 말하는 중이다. 상위 10% 이내에 드는 학생들은 이런 이야기를 귀담아들을 필요가 전혀 없다!).

그러므로 자신의 성적이 신통치 않다면 스스로 이렇게 말하라.

"내 성적은 우리 과에서 하위 1/3을 벗어나지 못하고 있다. 하지만 어차피 1/3은 이 그룹에 속할 수밖에 없지 않은가? 나는 고등학교 시절에 뛰어난 수재였고, 지금도 '조금 덜떨어지긴 했지만' 수재임이 분명하다. 어차피 우리나라에 과학자는 있어야 하니까, 나는 기필코 과학자가 될 것이다. 내가 이 빌어먹을 학교를 졸업하기만 하면, 다시 최고의 자리를 탈환할 수 있다! 지금은 어쩌다가 이상한 곳에 와서 바닥을 기고 있지만, 어쨌거나 나는 훌륭한 과학자가 될 수 있다!" 그렇다. 이것은 분명한 사실이다. 여기 있는 여러분은 성적에 관계없이 훌륭한 과학자가 될 것이다. 유일한 문제는, 여러분이 4년 동안 이런 낙천적인 생각을 유지해야 한다는 것이다. 열등감에서 벗어날 수 없다면, 지금 당장 학교를 그만두고 사회에 진출하거나 다른 학교로 전학을 가는 편이 낫다. 이것은 실패와 아무런 상관도 없다. 단지 '감정상의' 문제일 뿐이다.

자신의 성적이 칼텍의 물리학과에서 꼴찌라고 해도, 그는 여전히 뛰어난 학생이다. 여러분은 자신을 '보편타당한 그룹'과 비교해야 한다. 칼텍과 같은 '괴물들의 집단'과 비교한다면 바람직한 결론이 내려질 리가 없다. 그래서 이 강의는 성적 때문에 공황상태에 빠진 학생들의 수준에 맞춰 진행될 것이다. 그런 학생들은 나의 강의를 들으면서 마지막 기회를 잡을 수 있다. 강의가 끝난 후에도 나아진 것이 없다면, 그때 가서 후일을 도모해도 늦지 않을 것이다.

마지막으로, 또 한 가지 짚고 넘어갈 것이 있다. 이 강의는 시험과 무관하게 진행된다는 점이다. 나는 앞으로 치러질 시험에 대하여 아는 바가 전혀 없다. 나는 시험문제를 직접 출제하지 않을 것이며, 누가 어떤 경향으로 출제할지도 전혀 모른다. 그러므로 이 강의를 열심히 들었다고 해서 시험성적이 잘 나온다는 보장은 없다. 알겠는가?

1-3 물리학에 필요한 수학

나를 찾아와 하소연하는 그 학생에게 내가 해 줄 수 있는 말이란 이것이 전부이다. 그 이상은 나도 어쩔 도리가 없다. 따라서 지금부터 우리가 할 일은 강의내용을 속성으로 정리하는 것이다.

나는 그 학생에게 이렇게 말하고 싶다. “지금 자네에게 가장 필요한 것은 수학이라네. 수학 중에서도 미적분학이 제일 급하고, 그 중에서 미분을 먼저 알아야겠지.”

내 말을 믿지 않는 사람들도 있겠지만, 수학은 정말로 아름다운 학문이다. 수학에 무언가를 입력한 후 지정된 과정을 거치면 결과물이 출력되어 나온다. 그러나 여기 모인 여러분은 수학의 모든 것을 알 필요가 없다. 그저 물리학 공부에 필요한 수학만 골라서 속성으로 익히면 된다. 정통파 수학자들의 눈에는 다소 불경스럽게 보이겠지만, 우리는 오직 ‘효율’이라는 관점에서 수학을 대할 것이다. 수학의 우아함을 망칠 생각은 결코 없다. 사치스러운 장식을 모두 떼어내고, 최소한으로 필요한 부분만 취하자는 것이다.

3+5나 5×7처럼, 미분에도 분명한 규칙이 있다. 물리학을 공

부하다 보면 미분이 시도 때도 없이 등장하기 때문에, 우리는 무조건 미분과 친해져야 한다. 책에 나오는 모든 수식을 거침없이 미분할 수 있을 정도로 미분도사가 되어야 한다. 물론 실수는 용납되지 않는다. 사소한 곳에서 계산이 틀리면 후속 계산들이 모두 틀려지기 때문이다. 실수를 줄이려면 열심히 연습하는 수밖에 없다. 여러분은 기초대수학을 배울 때에도 이와 비슷한 과정을 거쳤다. 먼저 규칙을 습득한 후, 부지런한 연습을 통해 실수를 줄여 나가지 않았던가? 이 점에서는 미분도 다를 것이 없다. 미분은 물리학뿐만 아니라 거의 모든 과학분야에서 핵심적 역할을 하는 연산이다.

미분을 하다 보면 일반적인 대수연산이 필연적으로 수반된다. 나는 여러분이 대수계산을 자면서도, 밥을 먹으면서도, 또는 물구나무를 선 채로도 실수 없이 완벽하게 해낼 수 있다고 가정할 것이다. 물론 여러분이 그렇지 않다는 것은 나도 잘 알고 있다. 그러나 이러한 가정을 세운 이상, 여러분은 훈련에 훈련을 거듭하여 계산상의 실수가 없도록 스스로를 무장시켜야 한다.

대수와 미분 또는 적분 과정에서 저지르는 실수에는 이렇다 할 약이 없다. 잘못된 계산은 물리학을 망치고 우리를 짜증나게 할 뿐이다. 여러분은 모든 계산을 가능한 한 빠르게, 그리고 실수 없이 해치워야 한다. 이 경지에 이르는 길은 단 하나, 오로지 연습뿐이다. 연습 이외의 다른 지름길은 없다. 제아무리 천재라 해도 예외일 수는 없다. 유일한 길은 꾸준한 연습뿐이다! 초등학교에서 곱셈을 배우던 시절을 떠올려 보라. 칠판에 깨알같이 적어 놓은 숫자들을 부지런히 곱하면서 꽃다운 어린 청춘을 다 보내지 않았던가. "삼칠은 이십일, 칠팔은 오십육……." 딩동댕~!

1-4 미분

미분도 구구단과 비슷하게 배울 수 있다. 일단 여러 장의 카드를 준비하라. 그리고 각각의 카드에 아래의 수식들을 하나씩 적어 놓는다(다른 형태의 수식을 적어도 상관없다).

$$
\begin{aligned}
&1 + 6t \\
&4t^2 + 2t^3 \\
&(1 + 2t)^3 \\
&\sqrt{1 + 5t} \\
&(t + 7t^2)^{1/3}
\end{aligned}
\tag{1.1}
$$

이렇게 만든 10여 장의 카드를 주머니에 넣고 다니다가, 생각날 때마다 한 장씩 꺼내 들고 거기 적힌 수식의 미분을 큰 소리로 읽어 보라.

다시 말해서, 여러분은 아래의 미분을 곧바로 떠올릴 수 있어야 한다.

$$\frac{d}{dt}(1 + 6t) = 6 \quad \text{딩동댕~!}$$

$$\frac{d}{dt}(4t^2 + 2t^3) = 8t + 6t^2 \quad \text{딩동댕~!} \tag{1.2}$$

$$\frac{d}{dt}(1+2t)^3 = 6(1+2t)^2 \quad \text{딩동댕}\sim!$$

알겠는가? 처음 할 일은 미분공식을 외우는 것이다. 물론 재미는 없겠지만 반드시 거쳐야 할 과정이다.

이 과정이 끝났다면, 좀 더 복잡한 수식의 미분에 도전한다. 일단, 두 함수의 합은 쉽게 미분할 수 있다. 각 함수를 먼저 미분한 후에 그 결과를 더하면 된다. 여러분이 배우는 물리학 수준에서는 이보다 복잡한 미분을 다룰 필요가 없기 때문에 더 이상의 나열은 생략하겠다. 다만, 복잡한 식을 미분할 때 아주 유용하게 써먹을 수 있는 규칙을 하나만 더 소개하기로 한다. 지금부터 설명할 내용은 어떤 미적분학 교재에도 나와 있지 않으며, 앞으로 배울 기회도 없을 것이다. 그러나 복잡한 식을 미분할 때에는 이것만큼 편리한 방법이 없다.

다음과 같이 끔찍한 함수를 미분할 일이 생겼다고 가정해 보자.

$$\frac{6(1+2t^2)(t^3-t)^2}{\sqrt{t+5t^2}(4t)^{3/2}} + \frac{\sqrt{1+2t}}{t+\sqrt{1+t^2}} \tag{1.3}$$

정상적인 방법을 곧이곧대로 따라간다면 어떻게든 답을 얻을 수는 있겠지만 계산량이 너무 많다. 어떻게 하면 신속하고 정확하게 답을 구할 수 있을까?(지금부터 나는 원리나 이유를 따지지 않고 단순히 규칙만 나열할 것이다. 이 강의는 성적이 바닥인 학생들을 대상으로 하고 있기 때문이다) 자, 두 눈을 부릅뜨고 주목하라!

제일 먼저, 두 개의 항을 다시 적되 아래와 같이 각 항의 오른쪽 끝에 커다란 괄호를 열어 둔다.

$$\begin{aligned}&\frac{6(1+2t^2)(t^3-t)^2}{\sqrt{t+5t^2}(4t)^{3/2}}\cdot\Big[\\&+\frac{\sqrt{1+2t}}{t+\sqrt{1+t^2}}\cdot\Big[\end{aligned}\tag{1.4}$$

다음으로 할 일은 괄호 안을 채우는 것이다. 빈 괄호가 다 채워지면 우리의 계산은 끝난다(그래서 원래의 식을 다시 쓴 것이다. 괄호 안에 여러 개의 항이 들어갈 수 있도록 충분한 여백을 남겨 두는 것이 좋다).

그 다음, 괄호 안에 분수를 뜻하는 가로줄 '—'을 긋고, 괄호 앞에 곱해진 함수의 각 인수들(곱하기로 분리된 항들)을 분모가 들어갈 자리에 순차적으로 옮겨 적는다. 우리의 예제에서 가장 먼저 나타난 인자는 $1+2t^2$이므로 일단은 이것이 괄호 안의 분모로 들어간다. 그리고 $1+2t^2$이라는 인자에 붙어 있는 지수(지금의 경우는 1)를 분수의 앞에 곱하고, $1+2t^2$을 '미분한' $4t$를 분자에 사뿐히 올려놓는다. 지금까지 얻은 결과는 다음과 같다.

$$\begin{aligned}&\frac{6(1+2t^2)(t^3-t)^2}{\sqrt{t+5t^2}(4t)^{3/2}}\cdot\Big[1\frac{4t}{1+2t^2}\\&+\frac{\sqrt{1+2t}}{t+\sqrt{1+t^2}}\cdot\Big[\end{aligned}\tag{1.5}$$

("가만, 모든 인자를 순차적으로 다루는 거라면, 제일 앞에 곱해져 있는 '6'부터 시작해야 하는 거 아닌가?"—당연히 이런 의문이 생길 것이다. 여러분이 굳이 원한다면 6부터 시작해도 상관없다. 단, 위에서 말한 규칙을 '똑같이' 따라야 한다. 그러면 6은 분모로 가고, 6의 지수인 1이 분수 앞에 곱해지고, 6을 미분한 '0'이 분자로 가면…… 결국 0이니까 헛수고를 한 셈이 된다.)

두 번째 인자에도 똑같은 규칙을 적용하여 괄호 안의 분수로 채워 넣는다. 즉, t^3-t가 분모로 가고, 지수 2는 분수 앞에 곱해지며, t^3-t를 미분한 $3t^2-1$은 분자로 간다(단, 첫 번째 인자와 두 번째 인자가 괄호 안으로 '헤쳐 모일' 때는 이들 사이를 +연산으로 연결한다). 그 다음, 세 번째 인자 $t+5t^2$은 괄호 안의 분모로 가고 지수 $-1/2$은 분수 앞에 곱해진다(제곱근의 지수는 1/2이고, 그 역수의 지수는 $-1/2$이다). 그리고 $t+5t^2$을 미분한 $1+10t$는 분자로 간다. 끝으로, 첫 번째 항의 마지막 인자인 $4t$는 분모로, 지수 $-3/2$은 분수 앞으로, 그리고 $4t$를 미분한 4는 분자로 간다. 이것으로 첫 번째 항의 계산은 끝났으니까 괄호를 닫아도 된다. 지금까지 얻은 결과를 다시 한 번 적어 보자.

$$\frac{6(1+2t^2)(t^3-t)^2}{\sqrt{t+5t^2}(4t)^{3/2}}$$

$$\cdot\left[1\frac{4t}{1+2t^2}+2\frac{3t^2-1}{t^3-t}-\frac{1}{2}\frac{1+10t}{t+5t^2}-\frac{3}{2}\frac{4}{4t}\right] \tag{1.6}$$

$$+\frac{\sqrt{1+2t}}{t+\sqrt{1+t^2}}\cdot\Bigg[$$

이제, 두 번째 항에 대하여 동일한 과정을 반복하면 모든 계산은 끝난다. 첫 번째 인자 $1+2t$는 괄호 안의 분모로 가고 이것을 미분한 2는 분수 앞에 곱해지며 지수 1/2은 분자로 간다. 그 다음, $t+\sqrt{1+t^2}$은 분모로, 지수 -1은 분수 앞으로 간다. 마지막으로 $t+\sqrt{1+t^2}$을 미분한 $1+\frac{1}{2}\frac{2t}{\sqrt{1+t^2}}$를 분자에 적고[이것이 본 예제에서 가장 (어렵다면) 어려운 부분이다] 괄호를 닫으면 모든 계산이 종결된다. 이제 결과를 감상해 보자.

$$\frac{6(1+2t^2)(t^3-t)^2}{\sqrt{t+5t^2}(4t)^{3/2}}$$

$$\cdot\left[1\frac{4t}{1+2t^2}+2\frac{3t^2-1}{t^3-t}-\frac{1}{2}\frac{1+10t}{t+5t^2}-\frac{3}{2}\frac{4}{4t}\right] \tag{1.7}$$

$$+\frac{\sqrt{1+2t}}{t+\sqrt{1+t^2}}\cdot\left[\frac{1}{2}\frac{2}{(1+2t)}-1\frac{1+\frac{1}{2}\frac{2t}{\sqrt{1+t^2}}}{t+\sqrt{1+t^2}}\right]$$

이것이 바로 식 (1.3)을 미분한 결과이다. 이 방법을 잘 알아 두면 제아무리 복잡한 함수도 콧노래를 부르며 미분할 수 있다. 단,

sin, cos, log와 같은 함수들은 미분공식이 전혀 다른데, 이것 역시 어렵지 않게 외울 수 있다(tan 함수는 sin과 cos의 조합이므로 따로 고려하지 않아도 된다). 이 수준까지 이르렀다면, 여러분은 미분에 관한 한 어떤 함수도 상대할 수 있다.

아까 내가 칠판에 식 (1.3)을 적었을 때, 여러분은 겁에 질린 표정을 지었었다. 미분을 하기에는 식이 너무 복잡하다고 생각했기 때문일 것이다. 그러나 위의 방법을 알고 있으면 미분공포증에서 완전히 해방될 수 있다. 식이 복잡하면 괄호 안에 들어갈 항이 많아질 뿐, 어려운 것은 전혀 없다.

이런 해괴한 미분법은 대체 어디서 비롯된 것일까? 알고 보면 별것 아니다. 함수 $f=k \cdot u^a \cdot v^b \cdot w^c \cdots$을 t로 미분하면

$$\frac{df}{dt}=f \cdot \left[a\frac{du/dt}{u}+b\frac{dv/dt}{v}+c\frac{dw/dt}{w}+\cdots\right] \qquad (1.8)$$

가 된다는 데서 착안한 방법이다(여기서 k, a, b, $c\cdots$는 상수이다).

그러나 여러분이 배우는 물리학 과정에서 이 정도로 복잡한 미분이 필요한 경우는 없다고 봐도 무방하다. 내 짐작에는 써먹을 일이 거의 없을 것 같다. 어쨌거나, 나는 복잡한 함수를 미분할 때 이 방법을 애용하고 있다. 여러분도 발등에 불이 떨어지면 언제든지 써먹을 수 있도록 잘 익혀 두기 바란다.

1-5 적분

적분은 미분의 역과정이다. 여러분은 적분도 미분처럼 빠르게 계산할 수 있어야 한다. 일반적으로 적분은 미분보다 어렵다. 그러나 간단한 적분은 머릿속에서 암산으로 처리할 수 있을 정도가 되어야 한다. 모든 함수의 적분을 다 기억할 필요는 없다. 예를 들어 $(t+7t^2)^{1/3}$을 미분하기는 쉽지만, 적분은 결코 만만치 않다. 그러므로 적분 연습을 할 때는 '적분 가능한' 문제를 잘 골라서 공략해야 한다. 잘못 골랐다간 밤을 꼬박 새우는 수가 있다. 비교적 쉽게 적분되는 함수들을 나열해 보면 대충 다음과 같다.

$$\int(1+6t)\,dt = t + 3t^2$$

$$\int(4t^2+2t^3)\,dt = \frac{4t^3}{3} + \frac{t^4}{2}$$

$$\int(1+2t)^3\,dt = \frac{(1+2t)^4}{8} \tag{1.9}$$

$$\int\sqrt{1+5t}\;dt = \frac{2(1+5t)^{3/2}}{15}$$

$$\int(t+7t^2)^{1/3}\,dt = ???$$

미적분학에 대한 이야기는 이것으로 충분하다. 나머지는 여러분에게 달려 있다. 여러분은 미분과 적분을 빠르고 정확하게 계산할 수 있도록 꾸준히 연습해야 한다. 물론, 식 (1.7)과 같이 복잡한 함수를 간단한 형태로 줄이는 대수연산도 연습을 게을리 해선 안 된다. 대수와 미적분의 철저한 연습—물리학을 배우는 학생이라면 이것부터 실천해야 한다.

1-6 벡터

물리학을 공부할 때 자주 마주치게 되는 수학적 대상 중에 벡터(vector)라는 것이 있다. 일단은 벡터의 정의부터 알아야 하는데, 이것조차 모른다면 정말 대책이 없다. 대체 어디서부터 시작해야 할지 갈피를 못 잡겠다면 나를 찾아와 도움을 청하라. 그것조차 안 하면서 벡터까지 모른다면 나로서는 도울 방법이 없다. 자, 벡터는 물체를 특정 방향으로 미는 힘이나 특정 방향으로 향하는 속도 또는 특정 방향으로 일어난 변위 등을 나타낼 때 사용하는 기호이며, 가장 간단한 표기법은 화살표를 그리는 것이다. 예를 들어, 임의의 물체에 작용하는 힘은 힘이 가해진 방향으로 난 화살표로 표시하고, 힘의 크기는 화살표의 길이로 나타낸다. 이때 힘의 크기는 적절한 스케일로 줄이거나 늘려도 상관없지만, 동일한 문제에 등장하는 화살표들은 모두 같은 배율로 확대·축소되어야 한다. 그리고 주어진 힘보다 두 배 강한 힘을 표기할 때는 화살표를 두 배로 길게 그리면 된다(그림 1-1 참조).

이제, 벡터로 수행할 수 있는 몇 가지 연산에 대해 알아보자. 우선 두 개의 벡터는 서로 더해질 수 있다. 예를 들어, 하나의 물체를 두 사람이 제각기 다른 방향으로 밀고 있다고 가정해 보자. 이때 물

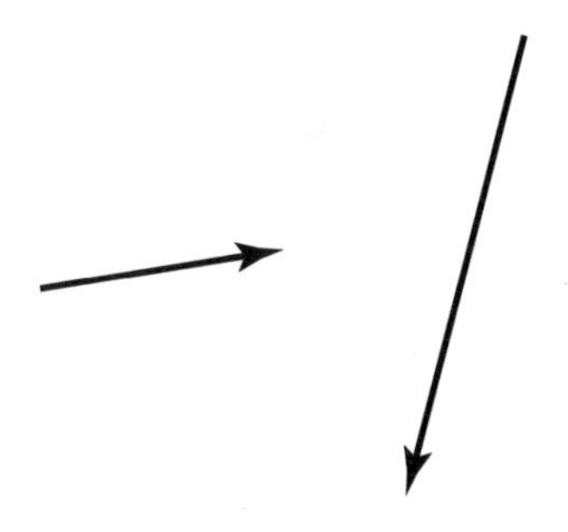

그림 1-1 화살표로 나타낸 두 개의 벡터

체에 가해지는 힘은 두 개의 벡터 ***F***와 ***F′***으로 나타낼 수 있다. 두 개 이상의 벡터를 그릴 때에는 화살표의 시작점(힘의 작용점)이 일치하도록 그리는 것이 여러모로 편리하다(벡터의 수학적 특성은 길이와 방향으로 결정되므로, 방향을 유지한 채 평행이동시켜도 동일한 벡터로 취급된다. 그림 1-2 참조).

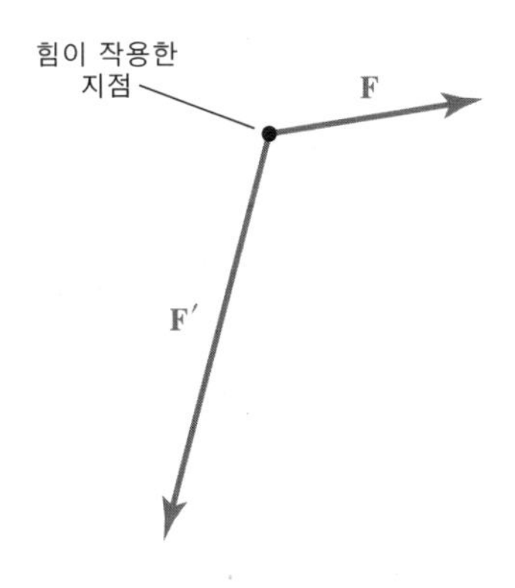

그림 1-2 같은 지점에 작용하는 두 개의 힘은 시작점이 일치하는 두 개의 벡터로 나타낼 수 있다.

두 힘이 동시에 작용했을 때 나타나는 최종 결과(알짜 힘, net force)는 두 벡터를 더함으로써 구할 수 있다. 벡터의 덧셈은 다음과 같은 방식으로 진행된다. (1)한 벡터의 꼬리가 다른 벡터의 머리와 일치하도록 평행이동시킨다. (2)$\boldsymbol{F}$의 꼬리에서 출발하여 $\boldsymbol{F}'$의 머리에서 끝나는 화살표를 그리면, 이것이 바로 $\boldsymbol{F}+\boldsymbol{F}'$이다(또는 $\boldsymbol{F}'$의 꼬리에서 출발하여 $\boldsymbol{F}$의 머리에서 끝나는 화살표를 그려도 된다. 그림 1-3 참조). 이 방법을 흔히 "평행사변형법"이라 한다.

이번에는 조금 다른 예제로서 한 물체에 두 개의 힘이 동시에 작용하고 있는데, 우리가 아는 것은 $\boldsymbol{F}'$뿐이고 나머지 힘 $\boldsymbol{X}$는 모른다고 가정해 보자. 그리고 물체에 작용하는 알짜 힘 $\boldsymbol{F}$는 알고 있다고 가정하자. 그러면 $\boldsymbol{F}'+\boldsymbol{X}=\boldsymbol{F}$, 즉 $\boldsymbol{X}=\boldsymbol{F}-\boldsymbol{F}'$의 관계가 성립한다. 따라서 $\boldsymbol{X}$를 구하려면 두 벡터의 '차이(뺄셈)'를 계산해야 하는데, 이것은 두 가지 방법으로 구현할 수 있다. 첫 번째 방법은 $\boldsymbol{F}'$과 길

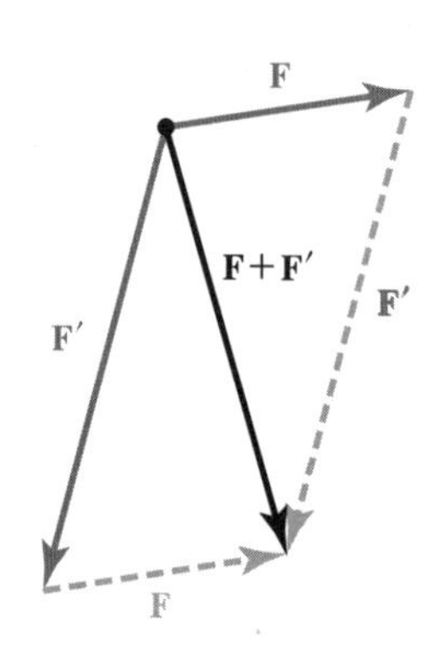

그림 1-3 평행사변형법을 이용한 벡터의 덧셈

이는 같고 방향이 반대인 $-\boldsymbol{F}'$을 그려서 $\boldsymbol{F}$와 더하는 것이다[$\boldsymbol{F}+(-\boldsymbol{F}')$: 그림 1-4 참조].

두 번째 방법은 $\boldsymbol{F}'$의 머리에서 출발하여 $\boldsymbol{F}$의 머리에서 끝나는 화살표를 그리는 것이다. 이 화살표가 바로 벡터 $\boldsymbol{F}-\boldsymbol{F}'$이다.

두 번째 방법을 사용할 때에는 한 가지 주의할 점이 있다. 그림 1-5에서 보는 바와 같이, 최종적으로 구한 벡터의 크기와 방향은 정확하지만 화살표 자체는 $\boldsymbol{F}$나 $\boldsymbol{F}'$의 꼬리에서 출발하지 않는다. 이 점이 마음에 들지 않거나 혼동의 여지가 있다고 느낀다면 첫 번째 방법을 사용할 것을 권한다(그림 1-6 참조).

벡터는 임의의 방향으로 투영될 수 있다. 예를 들어, 물체에 가해진 힘이 x축 방향으로 얼마나 세게 작용하는지 알고 싶다면(이것을 '힘의 x성분'이라고 한다) 힘을 나타내는 벡터 $\boldsymbol{F}$를 x축 위로 투

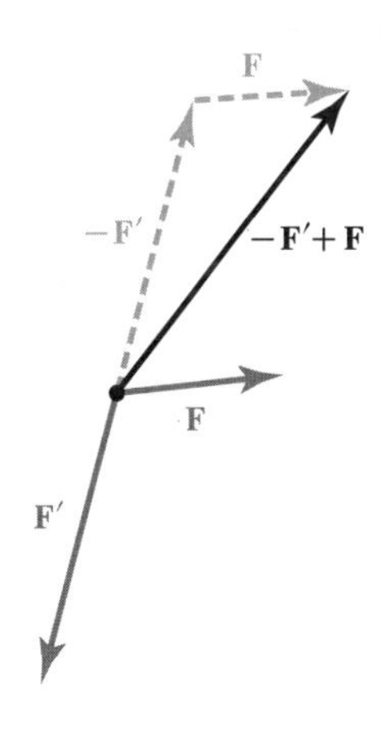

그림 1-4 벡터의 뺄셈—첫 번째 방법

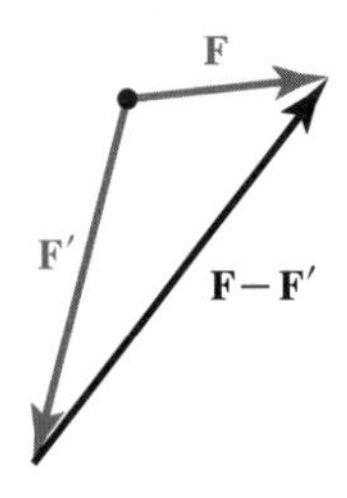

그림 1-5 벡터의 뺄셈—두 번째 방법

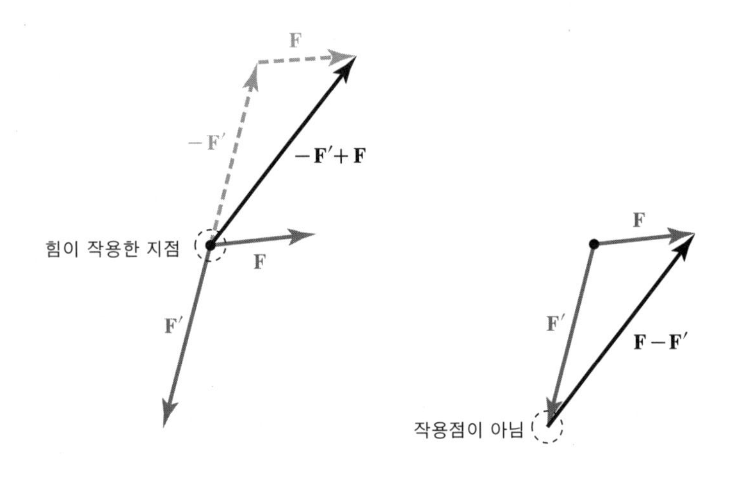

그림 1-6 작용점이 유지되는 두 벡터의 뺄셈

영시키면 된다. 앞으로는 이 값을 F_x로 표기할 것이다. 수학적으로, F_x는 $\boldsymbol{F}$의 크기(이 값은 $|\boldsymbol{F}|$로 표기한다)에 $\boldsymbol{F}$와 x축 사이의 각도의 코사인을 곱한 것과 같다. 직각삼각형의 특성을 떠올리면 그 이유를 쉽게 알 수 있다(그림 1-7 참조).

$$F_x = |\boldsymbol{F}| \cos \theta \tag{1.10}$$

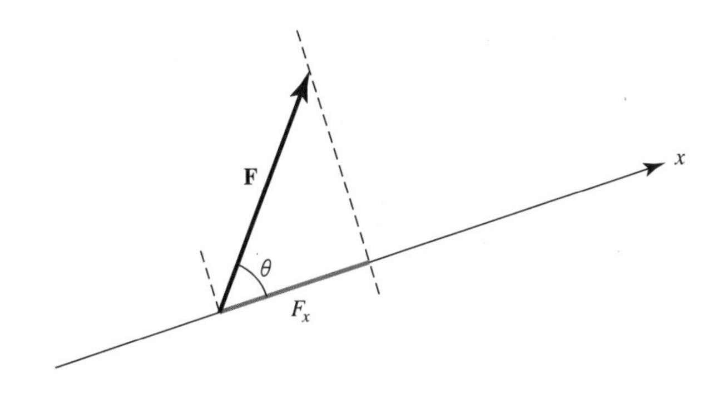

그림 1-7 벡터 $\boldsymbol{F}$의 x성분

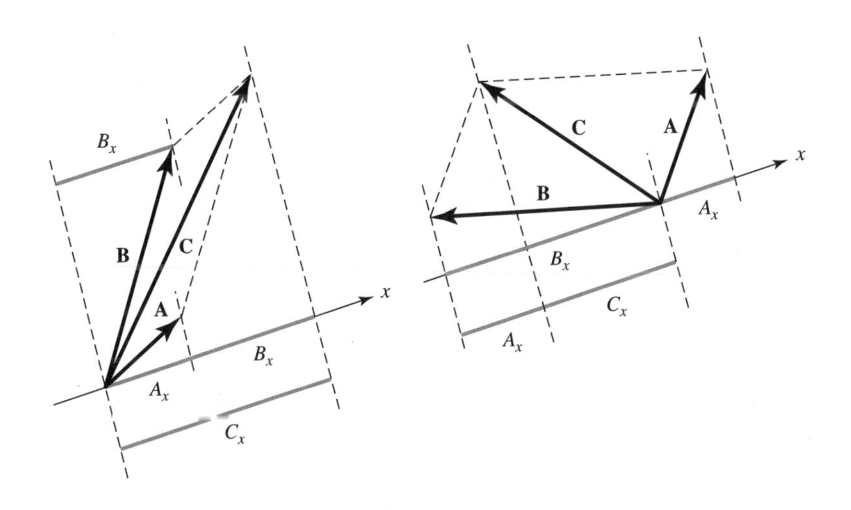

그림 1-8 합벡터의 성분은 각 벡터의 성분을 더한 것과 같다.

벡터 $\boldsymbol{A}$와 $\boldsymbol{B}$가 더해져서 $\boldsymbol{C}$가 되었다면, $\boldsymbol{A}$의 x성분과 $\boldsymbol{B}$의 x성분의 합은 $\boldsymbol{C}$의 x성분과 같다. 즉, 두 개의 벡터를 더해서 만들어진 벡터의 특정 방향 성분은 두 벡터의 그 방향 성분끼리 더한 것

과 같다. 이것은 x성분뿐만 아니라 모든 방향의 성분에 대하여 성립한다(그림 1-8 참조).

$$\boldsymbol{A} + \boldsymbol{B} = \boldsymbol{C} \Rightarrow A_x + B_x = C_x \tag{1.11}$$

서로 수직한 x, y축을 기준으로 삼아 벡터의 성분을 나타내면 여러모로 편리하다(3차원 공간에 그려진 벡터라면 z축 방향 성분도 있다. 그러나 나는 벡터를 항상 2차원 칠판에 그리고 있기 때문에 z방향 성분을 생략할 것이다!). 2차원 x-y평면에서 벡터 $\boldsymbol{F}$의 x성분만 주어져 있다면 $\boldsymbol{F}$를 유일하게 결정할 수 없다. x-y평면에서 동일한 x성분을 갖는 벡터는 무수히 많기 때문이다. 그러나 여기에 y성분까지 주어진다면, 벡터 $\boldsymbol{F}$는 단 하나로 결정된다(그림 1-9 참조).

벡터 $\boldsymbol{F}$의 x, y, z성분은 각각 F_x, F_y, F_z로 표기한다. 여러 개의 벡터를 더하여 만들어진 벡터의 x성분은 각 벡터의 x성분들끼리 더한 값과 같으며, y성분과 z성분도 마찬가지다. 따라서 $\boldsymbol{F}'$의

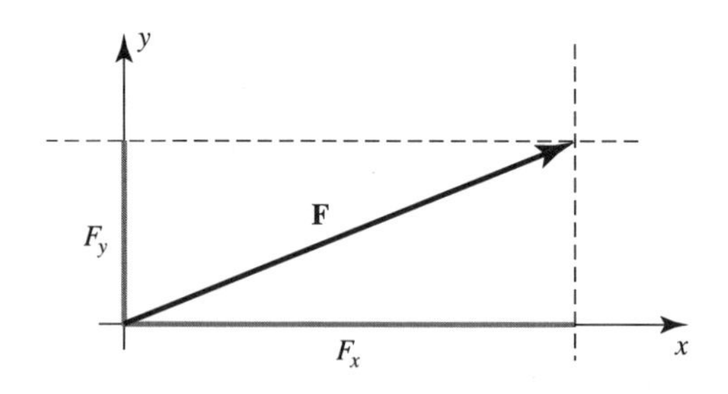

그림 1-9 x-y평면에서 두 개의 성분이 주어지면 하나의 벡터가 유일하게 결정된다.

성분을 F'_x, F'_y, F'_z라 했을 때, $\boldsymbol{F}+\boldsymbol{F}'$의 각 성분은 $F_x+F'_x$, $F_y+F'_y$, $F_z+F'_z$이다.

지금까지는 어려운 내용이 별로 없었지만, 앞으로 조금씩 어려워지니까 집중해서 잘 들어 두기 바란다. 벡터의 연산에는 덧셈과 뺄셈 이외에 '곱셈'이라는 것도 있다. 곱셈을 취한 결과는 스칼라(scalar)이며, 이 연산을 어떤 좌표계에서 수행하건 간에 항상 동일한 값이 얻어진다(하나의 벡터로부터 스칼라를 얻어 내는 방법도 있는데, 이것은 조금 뒤에 설명할 것이다). x-y평면에 두 개의 벡터가 주어져 있을 때, 좌표축을 임의의 각도로 회전시키면 벡터의 성분은 변하지만 두 벡터 사이의 각도는 변하지 않는다. $\boldsymbol{A}$와 $\boldsymbol{B}$가 두 개의 벡터이고 이들 사이의 각도가 θ일 때, 두 벡터의 도트곱(dot product) 또는 스칼라곱(scalar product)은 $\boldsymbol{A}$의 절대값(길이)$\times$$\boldsymbol{B}$의 절대값$\times\cos\theta$로 정의되며, 기호로는 $\boldsymbol{A}\cdot\boldsymbol{B}$로 표기한다(그림 1-10 참조).

$$\boldsymbol{A}\cdot\boldsymbol{B} = |\boldsymbol{A}|\,|\boldsymbol{B}|\cos\,\theta \qquad (1.12)$$

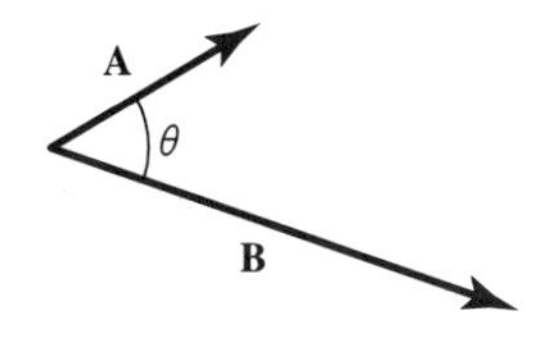

그림 1-10 두 벡터의 곱(도트곱 또는 스칼라곱) $|\boldsymbol{A}|\,|\boldsymbol{B}|\cos\theta$는 모든 직교좌표계에서 동일한 값을 갖는다.

$|\boldsymbol{A}|\cos\theta$는 $\boldsymbol{A}$를 $\boldsymbol{B}$로 투영시킨 길이이므로, $\boldsymbol{A}\cdot\boldsymbol{B}$는 ($\boldsymbol{A}$를 $\boldsymbol{B}$로 투영시킨 길이)×($\boldsymbol{B}$의 길이)로 해석할 수 있다. 또한 $|\boldsymbol{B}|\cos\theta$는 $\boldsymbol{B}$를 $\boldsymbol{A}$로 투영시킨 길이이므로, $\boldsymbol{A}\cdot\boldsymbol{B}$는 ($\boldsymbol{B}$를 $\boldsymbol{A}$로 투영시킨 길이)×($\boldsymbol{A}$의 길이)로 해석될 수도 있다. 그러나 뭐니 뭐니 해도 도트곱을 기억하는 가장 쉬운 방법은 $\boldsymbol{A}\cdot\boldsymbol{B}=|\boldsymbol{A}||\boldsymbol{B}|\cos\theta$이다. 이 정의를 머릿속에 잘 넣어 두면 다른 관계식들도 쉽게 유도할 수 있다. 하나의 양을 표현하는 방법이 여러 개 있을 때, 그것을 몽땅 외울 필요는 없다.

$\boldsymbol{A}\cdot\boldsymbol{B}$는 임의의 좌표계에서 $\boldsymbol{A}$와 $\boldsymbol{B}$의 성분을 이용하여 정의될 수도 있다. 서로 수직한 x, y, z축으로 이루어진 임의의 좌표계에서 $\boldsymbol{A}\cdot\boldsymbol{B}$는 다음과 같은 값을 갖는다.

$$\boldsymbol{A}\cdot\boldsymbol{B}=A_xB_x+A_yB_y+A_zB_z \tag{1.13}$$

여러분은 $|\boldsymbol{A}||\boldsymbol{B}|\cos\theta$와 $A_xB_x+A_yB_y+A_zB_z$가 같다는 것이 금방 눈에 들어오지 않을 것이다. 마음만 먹으면 증명은 언제든지 할 수 있지만[4] 계산이 너무 길기 때문에 그냥 외워 두는 것이 좋다.

벡터를 자기 자신과 도트곱시키면 어떻게 될까? 이 경우는 사이각 θ가 0이므로 $\cos 0$은 1이다. 따라서 $\boldsymbol{A}\cdot\boldsymbol{A}=|\boldsymbol{A}||\boldsymbol{A}|\cos 0=|\boldsymbol{A}|^2$이며, 성분으로 표시하면 $\boldsymbol{A}\cdot\boldsymbol{A}=A_x^2+A_y^2+A_z^2$이다. 여기에 제곱근을 취한 값을 벡터 $\boldsymbol{A}$의 '절대값(또는 길이)'이라고 한다.

---

4) 제1권 11-7절 참조.

1-7 벡터의 미분

미분은 벡터에도 적용될 수 있다. 물론, 시간이 흘러도 변하지 않는 벡터를 시간으로 미분한 것은 아무런 의미가 없다(미분을 할 수는 있지만 미분값이 0이다 : 옮긴이). 그러므로 벡터를 미분하려면 먼저 '시간에 따라 변하는' 벡터를 떠올려야 한다. 이런 벡터를 시간으로 미분하면 시간의 흐름에 따른 벡터의 변화율을 구할 수 있다.

여기, 한 물체가 이리저리 어지럽게 날아다니고 있다. 임의의 시간 t에서 이 물체의 위치를 $\boldsymbol{A}(t)$라고 했을 때, 시간이 조금 흘러 t'이 되면 물체의 위치는 $\boldsymbol{A}(t)$에서 $\boldsymbol{A}(t')$으로 변할 것이다. 이제, 시간 t에서 $\boldsymbol{A}$의 변화율을 계산해 보자.

규칙은 다음과 같다. 시간 간격 $\Delta t = t' - t$ 동안 물체는 $\boldsymbol{A}(t)$에서 $\boldsymbol{A}(t')$으로 이동했으므로 $\Delta\boldsymbol{A} = \boldsymbol{A}(t') - \boldsymbol{A}(t)$이다. 즉, 물체의 변위는 새로운 위치에서 과거의 위치를 뺀 값이다(그림 1-11 참조).

물론, 시간 간격 Δt가 짧을수록 $\boldsymbol{A}(t')$은 $\boldsymbol{A}(t)$에 가까워진다. $\Delta\boldsymbol{A}$를 Δt로 나눈 후, 둘 다 0으로 접근하는 극한을 취한 값이 바로

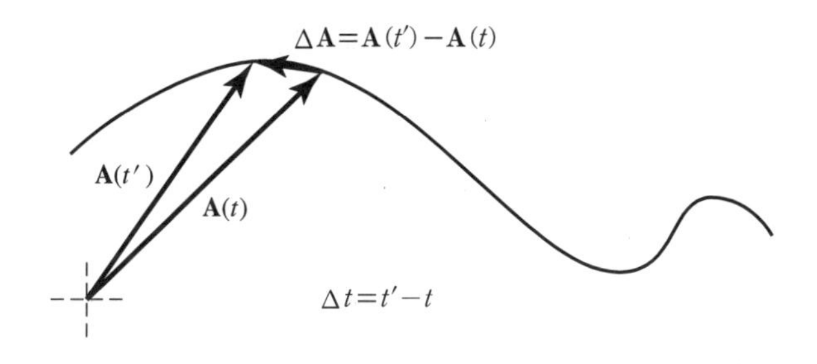

그림 1-11 위치 벡터 $\boldsymbol{A}$와 변위 벡터 $\Delta\boldsymbol{A}$(시간 간격$=\Delta t$)

'시간 t에 대한 $\boldsymbol{A}$의 미분'이다. 그런데 $\boldsymbol{A}$는 물체의 위치를 나타내는 벡터이므로 $\boldsymbol{A}$의 미분은 속도 벡터가 된다. 속도 벡터는 시간 t에서 물체가 그리는 궤적의 접선 방향을 향한다. 왜냐하면 물체의 변위가 그 방향으로 나타나기 때문이다. 또한 물체가 그리는 궤적만으로는 속도 벡터의 방향만 알 수 있을 뿐 크기는 알 수 없다. 궤적에는 물체의 빠르기에 관한 정보가 들어 있지 않기 때문이다. 속도 벡터의 크기를 물체의 '속력(speed)'이라고 하며, 이는 단위 시간 동안 물체가 이동한 거리를 의미한다. 이상이 속도 벡터에 대한 수학적 정의이다. 속도 벡터는 물체가 그리는 궤적의 접선 방향을 향하고, 그 크기는 속력을 나타낸다(그림 1-12 참조).

$$\boldsymbol{v}(t) = \frac{d\boldsymbol{A}}{dt} = \lim_{\Delta t \to 0} \frac{\Delta \boldsymbol{A}}{\Delta t} \tag{1.14}$$

그런데 그림 1-12처럼 하나의 그림 안에 위치 벡터와 속도 벡

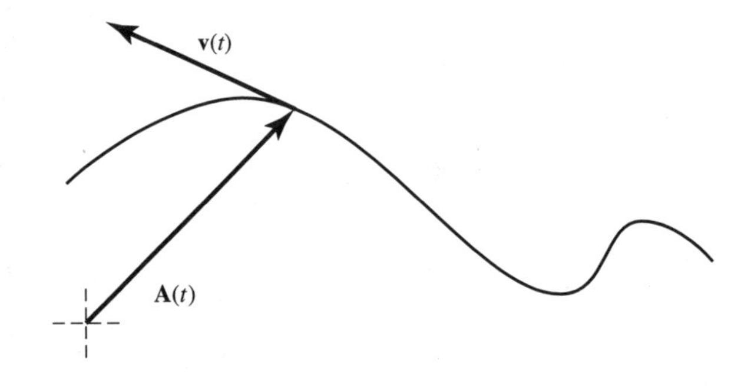

그림 1-12 위치 벡터 $\boldsymbol{A}$를 (시간 t에서) 시간으로 미분하면 속도 벡터 $\boldsymbol{v}$가 된다.

터를 같이 그려 넣으면 실수를 범할 우려가 있다. 내용을 잘 아는 사람이라면 그럴 리 없겠지만, 자칫하면 $\boldsymbol{A}$와 $\boldsymbol{v}$를 더하고 싶은 충동에 빠질 수도 있기 때문이다. 물론 이것은 말도 안 되는 발상이다. 속도 벡터를 정확하게 그리려면, 먼저 시간 단위의 스케일을 정해야 한다. 게다가 속도 벡터와 위치 벡터는 단위가 다르기 때문에 서로 더하거나 뺄 수 있는 양이 아니다. 3m/s에 5m를 더하면 어떤 답이 나올 것 같은가? 단위가 다른 양을 서로 곱하거나 나눌 수는 있지만, 더하거나 빼는 것은 불가능하다.

특정 물리량에 대응되는 벡터를 그리려면 먼저 스케일부터 정해야 한다. 예를 들어, 힘을 벡터로 표현하고자 한다면 1뉴턴을 1인치(또는 1cm나 1m 등)로 정하거나 10뉴턴을 1인치로 정하는 등 길이에 대한 '가이드라인'이 먼저 결정되어야 한다. 속도 벡터 역시 몇몇 m/s를 1인치(또는 1cm나 1m 등)로 정하는 식으로 명확한 기준이 설정되어야 한다. 어떤 사람이 위치 벡터를 우리와 같은 스케일로 그리면서 속도 벡터를 우리보다 1/3만큼 짧게 그렸다면, 그는 우리와 다른 스케일을 사용하고 있는 것이다. 벡터의 스케일은 그리는 사람 마음대로 결정할 수 있으므로 어떻게 그려도 상관없지만, 하나의 그림 안에서는 동일한 스케일이 적용되어야 한다.

속도 벡터의 x, y, z성분은 아주 쉽게 구할 수 있다. 위치 벡터의 x성분의 시간에 대한 변화율은 속도 벡터의 x성분과 같으며, y, z성분도 마찬가지다. 대응 관계가 이토록 간단한 이유는, 원래 미분이라는 것이 '차이(difference)'에 기초를 둔 개념이기 때문이다. 그러므로 위치의 차이, 즉 변위 벡터 $\Delta \boldsymbol{A}$를 Δt로 나눈 벡터의 x, y, z성분은 $\Delta \boldsymbol{A}$의 x, y, z성분을 Δt로 나눈 것과 같다.

$$\left(\frac{\Delta \boldsymbol{A}}{\Delta t}\right)_x = \frac{\Delta A_x}{\Delta t}, \quad \left(\frac{\Delta \boldsymbol{A}}{\Delta t}\right)_y = \frac{\Delta A_y}{\Delta t}, \quad \left(\frac{\Delta \boldsymbol{A}}{\Delta t}\right)_z = \frac{\Delta A_z}{\Delta t} \qquad (1.15)$$

여기에 극한을 취하면 $\boldsymbol{A}$를 미분한 벡터(속도 벡터)의 성분이 얻어진다.

$$v_x = \frac{dA_x}{dt}, \quad v_y = \frac{dA_y}{dt}, \quad v_z = \frac{dA_z}{dt} \qquad (1.16)$$

이 관계는 x, y, z방향뿐만 아니라 '모든 방향'에 대하여 성립한다. 즉, 임의의 방향으로 취한 $\boldsymbol{A}(t)$의 성분을 시간으로 미분한 값은 그 방향의 속도 성분과 같다. 단, 여기에는 한 가지 단서가 붙는다. "벡터의 성분을 취한 방향이 시간에 따라 변하지 않아야 한다"는 조건이 바로 그것이다. 예를 들어, 속도 벡터 $\boldsymbol{v}$의 방향을 따라 위치 벡터 $\boldsymbol{A}$의 성분을 취하여 시간에 대한 변화율을 계산하는 것은 아무런 의미가 없다. $\boldsymbol{v}$는 시간에 따라 방향이 수시로 변할 수도 있기 때문이다. 위치 벡터 성분을 미분한 값이 속도 벡터의 해당 성분과 같아지려면, 그 성분이라는 것이 "시간이 흘러도 변하지 않는 방향으로 취한 성분이어야 한다." 그러므로 식 (1.15)와 (1.16)은 x, y, z축 및 다른 고정된 축에 한하여 성립한다. 굳이 시간에 따라 변하는 방향으로 미분을 하겠다면 못할 것도 없지만, 계산이 엄청 복잡해진다.

지금까지 벡터를 미분할 때 마주치는 어려운 점과 범하기 쉬운 실수에 관하여 알아보았다.

일반적으로 미분은 무한정 반복될 수 있으므로, 한 번 미분한 벡터를 또 미분하는 것도 얼마든지 가능하다. **A**의 미분을 '속도'라고 부르는 이유는, 원래 **A**가 위치를 나타내는 벡터였기 때문이다. 만일 **A**가 위치가 아닌 다른 양이었다면, **A**를 미분한 것은 속도가 아닌 다른 무엇이 되었을 것이다. 예를 들어, **A**가 운동량 벡터이면 **A**를 시간으로 미분한 벡터는 힘(force)이 되고, **A**가 속도 벡터이면 **A**를 시간으로 미분한 벡터는 가속도가 된다. 지금 우리는 위치와 속도만을 문제 삼고 있지만, 위에서 언급된 모든 내용들은 일반적으로 모든 벡터에 대하여 성립한다.

1-8 선적분

이제, 벡터와 관련하여 반드시 알고 있어야 할 내용들 중 가장 끔찍하기로 유명한 '선적분(line integral)'을 설명할 차례이다.

$$\int_a^z \boldsymbol{F} \cdot d\boldsymbol{s} \tag{1.17}$$

지금 우리에게 벡터장(vector field) **F**가 주어져 있다. 우리의 목적은 점 a에서 z까지 곡선 S를 따라 **F**를 적분하는 것이다. 이러한 선적분이 의미를 가지려면, 곡선 S를 따라 $a \sim z$ 사이의 모든 지점에서 **F**의 값을 알아낼 수 있는 방법이 문제 속에 주어져 있어야

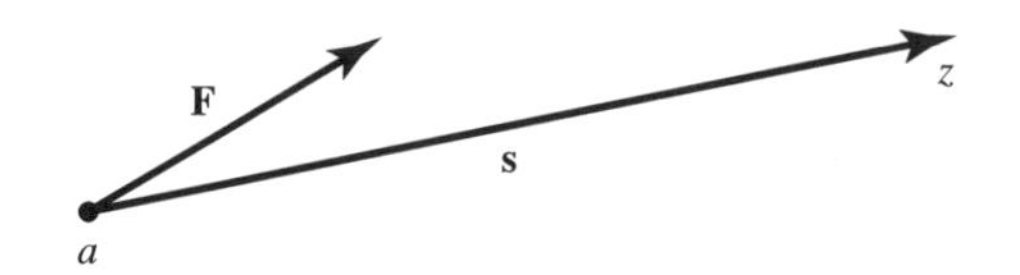

그림 1-13 직선 구간 $a \sim z$에서 상수로 정의된 힘 $\boldsymbol{F}$

한다. 위치 a에서 물체에 가해지는 힘 $\boldsymbol{F}$만 딸랑 주어지고, 곡선 S를 따라 z에 이르는 동안 $\boldsymbol{F}$가 어떤 식으로 변하는지 모르고 있다면, 제아무리 뛰어난 천재라 해도 식 (1.17)을 계산할 수 없다($a \sim z$ 사이가 아닌 다른 지점에서 $\boldsymbol{F}$의 값을 알고 있어 봐야 위의 적분에는 전혀 도움이 안 된다. 우리의 적분은 오직 $a \sim z$ 사이에서 수행되어야 하기 때문이다).

임의의 벡터장을 임의의 곡선에 대하여 적분하는 테크닉은 잠시 후에 설명하기로 하고, 일단은 $\boldsymbol{F}$가 일정하고 S가 직선으로 주어진 간단한 경우를 생각해 보자. 적분 구간은 a에서 z까지인데, 이 사이의 변위를 벡터 $\boldsymbol{s}$로 표기하자(그림 1-13 참조). $\boldsymbol{F}$는 일정하다고 했으므로 적분 밖으로 빼낼 수 있고(일상적인 적분에서 적분 기호 밖으로 상수를 빼내는 것과 같은 이치이다), $d\boldsymbol{s}$를 a부터 z까지 적분한 값은 그냥 $\boldsymbol{s}$이므로 최종적인 답은 $\boldsymbol{F} \cdot \boldsymbol{s}$이다. 이것이 바로 '직선 S를 따라 일정한 벡터 $\boldsymbol{F}$를 선적분한' 결과이다.

$$\int_a^z \boldsymbol{F} \cdot d\boldsymbol{s} = \boldsymbol{F} \cdot \int_a^z d\boldsymbol{s} = \boldsymbol{F} \cdot \boldsymbol{s} \tag{1.18}$$

[앞서 말했던 대로, $\boldsymbol{F} \cdot \boldsymbol{s}$는 $\boldsymbol{F}$의 변위 방향($\boldsymbol{s}$방향) 성분에 변

위의 크기(길이)를 곱한 값이다. 다시 말해서, 적분 결과는 변위의 길이에 '$\boldsymbol{F}$의 그 방향 성분'을 곱한 것과 같다. 그런데 이 결과는 다른 식으로 해석할 수 있다. 즉, $\boldsymbol{F} \cdot \boldsymbol{s}$는 힘의 방향으로 측정한 $\boldsymbol{s}$의 성분에 $\boldsymbol{F}$의 길이를 곱한 것과 같다. 또한 $\boldsymbol{F}$의 길이와 $\boldsymbol{s}$의 길이를 곱하고 여기에 $\cos\theta$를 곱한 것으로 해석할 수도 있다(여기서 θ는 $\boldsymbol{F}$와 $\boldsymbol{s}$ 사이의 각도이다). 물론, 어떤 식으로 해석을 내려도 무방하다.]

일반적으로 선적분은 다음과 같이 정의된다. 첫째, 곡선 S를 따라 $a \sim z$ 사이로 지정된 적분 구간을 N등분하여 각 구간을 ΔS_1, ΔS_2, ⋯, ΔS_N으로 표기한다. 그러면 S를 따라 진행되는 원래의 선적분은 "ΔS_1에 대한 적분 + ΔS_2에 대한 적분 +⋯+ΔS_N에 대한 적분"과 같아진다. 이때 N을 충분히 크게 잡으면 각각의 구간 ΔS_i는 '아주 작은 소구간 벡터' $\Delta \boldsymbol{s}_i$로 대치될 수 있고, 각 $\Delta \boldsymbol{s}_i$상에서 $\boldsymbol{F}$는 '거의 상수에 가까운' $\boldsymbol{F}_i$로 대치될 수 있다(그림 1-14 참조). 이렇게 하면 모든 환경이 '직선을 따라 수행되는 상수 $\boldsymbol{F}$의 적분'과 같아지므로, 전체 적분에 대한 ΔS_i의 기여도는 '거의' $\boldsymbol{F}_i \cdot \Delta \boldsymbol{s}_i$와 같아진다. 이제, $\boldsymbol{F}_i \cdot \Delta \boldsymbol{s}_i$를 $i=1$부터 $i=N$까지 더하면 원래의 선적분에 거의 가까운 근사값을 얻을 수 있다. 이렇게 구한 합에서 N을 무한대로 보내는 극한을 취하면 선적분과 '정확하게' 일치한다. 즉, 작은 소구간 $\Delta \boldsymbol{s}_i$를 무한소로 줄이면, 위에서 구한 '각 구간별 합'은 '곡선 S를 따라가며 수행한 선적분'에 수렴한다.

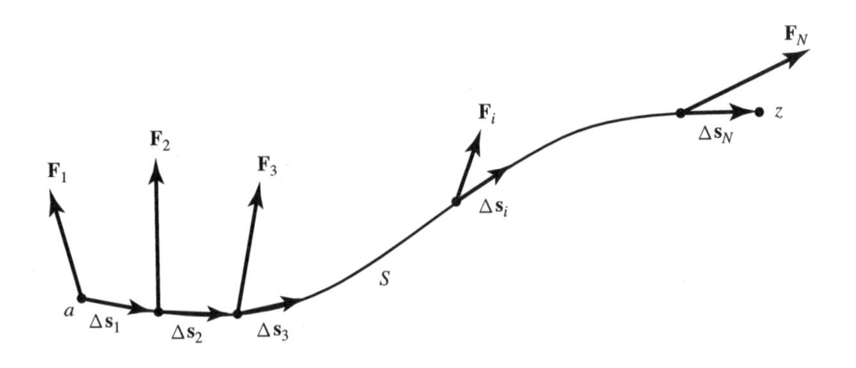

그림 1-14 곡선 S 위에서 정의된 '변하는 힘' $\boldsymbol{F}$

$$\int_a^z \boldsymbol{F} \cdot d\boldsymbol{s} = \lim_{N\to\infty} \sum_{i=1}^{N} \boldsymbol{F}_i \cdot \Delta\boldsymbol{s}_i \tag{1.19}$$

(일반적으로 위의 적분값은 경로 S의 형태에 따라 달라진다. 그러나 물리학에서는 경로에 무관한 선적분도 종종 등장한다.)

여러분이 물리학을 공부하면서 반드시 알아야 할 수학은 이것으로 대충 정리된 셈이다. 그중에서도 미적분과 벡터 계산은 제2의 천성처럼 익숙해져야 한다. 선적분은 지금 당장 제2의 천성으로 굳어지지 않겠지만, 계속 접하다 보면 결국 여러분의 일부가 될 것이다. 아무튼 기초물리학의 첫 단계에서 선적분은 별로 중요하지 않다. 우선은 미적분과 벡터 계산, 그리고 여러 가지 방향으로 벡터의 성분을 추출하는 방법을 잘 알아 두기 바란다.

1-9 간단한 예제

벡터의 성분을 추출하는 간단한 예제를 풀어 보자. 여기, 그림 1-15와 같은 두 다리를 접었다 폈다 할 수 있는 장치가 하나 있다. 중심부에 놓여 있는 묵직한 물체는 다리의 각도에 따라 높낮이가 달라진다. 두 개의 다리 중 한쪽 다리의 끝은 바닥에 고정되어 있고, 다른 하나는 자유롭게 이동할 수 있도록 바퀴가 달려 있다. 사실 이것은 복잡한 기계장치의 일부분을 떼어 온 것이다. 고정되지 않은 다리를 앞뒤로 이동시키면 중앙의 물체는 상하 운동을 하게 된다.

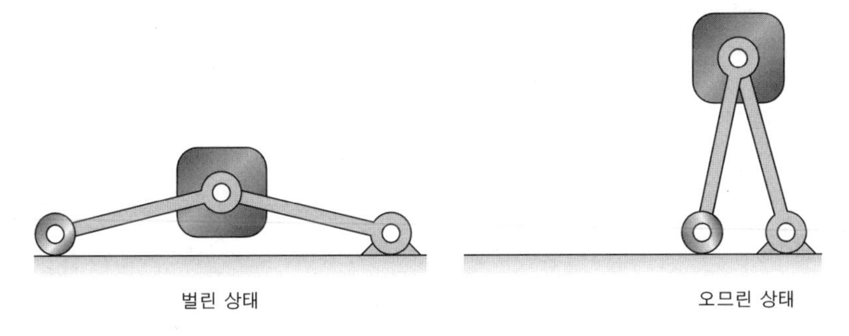

그림 1-15 간단한 장치

장치의 중앙에 걸려 있는 물체의 무게는 2kg이고(이 물체를 M이라 하자) 두 다리의 길이는 0.5m이다. 방금 누군가가 와서 다리를 적당한 각도로 벌려 놓았는데, 중심부의 높이를 측정해 보니 운 좋게도 0.4m였다고 하자. 이렇게 되면 바닥-수직선-다리가 3-4-5 삼각형을 이루기 때문에 계산이 매우 간단해진다(그림 1-16 참조).

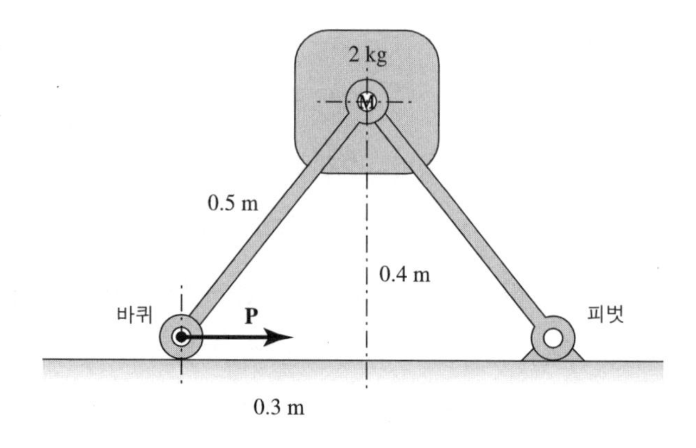

그림 1-16 M을 떠받치려면 바퀴가 달린 다리에 어느 정도의 힘(***P***)을 주어야 할까?

(각도가 지금과 다르다 해도, 이와 관련된 계산은 크게 달라지지 않는다. 이 문제에서 어려운 부분은 수치계산이 아니라 '올바른' 아이디어를 찾아내는 것이다.)

우리가 풀어야 할 문제는 다음과 같다. 장치를 그림 1-16과 같은 상태로 유지시키려면, 이동 가능한 다리에 수평 방향으로 얼마만큼의 힘(***P***)을 가해 주어야 할까? 문제를 풀기 전에 한 가지 가정할 것이 있다. 다리의 양쪽 끝(바닥에 닿은 부분과 M에 연결된 부분)이 회전 가능한 피벗으로 연결되어 있으면, 장치에 가해지는 알짜 힘은 항상 '다리 방향으로' 작용한다고 가정한다(이것은 엄밀한 논리를 통해 이미 입증된 사실이다. 물론 직관적으로 생각해도 그럴 것 같다). 다리가 수평 방향으로 움직인다고 해서 피벗이 다리의 한쪽 끝에만 있다고 생각할 필요는 없다. 다리의 양쪽 끝에 피벗이 달려 있으면, 가해진 힘은 다리의 방향을 따라 작용한다.

또한 우리는 물리학 법칙으로부터 다음의 사실을 알고 있다. 다리의 양 끝에 작용하는 힘은 크기가 같고 방향이 반대이다. 예를 들어, 다리가 바퀴에 $\boldsymbol{F}$라는 힘을 가하면 M에 연결되어 있는 반대쪽 끝에는 $-\boldsymbol{F}$의 힘이 작용한다(부호를 서로 바꿔도 상관없다). 다리의 이러한 특성을 이용하여 바퀴에 작용하는 수평 방향 힘을 계산하는 것이 이 문제의 관건이다.

다음과 같은 방식으로 접근해 보자—다리가 바퀴에 가하는 '수평 방향' 힘은 바퀴에 작용하는 알짜 힘의 한 성분일 것이다(물론 바퀴에 가해지는 알짜 힘은 수직 방향 성분도 갖고 있지만 이 문제에서는 관심의 대상이 아니다. 이 성분은 M에 가해지는 알짜 힘의 수직 성분과 상쇄된다). 그러므로 다리가 M에 가하는 힘의 성분을 알고 있으면 다리가 바퀴에 가하는 알짜 힘의 성분(특히 수평 성분)을 구할 수 있다. M에 가해지는 수평 방향 힘을 F_x라 하면 바퀴에 가해지는 수평 방향 힘은 $-F_x$이며, M의 현재 높이를 계속 유지하려면 이와 크기가 같고 방향이 반대인 힘을 가해 주어야 한다. 따라서 $|\boldsymbol{P}|=F_x$임을 알 수 있다.

다리가 M에 가하는 수직 방향 힘 F_y는 아주 쉽게 구할 수 있다. 이 힘은 M의 무게인 2kg · g와 같아야 한다(g는 중력 가속도로서, mks 단위계에서 9.8이다. 이 상수도 물리학에서 매우 중요하게 취급되므로 잘 알고 있어야 한다). 즉, $F_y=2g=19.6$뉴턴(N)이다. 수평 방향 힘은 어떻게 알 수 있는가? 답 : 알짜 힘이 다리의 방향을 따라 작용한다는 사실로부터 알 수 있다. F_y가 19.6(뉴턴)이고

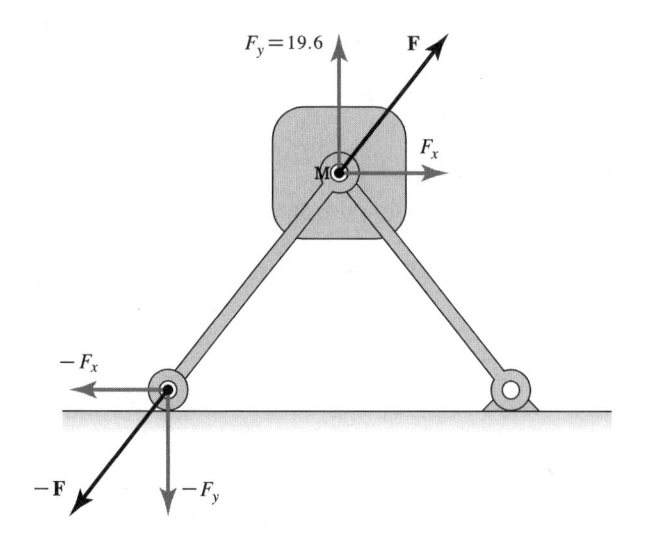

그림 1-17 M에 작용하는 힘과 다리의 바퀴에 작용하는 힘

알짜 힘이 다리 방향으로 작용한다면, F_x는 얼마가 되어야 할까? (그림 1-17 참조)

우리의 문제에서는 다리의 각도가 적절하게 조정되어 있으므로 삼각형의 가로변 : 세로변 = 3 : 4이며, 이 비율은 $F_x : F_y$에도 똑같이 적용된다(알짜 힘 $\boldsymbol{F}$는 우리의 관심사가 아니다. 우리에게 필요한 것은 $\boldsymbol{F}$의 '수평 성분'뿐이다). 그런데 우리는 $F_y = 19.6$(뉴턴)임을 이미 알고 있으므로, 수평 방향 성분은 19.6에 위의 비율을 곱한 값과 같다.

$$\frac{F_x}{19.6} = \frac{0.3}{0.4}$$
$$\therefore F_x = \frac{0.3}{0.4} \times 19.6 = 14.7 \text{ 뉴턴} \quad (1.20)$$

따라서 M의 높이를 유지하기 위해 요구되는 수평 방향 힘 $|\boldsymbol{P}|$는 14.7(뉴턴)임을 알 수 있다. 이것으로 문제는 해결되었다.

가만, 과연 그럴까?

여러분도 알다시피, 물리학은 책에 나열된 공식만으로 완성되지 않는다. 물리 법칙을 숙지하는 것도 중요하지만, 그 외의 '무언가'를 덤으로 간파하지 못하면 결코 해답을 얻을 수 없다. 올바른 결과를 얻으려면 실제 상황을 '느끼는' 일종의 감을 획득해야 한다! 이 점에 관해서는 나중에 이야기하기로 하고, 지금 당장은 우리의 풀이법에서 잘못된 곳은 없는지 확인부터 해 봐야 할 것 같다. M에 힘을 가하고 있는 것이 과연 '하나의' 다리뿐일까? 아니다. 우리의 장치는 분명히 두 개의 다리를 갖고 있으며, 따라서 바닥에 고정되어 있는 다리도 M을 떠받치는 데 커다란 몫을 하고 있다. 그런데 힘을 분석할 때 이 힘을 전혀 고려하지 않았으므로 해답이 맞을 수가 없는 것이다!

올바른 답을 얻으려면 고정된 다리가 M에 가하는 힘도 고려해야 한다. 그 바람에 문제가 좀 더 복잡해졌다. 이 힘을 어떻게 알아낼 수 있을까? 어떤 부분들이 M에 힘을 가하고 있으며, 그 알짜 힘은 얼마나 되는가? 이 문제의 핵심은 다름 아닌 중력이다. M에 가해지고 있는 모든 힘들은 'M을 아래로 잡아당기는 중력'을 상쇄시키고 있다. 즉, M에 작용하는 알짜 힘에는 수평 방향 성분이 없다(만일 수평 성분이 있다면 M은 좌-우로 이동할 것이다!). 따라서 '고정된' 다리가 발휘하고 있는 힘의 수평 성분은 '움직이는(바퀴가 달린)' 다리가 발휘하는 힘의 수평 성분과 정확하게 상쇄되어야 한다. 이것이 바로 문제 해결의 핵심이다.

고정된 다리가 발휘하는 힘의 수평 성분은 움직이는 다리가 발휘하는 힘의 수평 성분과 크기는 같고 방향이 반대이다. 그리고 양쪽 직각삼각형(3-4-5)이 합동이므로, 두 다리가 발휘하는 힘의 수직 성분은 크기와 방향이 모두 같다. 다시 말해서, 두 다리가 발휘하는 힘의 수평 성분이 균형을 이루고 있기 때문에, 이들은 똑같은 힘으로 M을 떠받치고 있는 것이다. 만일 두 다리의 길이가 서로 다르다면 계산은 좀 더 복잡해지겠지만 적용되는 원리는 똑같다.

이제 잘못된 부분을 알았으니 문제를 다시 풀어 보자. 제일 먼저 할 일은 '두 다리가 M에 가하는 힘'을 분석하여 제거하는 것이다(이 장치는 정지 상태에 있으므로 여기 작용하는 총 알짜 힘은 0이다. 즉, 장치에 작용하는 모든 힘은 어떻게든 서로 상쇄되어야 한다. 그렇지 않으면 어딘가 남아 있는 '자투리 힘'에 의해 그쪽 방향으로 움직일 것이다 : 옮긴이). 지금부터 '두 다리가 M에 가하는 힘'을 계산해 보자. 내가 지금 '두 다리가 M에 가하는 힘'이라는 말을 계속 반복하는 것은, 부호가 틀리는 것을 방지하기 위한 일종의 주문이다. 'M이 두 다리에 가하는 힘'은 '두 다리가 M에 가하는 힘'과 방향이 반대이기 때문에, '힘을 가하는 쪽'과 '힘을 받는 쪽'을 혼동하면 모든 부호가 뒤죽박죽이 되어 버린다. 그래서 나는 문제를 풀다가 잔뜩 헷갈린 후 처음부터 다시 시작할 때에는 양자가 혼동되지 않도록 열심히 중얼대는 습관이 있다. 자, 다시 '두 다리가 M에 가하는 힘'을 계산해 보자. 일단, 한쪽 다리 방향으로 작용하는 힘 $\boldsymbol{F}$가 있고, 다른 쪽 다리 방향으로 작용하는 힘 $\boldsymbol{F}'$이 있다. 이들이 바로 M에 작용하는 힘이며, 작용 방향은 다리의 방향과 일치한다.

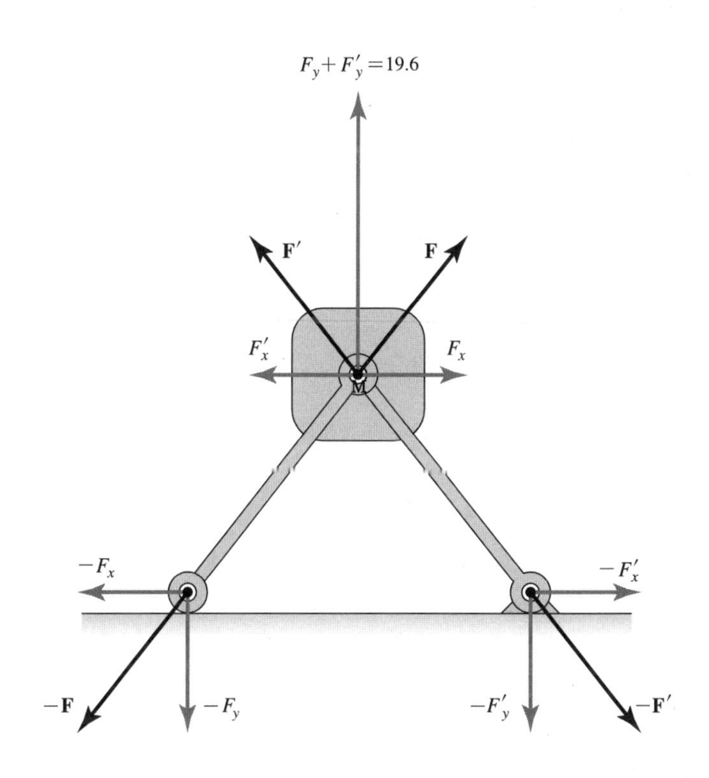

그림 1-18 M에 작용하는 힘과 바닥에 작용하는 힘의 분해도

이제 $\boldsymbol{F}$와 $\boldsymbol{F}'$을 더해 보자. 아하! 이제야 서광이 비치기 시작한다. 이 힘들을 더했을 때 수평 방향 성분은 0이고, 수직 방향 성분이 바로 19.6뉴턴이 되어야 한다. 앞에서 그렸던 그림은 잘못되었으므로, 제대로 된 그림을 다시 그려 보자(그림 1-18 참조).

그림에서 보다시피 수평 성분은 상쇄되고 수직 성분은 두 배로 더해져서 M을 떠받치는 데 사용된다. 그러므로 앞에서 구했던 19.6뉴턴은 하나의 다리가 발휘하는 수직력이 아니라, 두 개의 다리가 '공동으로 창출해 낸' 결과였던 것이다. 각 다리는 전체 힘의 절반씩을 발휘하고 있으므로, 결국 하나의 다리가 발휘하는 힘의 수직 성분은 9.8뉴턴이다.

따라서 다리 방향으로 작용하는 9.8뉴턴짜리 힘의 수평 성분은 다음과 같이 계산된다.

$$\frac{F_x}{9.8} = \frac{0.3}{0.4}$$
$$\therefore\ F_x = \frac{0.3}{0.4} \times 9.8 = 7.35\text{뉴턴} \tag{1.21}$$

1-10 삼각측량법

시간이 조금 남았으므로, 간단한 사례를 들어 수학과 물리학의 관계에 대하여 약간의 설명을 추가하고자 한다. 여러분은 물리학을 공부하면서 접하는 공식들을 다 외울 필요가 없다. 물론 나도 모든 공식을 다 외우지 못한다. 다양한 공식들을 덮어놓고 외우는 것은 물리학을 이해하는 것과 거리가 멀다.

여러분은 속으로 이렇게 중얼거릴지도 모른다. "뭔 소리를 하는 거야? 난 지금까지 그런 식으로 공부해 왔는데! 그리고 단 한 번도 실패한 적이 없다구. 물론 앞으로도 그럴 거고. 외우지 않고 무슨 수로 물리학을 공부하라는 거야?"

아니다. 그런 식으로는 결코 물리학을 이해할 수 없다. 공식을 달달 외우는 식으로 공부하다 보면 결국 'F' 학점을 맞게 될 것이다. 올해를 운 좋게 넘기고 다음 해도 학점을 따는 데 성공했다 해도, 훗날 취직을 하거나 학자가 된 후에는 결국 막다른 길에 이르게 될 것이다. 물리학은 실로 '방대한' 학문이어서, 수백만 개의 공식이 사방에 널려 있다! 이 많은 것들을 무슨 수로 외우겠는가? 도저히 불가능하다!

여러분은 중요한 사실을 간과하고 있다. 그림 1-19를 보라. 이것은 물리학 공식을 별로 나타낸 일종의 '물리학 지도'이다. 두 별 사이의 거리가 해당 공식들 사이의 '긴밀한 정도'를 나타낸다고 가정해 보자(사실은 3차원 이상의 공간에 그려야겠지만, 번거로움을 피하기 위해 평면에 그려 놓았다).

이제, 여러분의 마음속에 잠시 다른 생각이 떠오르면서 지도의 일부가 지워졌다고 가정해 보자. 그러면 이 근처의 물리학은 복구가 불가능할 것인가? 아니다. 자연의 상호 관계는 매우 치밀하고 우아하기 때문에, 순수한 논리(logic)만으로 손실된 부분을 복구할 수

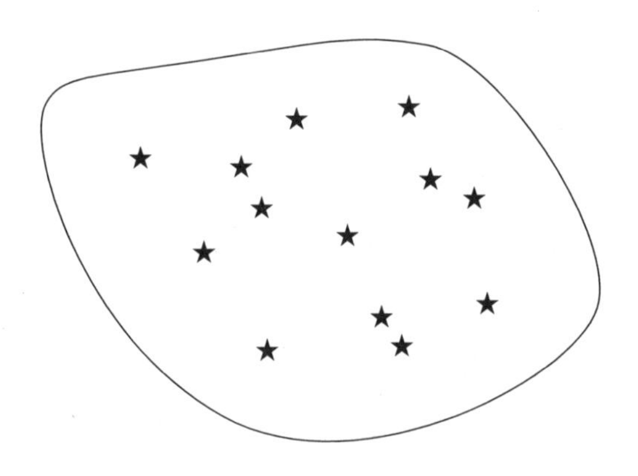

그림 1-19 물리학 공식으로 이루어진 상상의 지도

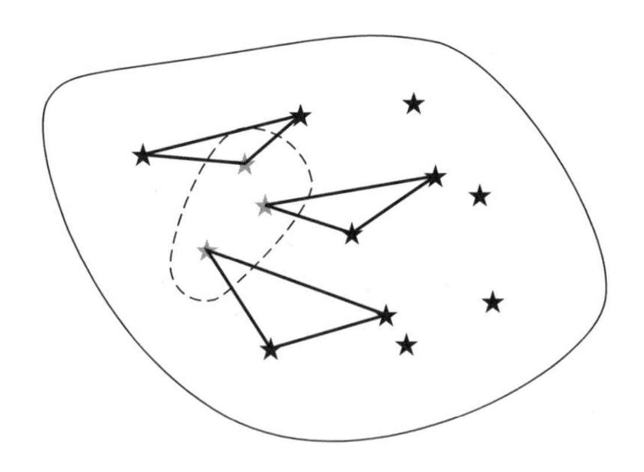

그림 1-20 부분적으로 상실된 정보는 이미 알고 있는 사실로부터 삼각측량법을 이용하여 복구될 수 있다.

있다. 이 과정은 일종의 '삼각측량법'과 비슷하다(그림 1-20 참조).

잃어버린 부분이 그리 많지 않다면, 기억에서 영원히 지워진 내용도 얼마든지 복구될 수 있다. 머릿속에 너무 많은 정보가 들어가면 (학생들은 아직 겪어 보지 못했겠지만) 그들 중 일부는 어쩔 수 없이 지워지기 마련이다. 그러나 머릿속에 아직 상당량의 정보가 남아 있는 한, 누락된 정보는 언제든지 복구될 수 있다. 그러므로 가장 중요한 것은 암기력이 아니라, 이미 알고 있는 내용들을 서로 '연결시키는' 기술이다. 공부하는 학생이라면 이 기술을 반드시 습득해야 한다. 개중에는 이렇게 말하고 싶은 사람도 있을 것이다. "아하! 그렇군요. 하지만 제게는 그런 기술이 필요 없습니다. 제 암기력은 천하무적이거든요!"

천하무적의 암기력도 다 소용없다! 물리학의 효용성은 (새로운 법칙을 발견하거나 산업체에서 새로운 물건을 발명할 때 등) 이미 알고 있는 정보의 저장 능력이 아니라, 새로운 것을 알아내거나 창출하는 능력으로 평가 받기 때문이다. 그리고 새로운 물리학은 '아무

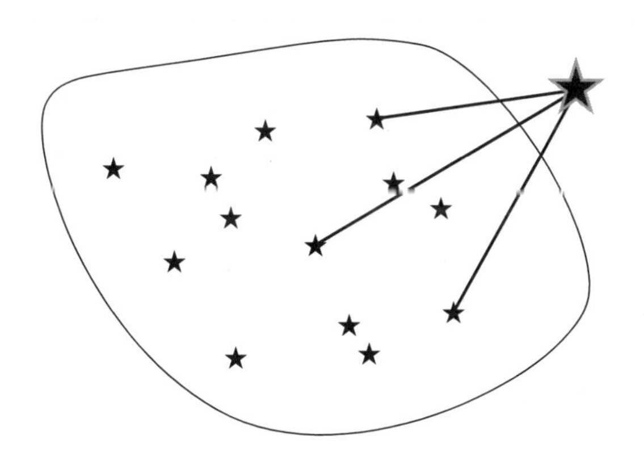

그림 1-21 물리학의 새로운 발견은 이미 알고 있는 사실들 사이의 상호 관계를 알아냄으로써 이루어진다.

도 간파하지 못했던 새로운 상호 관계'를 발견함으로써 탄생한다(그림 1-21 참조).

이 방법을 습득하려면 공식 암기를 그만두고 자연의 구성 요소들 사이의 상호 관계를 이해하는 데 전념해야 한다. 처음에는 암기보다 훨씬 어렵겠지만, 물리학으로 성공하길 원한다면 이 방법밖에 없다. '물리학자'와 '물리학 사전', 둘 중 어느 쪽이 되기를 원하는가?

2장

법칙과 직관

(리뷰강의 B)

지난 시간에는 물리학 공부를 위해 반드시 알아야 할 수학을 정리하였다. 이미 언급한 대로, 방정식은 일종의 도구로서 머릿속에 넣어두는 것이 좋지만 모든 공식을 외울 필요는 없다. 여러분도 결국은 알게 되겠지만, 기억력으로 헤쳐 나가기에는 물리학이라는 세계가 너무 넓고 험난하다. 그렇다고 '아무것도 외우지 말라'는 뜻은 아니다. 가능하다면 많이 외워 두는 것이 좋다. 그러나 가장 중요한 것은 기억의 일부가 지워졌을 때 그것을 복구하는 능력임을 명심하기 바란다.

고등학교 시절에 날고 기었던 여러분이 칼텍에 들어와서 평균 이하로 전락했을 때 어떻게 대처해야 하는지도 지난 시간에 언급했었다. 그런데 이런 학생이 열심히 공부하여 평균 이상으로 올라왔다면, 당장 또 하나의 비극이 초래된다. 얼마 전까지만 해도 평균 이상이었던 학생 하나가 졸지에 '하류 세계'로 전락하는 것이다! 과연 이것은 경쟁사회에서 감수할 수밖에 없는 필연적인 부작용일까? 그렇지 않다. 여러분은 남에게 피해를 입히지 않고서도 얼마든지 실력을 향상시킬 수 있다. **자신이 좋아하는 특정 분야를 깊이 파고들어 그 분야의 전문가가 되어 보라**. 물리학의 범주 안이라면 어떤 분야이건 상관없다. 그러면 죄책감을 덜 느끼면서 이렇게 외칠 수 있을 것이다. "이봐, 내 성적은 비록 하류지만 적어도 이 분야에서는 나만큼 아는 사람이 없다구!"

2-1 물리학의 법칙들

이번 시간에는 물리학을 지배하는 일련의 법칙에 대해 알아보기로 한다. 가장 먼저 할 일은 그들의 '생긴 모습'부터 감상하는 것이다. 지금까지 기초물리학을 강의하면서 물리 법칙에 대하여 참으로 많은 이야기를 했는데, 이제 와서 그 내용을 다시 설명하려면 또 다시 긴 시간을 할애해야 한다. 그러나 다행히도 물리학의 법칙들은 간단한 방정식으로 축약될 수 있다(방정식에 등장하는 기호와 연산에 대해서는 여러분도 잘 알고 있다고 가정한다). 여러분이 알아야 할 방정식 목록은 다음과 같다.

첫 번째 방정식:

$$\boldsymbol{F} = \frac{d\boldsymbol{p}}{dt} \tag{2.1}$$

즉, 힘 $\boldsymbol{F}$는 운동량 $\boldsymbol{p}$의 시간에 대한 변화율과 같다($\boldsymbol{F}$와 $\boldsymbol{p}$는 벡터이다. 벡터가 무엇이며, 벡터의 미분이 무엇을 의미하는지는 다들 알고 있으리라 믿는다).

일단 물리학 방정식이 등장하면, 각 문자들이 뜻하는 바를 알아야 한다. "아하! $\boldsymbol{p}$가 무엇인지는 저도 압니다. 물체의 질량에 속도를 곱한 양이지요. 상대론적으로 따지면 물체의 정지질량에 속도를 곱한 후 '1 빼기 c^2분의 v^2의 양의 제곱근'으로 나눈 값이고요."[1]

$$\boldsymbol{p} = \frac{m\boldsymbol{v}}{\sqrt{1-v^2/c^2}} \tag{2.2}$$

내 말은 그런 뜻이 아니다. 여러분이 알아야 할 것은 $\boldsymbol{p}$의 정의가 아니라, 그 속에 담겨 있는 '물리적 의미'이다. 여기서 $\boldsymbol{p}$는 단순한 '운동량'이 아니라 'm이라는 질량을 가진 채 $\boldsymbol{v}$의 속도로 움직이고 있는 어떤 입자'의 운동량이다. 그리고 식 (2.1)의 $\boldsymbol{F}$는 그 입자에 작용하고 있는 모든 힘들의 '벡터 합'을 의미한다. 이렇게 알고 있어야 이들 방정식을 이해했다고 말할 수 있다.

그 다음으로, '운동량 보존 법칙'에 대해 알아보자.

$$\sum_{\text{입자}} \boldsymbol{p}_{\text{충돌 후}} = \sum_{\text{입자}} \boldsymbol{p}_{\text{충돌 전}} \tag{2.3}$$

운동량 보존 법칙은 "어떠한 경우에도 총 운동량은 변하지 않

---

1) $v = |\boldsymbol{v}|$는 물체의 속력이고 c는 빛의 속력이다.

는다"는 말로 요약될 수 있다. 다들 우리말은 할 줄 알 테니, 문장의 뜻은 이해가 갈 것이다. 하지만 이 정도의 이해로는 어림도 없다. 우리는 이 문장에(또는 수식에) 담겨 있는 '물리적 의미'를 알아야 한다. 운동량 보존 법칙의 물리적 의미는 다음과 같다. "여러 개의 입자들이 충돌할 때, 충돌 전에 계산한 운동량의 합은 충돌 후에 계산한 운동량의 합과 같다." 상대성 이론의 세계에서는 충돌 전과 충돌 후에 입자의 상태가 달라질 수 있다. 새로운 입자가 생성되거나 있던 입자가 소멸될 수도 있기 때문이다. 그러나 이런 경우에도 모든 입자의 운동량을 벡터적으로 더한 값은 달라지지 않는다.

그 다음으로 알아야 할 법칙은 에너지 보존 법칙이다.

$$\sum_{\text{입자}} E_{\text{충돌 후}} = \sum_{\text{입자}} E_{\text{충돌 전}} \tag{2.4}$$

즉, 충돌 전에 모든 입자의 에너지를 더한 값은 충돌 후에 모든 입자의 에너지를 더한 값과 같다는 뜻이다. 이 법칙을 실제 상황에 응용하려면 하나의 입자가 갖고 있는 에너지를 계산할 줄 알아야 한다. 질량 m인 입자가 속도 v로 움직일 때, 에너지는 다음과 같다.

$$E = \frac{mc^2}{\sqrt{1 - v^2/c^2}} \tag{2.5}$$

2-2 비상대론적 근사법

이상은 상대론적 세계에서 통용되는 법칙들이다. 그런데 입자의 속도가 빛의 속도보다 훨씬 느린 경우에는 위에 열거한 법칙들이 조금 단순한 형태로 변형된다. 다시 말해서, '비상대론적 근사법'을 적용할 수 있다는 뜻이다.

우선, 운동량부터 생각해 보자. 입자의 속도가 빛보다 훨씬 느리다면 $\sqrt{1-v^2/c^2}$이 거의 1에 가까워지므로, 식 (2.2)는 아래와 같이 간단한 형태가 된다.

$$\boldsymbol{p} = m\boldsymbol{v} \tag{2.6}$$

따라서 힘과 운동량의 관계를 말해 주는 법칙 $\boldsymbol{F} = d\boldsymbol{p}/dt$는 $\boldsymbol{F} = d(m\boldsymbol{v})/dt$로 쓸 수 있다. 여기서 질량 m은 변하지 않는 상수이므로 미분 기호 밖으로 빼낼 수 있고, 속도를 시간으로 미분한 양은 가속도가 된다. 즉, 입자의 속도가 광속보다 훨씬 느린 경우에는 '힘 = 질량 × 가속도'라는 법칙이 얻어지는 것이다.

$$\boldsymbol{F} = \frac{d\boldsymbol{p}}{dt} = \frac{d(m\boldsymbol{v})}{dt} = m\frac{d\boldsymbol{v}}{dt} = m\boldsymbol{a} \tag{2.7}$$

느린 속도로 움직이는 입자의 운동량 보존 법칙은 식 (2.3)과 동일한 형태로 표현된다. 단, 이 경우에는 식 (2.2)의 $\boldsymbol{p}$가 $\boldsymbol{p} = m\boldsymbol{v}$로 바뀐다(또한 질량은 상수이다).

$$\sum_{\text{입자}} (m\boldsymbol{v})_{\text{충돌 후}} = \sum_{\text{입자}} (m\boldsymbol{v})_{\text{충돌 전}} \tag{2.8}$$

그러나 속도가 느린 경우의 에너지 보존 법칙은 두 개의 법칙으로 분할된다. 하나는 "각 입자의 질량은 변하지 않는다"는 질량 보존 법칙(물질은 생성되지도, 사라지지도 않는다는 법칙)이며, 다른 하나는 각 입자에 대한 $\frac{1}{2}mv^2$을 모두 더한 값(총 운동 에너지, 또는 총 K.E.)이 불변이라는 것이다.[2)]

$$m_{\text{충돌 후}} = m_{\text{충돌 전}}$$

$$\sum_{\text{입자}} \left(\frac{1}{2}mv^2\right)_{\text{충돌 후}} = \sum_{\text{입자}} \left(\frac{1}{2}mv^2\right)_{\text{충돌 전}} \tag{2.9}$$

재떨이와 같이 일상적인(그러나 미시적 스케일에서 볼 때는 엄청나게 큰) 물체를 느리게 움직이는 거대 입자로 간주한다면, 여기에 총 운동 에너지 보존 법칙을 적용할 수 있을까? 답 : 아니다. 적용할 수 없다. 재떨이를 이루는 일부 입자들의 운동 에너지가 내부 운동을 통해 열에너지나 소리 등과 같은 다른 형태의 에너지로 전환되기 때문이다. 즉, 일상적인 크기의 물체들이 서로 충돌하는 경우에는 에너지 보존 법칙을 적용할 수 없다. 이 법칙은 오직 근본 입자(fundamental particles)에만 적용되는 법칙이다. 물론, 커다란

---

2) $1/\sqrt{1-v^2/c^2}$을 테일러 전개(Taylor expansion)하여 처음 두 개의 항을 식 (2.5)에 대입해 보면 한 입자의 운동 에너지와 (상대론적) 총 에너지 사이의 관계를 쉽게 알 수 있다.

$$\frac{1}{\sqrt{1-x^2}} = 1 + \frac{1}{2}x^2 + \frac{1\cdot 3}{2\cdot 4}x^4 + \frac{1\cdot 3\cdot 5}{2\cdot 4\cdot 6}x^6 + \cdots$$

$$E = \frac{mc^2}{\sqrt{1-v^2/c^2}} = mc^2(1 + v^2/2c^2 + \cdots)$$

$$\approx mc^2 + \frac{1}{2}mv^2 = \text{정지 에너지} + \text{운동 에너지}\ (v \ll c\text{일 때})$$

물체라 해도 내부 운동으로 손실되는 에너지의 양이 매우 적어서 에너지 보존 법칙이 '거의' 맞아 들어가는 경우도 있다. 에너지 손실이 아예 없는 거시적 충돌을 '완전 탄성 충돌(perfectly elastic collision)'이라 한다. 일상적인 물체들이 충돌을 일으킬 때에는 일반적으로 에너지가 보존되지 않기 때문에, 에너지의 변화 과정을 추적하기가 매우 어렵다.

2-3 힘에 의해 야기된 운동

충돌 문제가 아닌 '힘에 의해 야기된 운동'을 분석하다 보면, "한 입자의 운동 에너지의 변화량은 힘이 작용하면서 입자에 가해진 일의 양과 같다"는 정리를 얻게 된다.

$$\Delta \mathrm{K.E.} = \Delta W \qquad (2.10)$$

물론 이 경우에도 식의 의미를 정확히 이해하려면 각 문자에 담긴 뜻부터 파악해야 한다. 식 (2.10)이 의미하는 바는 다음과 같다. 한 입자가 힘 $\boldsymbol{F}$를 받으며 곡선 S를 따라 A에서 B로 움직일 때(여기서 $\boldsymbol{F}$는 입자에 가해진 총 힘이다), A지점에서 입자의 운동 에너지 $\frac{1}{2}mv_{\mathrm{A}}^2$과 B지점에서의 운동 에너지 $\frac{1}{2}mv_{\mathrm{B}}^2$의 차이는 '곡선 S를 따라 $\boldsymbol{F}\cdot d\boldsymbol{s}$를 A부터 B까지 선적분한 값'과 같다(여기서 $d\boldsymbol{s}$는 곡선 S방향으로 진행되는 작은 변위이다. 그림 2-1 참조).

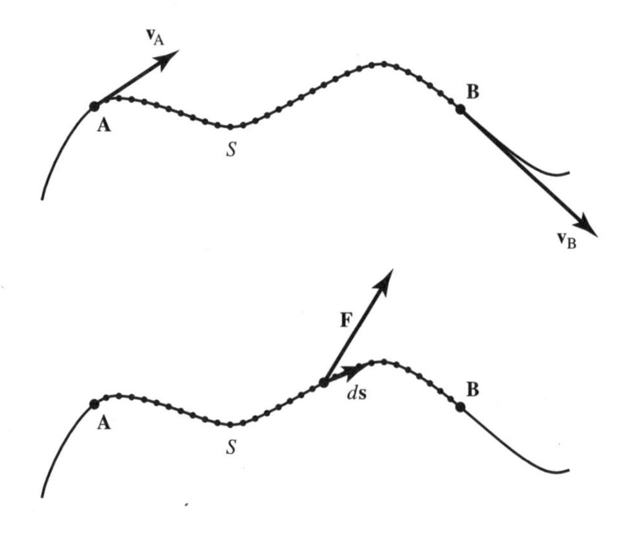

그림 2-1 $\frac{1}{2}mv_B^2 - \frac{1}{2}mv_A^2 = \int_A^B \boldsymbol{F} \cdot d\boldsymbol{s}$

$$\Delta \text{K.E.} = \frac{1}{2}mv_B^2 - \frac{1}{2}mv_A^2 \tag{2.11}$$

$$\Delta W = \int_A^B \boldsymbol{F} \cdot d\boldsymbol{s} \tag{2.12}$$

위치에 따른 힘의 변화가 단순한 형태로 표현된다면, 위의 적분은 비교적 쉽게 계산될 수 있다. 입자에 행해진 일이 '위치 에너지(potential energy, P.E.)'의 변화량과 같은 경우, 입자에 가해진 힘을 '보존력(conservative force)'이라 한다.

$$\Delta W = \Delta \text{P.E.} \quad (\text{보존력 } \boldsymbol{F}\text{가 작용하는 경우}) \tag{2.13}$$

그런데 식 (2.13)의 괄호 안에 적힌 글은 정말이지 넌센스가 아닐 수 없다. '보존력'이라는 말을 들으면 누구나 '보존되는 힘'을 떠올리기 마련인데, 사실은 그런 뜻이 아니라 '이 힘이 행한 일이 보존된다'는 뜻이다.[3] 이 용어를 처음 듣는 사람은 꽤나 헷갈릴 것이다. 그 점은 나도 인정한다. 하지만 이미 정식 용어로 굳어졌기 때문에 나로서도 어쩔 도리가 없다.

입자의 총 에너지는 운동 에너지와 위치 에너지의 합이다.

$$E = \text{K.E.} + \text{P.E.} \tag{2.14}$$

작용하는 힘이 보존력뿐이라면 입자의 총 에너지는 변하지 않는다.

$$\Delta E = \Delta\text{K.E.} + \Delta\text{P.E.} = 0 \quad (\text{보존력이 작용하는 경우}) \tag{2.15}$$

그러나 입자에 작용하는 힘이 비보존력(nonconservative force, 위치 에너지와 무관한 힘)이면 입자에 가해진 일의 양만큼 에너지가 변한다

$$\Delta E = \Delta W \quad (\text{비보존력이 작용하는 경우}) \tag{2.16}$$

3) 입자를 한 지점에서 다른 지점으로 이동시키기 위해 요구되는 일의 양이 경로와 무관할 때, 입자에 가해지는 일을 보존력이라 한다. 이런 경우에 일은 오직 시작점과 끝점의 위치에 의해 결정된다. 특히, 보존력이 작용하고 있는 입자가 닫힌 폐곡선을 따라 한 바퀴 돈 후 출발점으로 돌아왔을 때, 입자에 가해진 일은 폐곡선의 형태에 상관없이 항상 0이다(제1권 14-3절 참조).

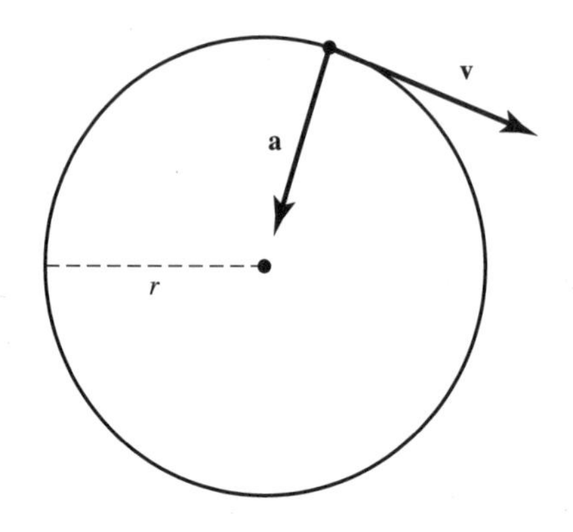

그림 2-2 원운동하는 물체의 속도 벡터와 가속도 벡터

이제, 여러 가지 힘이 작용하는 법칙을 설명하면 이 강의는 끝난다.

그러나 힘과 관련된 법칙을 나열하기 전에, 가속도와 관련된 유용한 법칙을 하나만 짚고 넘어가자. 여기, 반경 r인 원을 따라 움직이고 있는 입자가 있다. 어떤 특정한 순간에 이 입자의 속도가 $\boldsymbol{v}$였다면, 입자의 가속도는 원의 중심을 향하고 크기는 v^2/r이다(그림 2-2 참조). 입자가 원운동을 하고 있을 때, 속도 벡터와 가속도 벡터는 모든 지점에서 직각을 이룬다. 그러나 다른 것은 신경 쓸 필요 없이 $a=v^2/r$만 기억하고 있으면 된다. 가속도가 다음과 같다는 사실을 증명하려면 꽤 골치 아픈 과정을 거쳐야 하기 때문이다.[4]

$$|\boldsymbol{a}| = \frac{v^2}{r} \tag{2.17}$$

4) 제1권 11-6절 참조.

표 2-1

	항상 성립하는 식	일반적으로 성립하지 않는 식 (속도가 느린 경우에 한하여 성립함)
힘	$\boldsymbol{F} = \dfrac{d\boldsymbol{p}}{dt}$	$\boldsymbol{F} = m\boldsymbol{a}$
운동량	$\boldsymbol{p} = \dfrac{m\boldsymbol{v}}{\sqrt{1-v^2/c^2}}$	$\boldsymbol{p} = m\boldsymbol{v}$
에너지	$E = \dfrac{mc^2}{\sqrt{1-v^2/c^2}}$	$E = \dfrac{1}{2}mv^2(+mc^2)$

표 2-2

보존력	비보존력
$\Delta\text{P.E.} = \Delta W$	P.E.는 정의되지 않음
$\Delta E = \Delta\text{K.E.} + \Delta\text{P.E.} = 0$	$\Delta E = \Delta W$

정의 : K.E.(운동 에너지)$=\dfrac{1}{2}mv^2$, W(일) $=\int \boldsymbol{F}\cdot d\boldsymbol{s}$

2-4 힘과 위치 에너지(퍼텐셜 에너지)

이제 본론으로 되돌아가서 힘이 작용하는 법칙 및 그와 관련된 퍼텐셜(위치 에너지)을 정리해 보자.

첫 번째 힘은 지표면 근처에서 작용하는 중력이다. 지구의 중력

표 2-3

	힘	위치 에너지
지표면 근처에서 작용하는 중력	$-mg$	mgz
두 입자 사이에 작용하는 중력	$-Gm_1m_2/r^2$	$-Gm_1m_2/r$
전기 전하	$q_1q_2/4\pi\epsilon_0r^2$	$q_1q_2/4\pi\epsilon_0r$
전기장	$q\mathbf{E}$	$q\phi$
이상적인 용수철	$-kx$	$\frac{1}{2}kx^2$
마찰	$-\mu N$	해당 없음!

은 항상 아래쪽으로 작용하지만, 부호는 신경 쓸 것 없다. 좌표축을 어떻게 설정하느냐에 따라 부호는 얼마든지 달라질 수 있기 때문이다. 여러분은 z축이 똑바로 서 있는 좌표계에 익숙하겠지만, 경우에 따라서는 z축이 '아래쪽으로' 향하는 좌표계를 사용할 수도 있다! 그러므로 '중력은 항상 아래쪽을 향한다'는 사실만 기억하면 된다. 지표면 근처에서 작용하는 지구의 중력은 $-mg$이고, 중력 위치 에너지는 mgz이다. 여기서 m은 물체의 질량이고 g는 상수(지표면 근처의 중력 가속도)이다. 그리고 z는 지표면으로부터 측정한 물체의 고도인데, 지표면이 아닌 다른 지점을 고도의 기준으로 삼아도 상관없다. 다시 말해서, 위치 에너지가 0인 지점을 임의로 설정할 수 있다는 뜻이다. 위치 에너지는 그 자체로 의미를 갖는 양이 아니라, '두 지점 사이의 위치 에너지의 차이'만이 물리적으로 의미 있는

양이기 때문이다. 따라서 위치 에너지에 일괄적으로 어떤 상수를 더하거나 빼도 계산 결과는 달라지지 않는다.

그 다음으로, 두 입자 사이에 작용하는 중력을 들 수 있다(사실 이것은 지구의 중력과 같은 원리로 작용하는 힘이다. 그러나 우리는 지구의 중력을 특별한 힘으로 간주하는 경향이 있기 때문에 따로 고려하고 있는 것이다: 옮긴이). 이 힘은 항상 두 입자를 연결하는 직선을 따라 작용하며, 두 질량의 곱에 비례하고 두 물체 사이의 거리의 제곱에 반비례한다. 이것은 $-mm'/r^2$이나 $-m_1m_2/r^2$으로 표기되지만, 여러분이 좋아하는 다른 표기법을 사용해도 상관없다. 앞에 붙어 있는 마이너스 부호는 신경 쓰지 않아도 된다. 부호를 외우는 것보다 힘의 방향을 기억해 두는 것이 훨씬 효율적이다. 그러나 중력이 거리의 제곱에 반비례한다는 사실만은 반드시 기억해 두기 바란다[그런데 마이너스 부호는 왜 붙어 있는 것일까? 사실, '−'부호는 중력이 '오직 잡아당기기만 한다'는 뜻을 담고 있다. 중력은 언제나 인력으로 작용하기 때문에, 힘의 방향과 반경 벡터(radius vector)의 방향이 항상 반대이다. 그래서 나는 부호를 따로 외우지 않고 "중력에 관한 한, 입자는 다른 입자를 무조건 잡아당긴다"는 사실만을 기억하고 있다. 그 외의 사항들은 혼란만 야기할 뿐, 별 도움이 되지 않는다].

두 입자 사이에 형성되는 중력 위치 에너지는 $-Gm_1m_2/r$이다. 그런데 나는 위치 에너지가 변하는 양상을 떠올릴 때마다 머릿속이 아주 복잡해진다. 자, 한번 찬찬히 따져 보자. 두 입자가 가까이 접근하면(즉, r이 작아지면) 위치 에너지는 감소해야 한다. 따라서 부호는 마이너스이다. 가만…… 이 말이 맞나?—맞기를 바란다! 부호는 정말이지 나를 헷갈리게 한다!

전기력은 전하 q_1, q_2의 곱에 비례하고, 두 전하 사이의 거리의 제곱에 반비례한다. 그런데 힘의 척도를 결정하는 상수 $4\pi\epsilon_0$가 중력의 경우처럼 분자에 곱해지는 것이 아니라 분모에 곱해진다. 전기력은 반경 방향으로 작용한다는 점에서 중력과 비슷하지만, 전하의 부호에 따라 인력, 척력이 모두 가능하다. 그래서 전기적 위치 에너지의 부호는 중력 위치 에너지의 부호와 반대이며, 제일 앞에는 중력의 G 대신 $1/4\pi\epsilon_0$이 곱해진다.

전기력과 관련하여 한 가지 알아 둘 것이 있다. 전하가 q인 입자에 작용하는 힘은 $q\boldsymbol{E}$이고, 에너지는 $q\phi$이다. 여기서 $\boldsymbol{E}$는 벡터장(vector field)이고 ϕ는 스칼라장(scalar field)이다. q의 단위는 쿨롱(coulomb)이며, ϕ의 단위로는 여러분이 익히 알고 있는 볼트(volt)가 사용된다. 에너지의 단위는 가장 흔히 사용되는 줄(joule)이다.

표 2-3의 순서에 따라, 이상적인 용수철에 작용하는 힘과 위치 에너지를 생각해 보자. 이상적인 용수철을 길이 x만큼 잡아 늘이는 데 필요한 힘은 kx이다(k는 상수). 이 경우 역시 각 문자의 뜻을 알지 못하면 백날을 외워 봐야 소용없다. x는 평형 상태로부터 용수철이 늘어난 길이이며, 이 상태에서 용수철이 발휘하는 힘은 $-kx$이다. 앞에 마이너스 부호가 붙은 이유는 용수철의 변위 x와 용수철이 발휘하는 힘의 방향이 항상 반대이기 때문이다. 용수철을

잡아 늘이면($x>0$) 힘은 마이너스 방향으로 작용하고, 반대로 용수철을 압축시키면($x<0$) 힘은 플러스 방향으로 작용한다. 또한 용수철에 저장된 위치 에너지는 $\frac{1}{2}kx^2$이다. 용수철을 잡아 늘이거나 압축시키려면 어떤 식으로든 용수철에 일을 해 주어야 한다. 따라서 용수철이 평형 상태에서 벗어나면 위치 에너지는 무조건 증가한다. 중력이나 전기력과 비교할 때, 용수철의 힘과 에너지는 매우 간단명료하다.

앞서 말한 대로, 나는 모든 경우의 부호들을 일일이 외우지 않는다. 그저 필요할 때마다 기본 원리로부터 부호를 재생시킬 뿐이다. 중력은 당기고 전기력은 밀거나 당기며, 용수철은 항상 평형 상태로 돌아가길 원한다. 이것만 기억하면 부호와 관련된 문제는 저절로 해결된다.

마지막으로, 마찰에 대해 알아보자. 마른 표면에 작용하는 마찰력은 $-\mu N$이다. 우선 각 문자의 뜻부터 해독해 보자. 한 물체를 다른 물체의 표면과 접촉시킨 상태에서 이동시키려면 어느 정도의 힘을 가해 줘야 할까? 이동하는 물체에 작용하는 수직 항력을 N이라 했을 때, 이동에 필요한 힘은 μ 곱하기 N이다. 왜 그럴까? 이만큼의 힘이 마찰력으로 작용하여 물체의 이동을 방해하기 때문이다. 즉, 마찰력보다 큰 힘을 가해야 비로소 그 물체는 앞으로 나아갈 수 있는 것이다. 마찰력은 항상 물체의 진행 방향과 반대로 작용한다.

그런데 표 2-3에는 마찰력에 대응되는 위치 에너지 난에 '해당 없음!'이라고 적혀 있다. 마찰력이 작용하는 동안에는 에너지가 보존되지 않기 때문에, 위치 에너지의 개념이 적용되지 않는다. 마찰이 작용하는 표면 위에서 임의의 물체를 이동시키려면 반드시 일을 해 주어야 한다. 그리고 그 물체를 원래의 위치로 되돌려 놓을 때도 역시 일을 해 주어야 한다. 이런 식으로 물체가 출발점으로 되돌아 왔다면, 물체에 가해진 총 일은 당연히 0이 아니다. 따라서 마찰력에는 위치 에너지가 대응되지 않는다.

2-5 연습 문제를 통한 물리학 공부

내가 기억하는 한, 여러분이 알아야 할 물리 법칙은 이것이 전부이다. "그렇군요. 알고 보니 정말 쉽네요. 그럼, 지금부터 저는 표에 적힌 내용을 몽땅 외울게요. 그러면 물리학을 완전히 마스터하는 셈이지요?"—이렇게 묻고 싶겠지만, 턱도 없는 소리다.

사실, 처음에는 법칙을 달달 외워서 문제에 적용해도 대충 잘 풀려 나가는 듯이 보인다. 그러나 1장에서 말한 대로 공부를 계속하다 보면 내용이 점점 어렵고 복잡해져서, 법칙을 어디에 어떻게 적용해야 할지 갈피를 잡을 수 없게 된다. 그러므로 여러분이 거쳐야 할 다음 단계는 '수학을 물리학에 적용하는 기술'을 습득하는 것이다. 그리고 이 과정에서 방정식은 길을 잃지 않게 도와주는 이정표의 역할을 하므로, 우리는 그것을 십분 활용할 것이다. 그러나 방정식을 활용하려면 적용 대상부터 분명하게 파악해야 한다.

이미 알고 있는 사실로부터 새로운 사실을 유추하는 방법과 주어진 문제를 해결하는 방법은 정말로 가르치기 어렵다. 무엇이 최선인지는 나도 모른다. '새로운 상황을 분석하지 못하고 문제도 못 푸는 학생'이 '분석도 잘하고 문제도 잘 푸는 학생'으로 변신하는 비결은 무엇일까? 나는 모른다. 물론, 수학을 두고 하는 질문이라면 얘기가 달라진다. 나는 '미분 못해서 쩔쩔매는 학생'에게 관련 규칙을 설명하여 '미분 잘하는 학생'으로 만들 수 있다. 그러나 물리학에 관한 한, 나는 '못하는' 학생을 '잘하는' 학생으로 바꿀 재간이 없다. 강의를 진행하고 있는 나로서는 매우 난처한 상황이다.

나는 물리적으로 진행되는 과정을 '직관적으로' 이해하기 때문에, 다른 사람과 의견을 교환할 때 많은 어려움을 겪곤 한다. 내가 이해한 것을 다른 사람에게 설명하는 유일한 방법은 적절한 사례를 드는 것이다. 따라서 이 강의의 나머지 시간은 물리학의 세계와 산업현장에서 빈번하게 마주치는 여러 가지 예제 및 응용문제를 푸는 데 할애할 생각이다. 여러분은 이런 훈련 과정을 거치면서 이미 알고 있는 사실로부터 주어진 현상을 이해하고 분석하는 능력을 자연스럽게 키울 수 있을 것이다. 물리학을 이해하는 데에는 연습 문제만큼 좋은 처방이 없다.

고대 바빌로니아의 수학자들은 방대한 양의 서적을 남겼다. 그들은 학생들을 위해 거대한 도서관을 지었고 그 안에는 온갖 종류의 수학 서적들이 가득 차 있었다. 우리는 여기서 매우 흥미로운 사실을 발견하게 된다. 바빌로니아 사람들은 2차 방정식은 물론, 3차 방정식의 해법까지 알고 있었다. 심지어는 3차 방정식의 해를 유형별

그림 2-3 플림프턴(Plimpton) 322 석판에 새겨진 피타고라스 3중수(기원전 1700년경)

로 정리한 표까지 만들었을 정도였다. 그들은 피타고라스의 삼각수($a^2+b^2=c^2$을 만족하는 정수의 집합)를 비롯하여(그림 2-3 참조) 거의 모든 것을 알고 있었지만, 대수학의 법칙만은 문서로 남기지 않았다. 수식을 표기하는 기법을 개발하지 않았기 때문이다. 그 대신, 순차적으로 예를 들어 가면서 대수학의 논리를 펼쳐 놓았다. 바빌로니아식 대수학은 이것이 전부이다. 이런 형식의 수학은 "사례를 접해 보기 전에는 이해하기 어렵다"는 특징을 갖고 있다.

현대의 우리는 학생들에게 물리학을 '물리적으로' 이해시키는 방법을 찾지 못하고 있다! 칠판에 법칙을 나열할 수는 있지만, 그 내용을 '물리적으로' 전달하는 방법을 모르고 있는 것이다. 마땅한 교육법이 개발되지 않았으므로, 여러분이 물리학을 물리적으로 이해하는 유일한 방법은 바빌로니아의 수학자들처럼 아이디어가 접수될 때까지 수많은 예제들을 풀어 보는 것이다. 내가 여러분에게 해 줄 수 있는 일은 이것뿐이다!

자, 지금부터 예제를 집중 공략해 보자.

2-6 물리학을 물리적으로 이해하기

1장에서 다뤘던 문제에는 두 개의 다리와 하나의 바퀴, 그리고 질량이 2kg인 물체(M) 등 다양한 물리적 요소들이 담겨 있다. 두 개의 다리는 각각 바닥-수직선-다리가 0.3m-0.4m-0.5m인 직각삼각형을 이루었으며, 우리의 과제는 그림 2-4와 같은 상태를 유지하

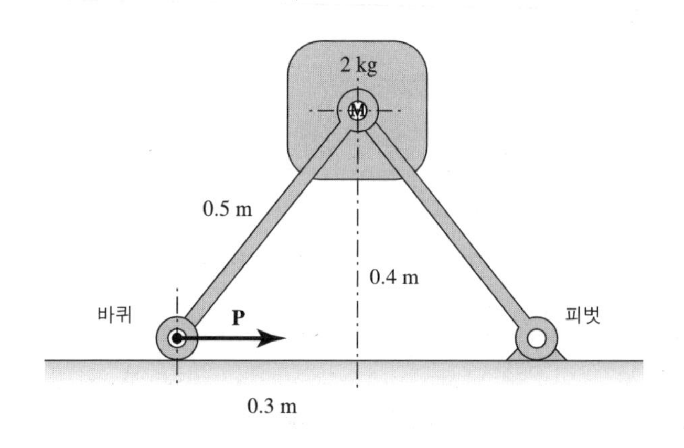

그림 2-4 1장에 나왔던 단순한 장치

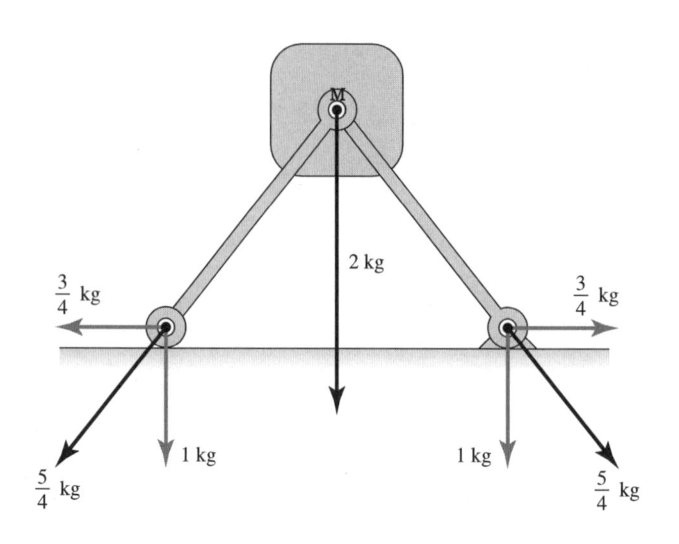

그림 2-5 M에 의해 다리와 바퀴, 피벗 등에 전달되는 힘의 분포

기 위해 바퀴가 달린 다리에 수평 방향으로 가해 주어야 할 힘 $\boldsymbol{P}$를 구하는 것이었는데, 이것저것 계산하던 끝에(첫 시도에서 구한 답이 틀리는 바람에 계산을 두 번 반복했었다) 그림 2-5와 같이 $|\boldsymbol{P}| = \frac{3}{4}$kg이라는 답을 얻을 수 있었다.

이제, 방정식 같은 것은 잠시 잊어버리고 문제를 가만히 들여다 보라. 팔 소매를 걷어붙이고 손가락을 조금만 놀리면 답이 눈앞에 보일 것이다. 잘 안 보이는가? 나는 잘 보인다. 실망할 필요 없다. 지금부터 그 비결을 설명할 참이다.

여러분은 이렇게 말할 수도 있다. "지금 질량 2kg짜리 M이 수직 방향으로 다리를 누르고 있고, 두 개의 다리가 M을 공평하게 떠받치고 있다. 따라서 다리 하나는 수직 방향으로 1kg · g의 무게를 떠받치고 있는 셈이다. 그런데 수평선과 수직선, 그리고 다리는 직각삼각형을 이루고 있으며 각 변의 비율이 3 : 4 : 5이므로, 하나의 다리가 떠받치는 힘의 수평 성분은 $1\text{kg} \cdot g \times \frac{3}{4} = \frac{3}{4}\text{kg} \cdot g$이다. 풀이 끝!"

이 풀이법이 맞는지 확인해 보자. 위의 논리에 의하면, 두 다리 사이의 간격이 좁아질수록 바퀴에 가해지는 수평 방향 힘은 작아진다. 정말로 그럴까? 오~예! 그림 2-6을 보니 맞는 것 같다!

이 점이 이해가 가지 않는다면 나로서도 설명하기가 무척 어렵다. 그러나 다음과 같은 상황을 상상해 보라. 접이식 사다리 위에 물건을 올려놓은 채로 다리를 밀어서 접으려고 할 때, 다리의 간격이 좁으면 목적을 쉽게 달성할 수 있지만 다리가 넓게 벌어져 있는 상태에서 같은 일을 하려면 엄청난 힘으로 밀어야 한다! 다리를 최대한으로 벌려서 바닥과의 각도가 거의 0이 되었다면 '거의 무한대'의 힘으로 다리를 밀어야 사다리를 접을 수 있다.

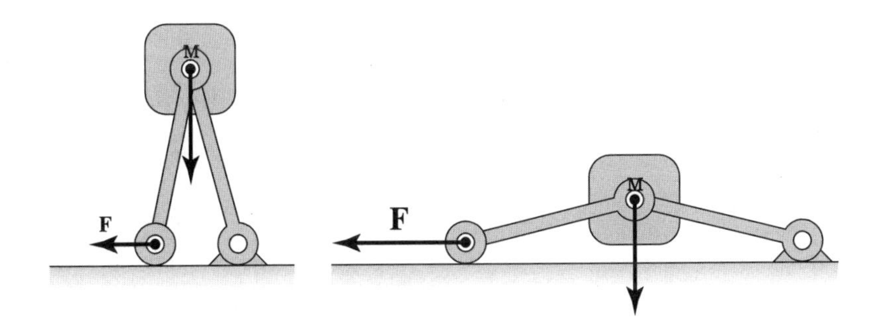

그림 2-6 바퀴에 가해지는 힘은 M의 높이에 따라 달라진다.

방금 말한 상황은 과거의 경험을 통해 여러분도 쉽게 '느낄 수' 있을 것이다. 물론, 지금처럼 간단한 상황에서는 굳이 느낌에 의존할 필요 없이 화살표 몇 개를 그린 후 약간의 계산을 거치면 모든 것을 정확하게 파악할 수 있다. 그러나 어렵고 복잡한 문제를 공략할 때는 구체적인 계산 없이 추리와 직관, 그리고 느낌으로 많은 것을 파악할수록 '물리적 정신연령'이 더욱 성숙해진다! 그렇다. 여러분은 물리적으로 성숙해지기 위해 그 많은 연습 문제를 풀고 있는 것이다. 한가한 시간에 시험성적과 관계없는 문제를 심심풀이로 풀고 있을 때에는 관련 공식을 떠올리려고 애쓰지 말고 문제를 찬찬히 들여다보라. 그러다가 어떤 느낌이 뇌리를 스치면서, 문제에 주어진 숫자를 바꿨을 때 상황이 어떻게 달라지는지 '대충' 눈에 보이기 시작한다면, 여러분은 문제를 거의 정복한 것이나 다름없다.

이 경지에 이르는 지름길을 가르칠 수 있다면 얼마나 좋을까? 그러나 애석하게도 마땅한 방법이 없다. 언젠가 나는 수학성적이 매우 뛰어남에도 불구하고 물리성적이 바닥을 기는 학생을 앉혀 놓고 문제 풀이법을 열심히 설명한 적이 있다. 그 학생이 풀지 못한 문제는 다음과 같았다. "여기, 다리 세 개로 서 있는 원탁이 있다. 당신이 원탁의 어느 지점에 기댔을 때 원탁이 가장 불안정해지겠는가?"

그 학생이 말했다. "셋 중 하나의 다리를 골라 그 위로 기댔을 때 제일 불안정할 것 같은데요? 하지만 일단은 각 지점에 작용하는 힘을 계산해 봐야 정확한 답을 알 수 있을 것 같네요."

내가 말했다. "계산은 잊어버리게. 자네, 진짜 원탁을 머릿속에 떠올릴 수 있겠나?"

"네. 하지만 교수님께서는 그런 식으로 문제를 풀지 않잖아요."

"그런 걱정은 하지 말고 지금 당장 내 책상을 보게나. 다리가 버티고 있는 지점 바로 위를 세게 누르면 어떻게 될 것 같은가?"

"아무 일도 일어나지 않겠지요."

"맞아. 그러면 다리 사이의 책상의 끝 부분을 세게 누르면 어떻게 되겠나?"

"뒤집어질 것 같은데요?"

"바로 그거야! 그것 보라구. 훨씬 좋아졌구먼!"

그 학생은 이것을 일종의 수학 문제로 생각했기 때문에 답을 구하지 못했던 것이다. 문제에 제시된 것은 분명히 실존하는 원탁이었다. 아니, 엄밀히 말하자면 '완벽한 원형 상판에 완벽하게 곧은 다리로 이루어진' 이상적인 원탁이었다. 그러나 이것은 현실세계에 존재하는 원탁과 거의 동일하기 때문에, 실제 원탁의 특성을 알고 있으면 번거로운 계산을 하지 않고서도 올바른 답을 구할 수 있다.

이것을 어떻게 설명해야 하는가? 누누이 강조하지만, 나도 모른다! 그러나 여러분에게 주어진 것이 수학 문제가 아닌 물리학 문제임을 깨닫는다면, 해답은 그리 멀리 있지 않다.

자, 방금 설명한 식의 해법을 다양한 문제에 적용해 보자. 제일 먼저 기계장치의 설계와 관련된 문제를 다룬 후 인공위성의 운동과 로켓 추진, 입자 빔의 분석법을 풀어 볼 예정이다. 그리고 시간이 남으면 파이 중간자(pi meson)를 비롯한 여러 가지 물체의 분해 과정에 대해 알아볼 것이다. 물론 쉬운 문제들은 아니지만, 계속 파고들다 보면 물리적 느낌과 직관을 어느 정도 키울 수 있을 것이다.

2-7 기계장치의 설계

첫 번째 예제는 기계장치의 디자인과 관련된 문제이다. 여기, 각도 조절이 가능한 두 개의 다리로 지탱되고 있는 장치가 있다. 회전축으로 연결된 두 다리의 중앙에는 2kg짜리 물체 M이 놓여 있고 왼쪽 다리에는 바퀴가 달려 있어서 자유롭게 움직일 수 있다(어쩐지 귀에 익은 것 같지 않은가?). 왼쪽 다리는 다른 기계와 연결되어 앞뒤로 (그림 상으로는 좌우로) 움직이고 있는데, 이동 속도는 2m/s이다. 머릿속에 그려지는가? 우리가 풀어야 할 문제는 다음과 같다. "M의 높이가 0.4m일 때 왼쪽 다리를 움직이려면 얼마만큼의 힘을 가해야 하는가?"(그림 2-7 참조)

여러분은 이렇게 외치고 싶을 것이다. "어? 그 문제는 지난번에 이미 풀었잖아요! 평형을 유지하기 위해 필요한 힘은 $\frac{3}{4}$kg · g였구요."

나의 대답 — "아니, 지금은 M이 움직이고 있다니까!"

누군가가 다시 반문한다. "그러면, 이미 움직이고 있는 M을 계속 움직이게 하는 데 힘이 필요하다는 말입니까? 그건 아니죠!"

"하지만 물체의 운동 상태를 바꾸려면 힘을 가해야 하지 않겠나?"

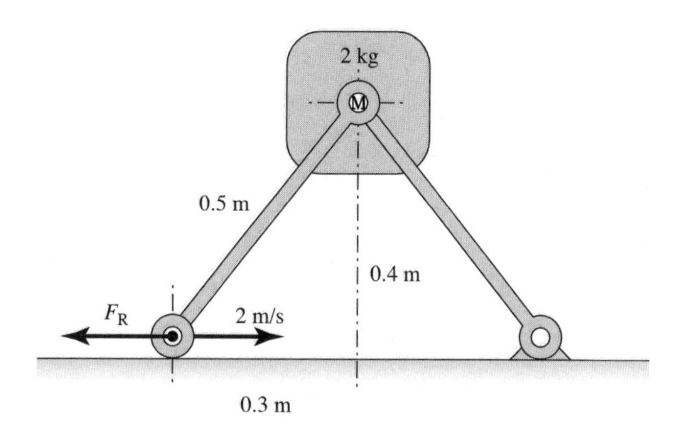

그림 2-7 움직이고 있는 간단한 장치

"네. 하지만 지금 바퀴는 등속 운동을 하고 있지 않습니까!"

"그렇다네. 바퀴 달린 다리는 2m/s의 속도로 움직이고 있지. 하지만 M은 어떤가? M도 등속 운동을 하고 있을까? 자, M의 운동을 '느껴' 보라구. 어떤 때는 빠르게 움직이다가 또 어떤 순간에는 느려지기도 하겠지?"

"네……."

"그렇다면 운동 상태가 변하고 있는 거로군. 결국 이 문제의 핵심은 M이 0.4m의 높이에 있을 때 다리가 2m/s의 속도로 계속 움직이도록 만드는 데 필요한 힘을 계산하는 것이라네."

현재 주어진 정보만으로 M의 움직임이 어떻게 달라지는지 알아낼 수 있을까? 한번 시도해 보자.

M이 최고점에 있고 바퀴 달린 다리가 거의 수직으로 서 있다면, M의 상하 운동은 거의 일어나지 않을 것이다. 이런 상태에서

바퀴를 이동시키면 M은 빠르게 움직이지 않는다. 그러나 M의 높이가 이전과 같이 낮은 상태에서 바퀴를 오른쪽으로 밀면 M은 빠르게 위로 상승하다가 움직임이 서서히 둔해진다. 오케이? 처음에는 빠르게 상승하다가 갈수록 서서히 느려진다면, 가속도는 어느 방향을 향하겠는가? 당연히 '아래쪽'이다. 이것은 위로 던져진 물체의 속도가 점차 느려지는 것과 비슷한 상황이다. 따라서 M이 위로 상승할수록 힘은 작아져야 한다. 즉, M이 최고점에 접근할수록 바퀴에 수평 방향으로 가해지는 힘은 작아진다는 뜻이다. 이제 우리가 할 일은 '힘이 작아지는 정도'를 계산하는 것이다(지금 내가 말로써 모든 것을 설명하려는 이유는 방정식의 부호가 너무 헷갈리기 때문이다. 부호는 답을 구한 후에 복구할 생각이다).

사실, 나는 강의실에 들어오기 전에 이 문제를 무려 네 번이나 풀어 보았다. 매번 답이 다르게 나와서 골치가 꽤 아팠지만 결국은 맞는 답을 구할 수 있었다. 여러분에게 이 문제가 처음이라면 틀리는 게 당연하다. 실수를 저지를 만한 요소가 도처에 널려 있기 때문이다. 나는 이 문제를 풀면서 숫자를 헷갈리고, 제곱근 취하는 것을 깜빡 잊어버리고, 부호가 틀리는 등 온갖 종류의 실수를 남발하다가 마침내 답을 찾긴 찾았다. 이제 여러분에게 그 과정을 설명해야 하는데, 솔직히 말해서 그다지 자신은 없다. 나도 이 문제를 푸는 데 꽤 긴 시간을 투자했기 때문이다(다행히도 풀이가 적힌 노트를 갖고 왔다!).

자, 힘을 계산하려면 가속도를 알아야 한다. 그런데 여기 제시된 그림만으로 가속도를 알아내는 것은 도저히 불가능하다. 지금 우리는 무언가의 '변화율'을 계산해야 하는데, 그림 속의 모든 것들은 정지해 있기 때문이다. "자, 이 길이는 0.3m이고 저 길이는 0.4m, 요 길이는 0.5m이다. 그리고 이놈은 2m/s로 움직이고 있다. 가속도는 얼마인가?"—너무나 어려운 질문이다. 다들 정지해 있는데 무슨 수로 가속도를 구한다는 말인가? 가속도를 계산하는 유일한 길은 일반적인 운동을 알아낸 후 시간으로 미분하는 것뿐이다.[5] 그런 후에 특별한 시간 t(그림에 나타난 순간)를 대입해야 원하는 답을 구할 수 있다.

따라서 우리는 이 문제를 좀 더 일반화시켜야 한다. M이 그림 2-7과 같은 위치가 아니라 '임의의' 위치에 놓여 있다고 가정해 보자. 바퀴와 피벗(오른쪽 다리가 고정되어 있는 지점)이 완전히 맞닿은 순간을 시간 $t=0$으로 잡는다면, 임의의 시간 t에 두 다리 사이의 거리는 $2t$이다(바퀴의 이동 속도$=2$m/s). 그리고 우리가 분석하고자 하는 시간은 두 다리가 완전히 접히기 0.3초 전, 즉 $t=-0.3$이므로, 이 순간에 두 다리 사이의 실제 거리는 $-2t$가 된다. 그러나 $t=0.3$, 거리$=2t$로 놓고 문제를 풀어도 올바른 답을 구할 수 있다. 앞으로도 부호는 여러 번 엎치락뒤치락할 텐데, 문제를 풀기 전에 힘의 방향을 이미 분석해 놓았기 때문에 큰 문제는 없을 것이

---

5) 미분을 하지 않고도 M의 가속도를 알아낼 수 있다. 관심 있는 사람은 140쪽을 참조하기 바란다.

다. 지금 나는 엄밀한 수학적 논리에 연연하지 않고 물리적 직관에 따라 부호를 결정하고 있다(여러분은 따라하지 않는 것이 좋다. 이런 식으로 해답에 이르려면 상당한 훈련이 필요하다!).

(시간 t의 의미를 잘 기억하라. t는 두 다리가 겹쳐지기 전의 시간이다. 그러므로 그림 2-7의 시점에서는 t가 음수이다. 다들 머리카락을 쥐어뜯고 싶겠지만, 나로서도 어쩔 도리가 없다. 어쨌거나 나는 이런 식으로 문제를 풀었기 때문이다.)

그림에서 보다시피, M은 항상 바퀴와 피벗의 중간 지점(수평거리 상에서 중간 지점)에 놓여 있다. 따라서 좌표의 원점을 피벗과 일치시키면 M의 x좌표는 $x=\frac{1}{2}(2t)=t$이다. 다리의 길이는 0.5이므로, 이 지점에서 M의 높이는 피타고라스의 정리에 의해 $y=\sqrt{0.25-t^2}$이다(그림 2-8 참조). 내가 이 계산을 처음 수행할 때 그

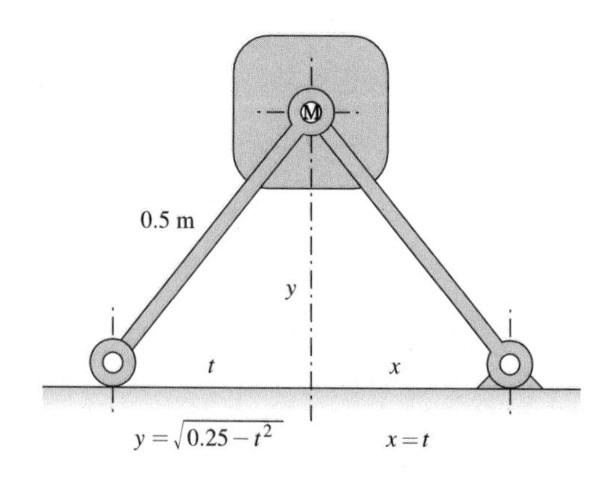

그림 2-8 피타고라스의 정리를 이용하면 M의 높이를 구할 수 있다.

렇게 심혈을 기울였음에도 불구하고, $y=\sqrt{0.25+t^2}$으로 계산하는 바람에 모든 것을 처음부터 다시 시작해야 했다!

이제 가속도를 구할 차례이다. 2차원 문제에서 가속도는 일반적으로 수평 방향과 수직 방향, 두 개의 성분을 갖고 있다. 가속도에 수평 성분이 있다면 수평 방향으로 힘이 작용한다는 뜻이므로, 바퀴와 다리의 구조를 잘 분석하여 이 힘을 골라내야 한다. 그러나 다행히도 M의 가속도에는 수평 성분이 없다. 앞서 말한 대로 M의 x좌표는 항상 피벗과 바퀴의 중앙에 놓여 있는데, 피벗은 원점에 고정되어 있고 바퀴는 등속 운동을 하고 있으므로, M의 수평 방향 속도는 바퀴 속도의 절반이다. 즉, M은 수평 방향으로 1m/s의 등속 운동을 하고 있으며, 따라서 가속도의 수평 성분은 없다. 정말 다행이다! 이 덕분에 문제가 훨씬 간단해졌다. 이제 우리는 M의 수직 방향 가속도만 신경 쓰면 된다.

수직 방향 가속도는 M의 위치를 시간으로 두 번 미분하여 구할 수 있다. 한 번 미분하면 y방향의 속도가 얻어지고, 또 한 번 미분하면 가속도가 된다. 위에서 계산한 M의 높이는 $y=\sqrt{0.25-t^2}$이었다. 여러분은 이것을 신속하게 미분할 수 있어야 한다. 답은 다음과 같다.

$$y' = \frac{-t}{\sqrt{0.25-t^2}} \tag{2.18}$$

M이 위로 상승하고 있는데도 속도는 마이너스가 나왔다. 어차피 부호는 이미 뒤죽박죽이 되었으므로 이대로 밀고 나갈 것이다.

어쨌거나 우리는 M이 위로 상승한다는 사실을 잘 알고 있지 않은가? $t>0$이면 식 (2.18)은 맞지 않지만 사실은 $t<0$이므로 아무 문제없다.

자, 그 다음으로 가속도를 계산해 보자. 식 (2.18)을 미분하는 방법에는 여러 가지가 있다. 미분의 기본 규칙을 따라 곧이곧대로 미분할 수도 있지만, 지금은 1장에서 언급했던 희한한 규칙을 사용하기로 한다. 일단 노트에 y'을 적은 후 대괄호를 연다. 그리고 지난 시간에 내가 했던 말을 떠올려 보라. "첫 번째 항은 $-t$의 1제곱이고 미분하면 -1이다. 그 다음 항은 $0.25-t^2$의 $-1/2$제곱이고 미분하면 $-2t$이다……. 어라? 벌써 끝났네?"

$$
\begin{aligned}
y' &= -t(0.25-t^2)^{-1/2} \\
y'' &= -t(0.25-t^2)^{-1/2}\left[1\cdot\frac{-1}{(-t)}-\frac{1}{2}\cdot\frac{-2t}{(0.25-t^2)}\right]
\end{aligned}
\tag{2.19}
$$

이로써 우리는 임의의 시간에서 가속도를 계산할 수 있게 되었다. 여기에 질량을 곱하면 곧바로 힘이 된다. 따라서 M에 작용하는 힘(중력을 제외한 힘)은 질량 2kg에 식 (2.19)를 곱한 값이다. 이제 구체적인 숫자를 대입해 보자. 시간 t는 0.3이므로 $\sqrt{0.25-t^2}=\sqrt{0.25-0.09}=\sqrt{0.16}=0.4$이다. 계산이 맞는가? "네, 맞는 것 같네요. 방금 계산한 것은 $t=0.3$일 때의 y값인데, 그림을 보면 0.4가 틀림없습니다. 축하합니다! 기어이 해내셨군요."

(나는 어떤 계산을 하건 거의 상습적으로 실수를 연발하기 때문

에 중간 결과를 수시로 확인해야 한다. 수학적으로 엄밀하게 확인할 수도 있지만, 실제 상황을 머릿속에 그리면서 중간 결과가 상식적으로 타당한지를 따져 보면 웬만한 실수는 거의 잡아낼 수 있다.)

자, 이제 본격적인 계산으로 들어간다(나는 이 계산을 처음 할 때 $0.25-t^2=0.16$을 0.4로 착각하는 바람에 시간을 엄청 낭비했다!). 어디서 실수를 범하느냐에 따라 결과는 천차만별이겠으나, 내가 계산한 가속도는 약 3.9였다.[6)]

가속도는 3.9(m/s²)이고…… 힘은 어떻게 될까? 이 가속도에 대응되는 수직 방향 힘은 $3.9\times 2\text{kg}\times g$일까? 아니다! 가속도를 애써 구해 놓고 끝에 중력 가속도 g를 또 곱하는 것은 바보짓이다. 진짜 가속도는 어디까지나 3.9이다. M을 아래로 잡아당기는 중력은 $2\text{kg}\times g$이고($g=9.8\text{m/s}^2$), 두 다리가 M을 떠받치는 힘의 수직 성분은 $2\text{kg}\times 3.9\text{m/s}^2$인데, 중력과 떠받치는 힘은 방향이 반대이므로 부호가 다르다. 따라서 M에 가해지는 총 힘은 다음과 같다.

$$F_W = ma - mg = 7.8 - 19.6 = -11.8\text{뉴턴} \qquad (2.20)$$

이것은 'M에 수직 방향으로' 가해지는 힘이다. 바퀴에 수평 방향으로 가해지는 힘은 얼마인가? 이 힘은 M에 가해지는 수직 방향 힘의 3/4의 반이다(두 개의 다리가 하중을 반씩 분담하고 있기 때문이다). 그런데 우리는 이 사실을 이미 알고 있었다. M을 아래로

6) 정확한 값은 3.90625이다.

잡아당기는 중력은 두 다리가 떠받치는 힘과 균형을 이룬 상태이고, 이 힘은 각각의 다리가 반씩 분담하고 있다. 그리고 장치의 기하학적 특성에 의해 수평 방향 힘과 수직 방향 힘의 비율은 3/4이다. 따라서 바퀴에 작용하는 수평 방향 힘은 M에 작용하는 수직 방향 힘의 3/8임을 알 수 있다. 나의 계산에 의하면 중력의 3/8은 7.35이고(19.6×3/8=7.35), 관성력의 3/8은 2.925이며(7.8×3/8=2.925), 이들의 차이는 4.425뉴턴이다. 이 값은 동일한 위치에서 M이 정지해 있을 때 다리 사이의 간격을 유지하는 데 필요한 힘(7.35뉴턴, 1-9절 참조)보다 대략 3뉴턴 정도 작다(그림 2-9 참조).

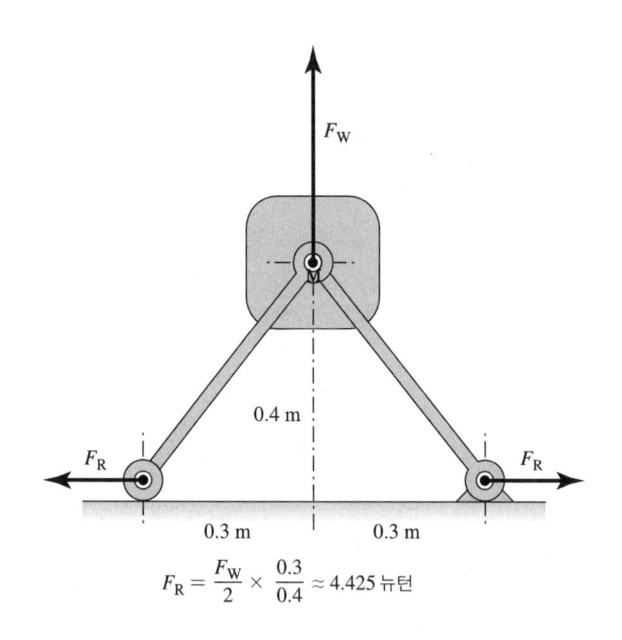

그림 2-9 장치가 움직이고 있을 때 바퀴에 수평 방향으로 작용하는 힘

어쨌거나, 우리는 그림과 같은 장치의 바퀴를 앞으로 밀려면 얼마나 강한 힘을 줘야 하는지 알아냈으므로 이와 비슷한 장치를 디자인할 수 있게 되었다.

어떤 학생이 묻는다. "이것이 정말 옳은 방법일까요?"

'옳은 방법'이냐고? 천만에! 이 세상에 그런 것은 없다. 여러분이 무슨 일을 하건, '옳은 방법'이란 존재하지 않는다. 어떤 특정 방법을 동원하여 '옳은 결과'를 얻어 낼 수는 있지만, 그렇다고 해서 그 방법이 옳다는 뜻은 아니다. 무슨 방법을 사용하건 간에, 올바른 답만 얻어 내면 그것으로 끝이다!(잠깐, 내 말을 조금 수정해야겠다. 절대적으로 '옳은 방법'은 없지만 '틀린 방법'은 얼마든지 있을 수 있다…….)

내가 정말로 똑똑한 사람이라면, 그림을 한 번 스윽 훑어본 후 각 지점에 작용하는 힘을 설명할 수 있을지도 모른다. 그러나 나는 그 정도로 똑똑하지 않기 때문에, 다른 방법을 사용해야 한다. 설명 방법에는 여러 가지가 있지만, 그중에서 가장 유용하다고 생각되는 방법으로 시도해 보겠다. 이 방법은 장차 기계설계를 공부하게 될 학생들에게 특히 유용할 것이다. 우리의 예제는 두 다리의 길이가 같고 각도가 특별한 값으로 세팅되어 있는 등 많은 부분이 단순화되어 있어서 비교적 간단한 계산으로 답을 구할 수 있었다(나 역시 복잡한 계산은 질색이다!). 그러나 이 문제와 관련된 물리적 아이디어를 알고 있으면, 기하학적 상태가 복잡하게 바뀌어도 원하는 답을 쉽게 구할 수 있다. 이것이 바로 내가 설명하려는 방법이다.

지렛대를 이용하여 무거운 물체를 들어 올린다고 가정해 보자. 지레의 한쪽 끝을 누르면 반대쪽에 있는 물체가 움직이기 시작한다. 지레를 내리누르면서 특정한 양의 일 W를 해 주었기 때문이다. 물체에는 매 순간마다 특정량의 일률(power) dW/dt가 공급되고 있으며, 같은 순간에 물체의 에너지 E는 특정한 비율 dE/dt로 변하고 있다. 그런데 매 순간 공급된 일은 매 순간 에너지의 변화로 나타나기 때문에, 시간에 대한 일의 변화율과 시간에 대한 에너지의 변화율은 항상 같은 값을 갖는다.

$$\frac{dE}{dt} = \frac{dW}{dt} \tag{2.21}$$

내 강의를 들었던 학생은 일률이 힘×속도로 표현된다는 사실을 기억할 것이다.[7)]

$$\frac{dW}{dt} = \frac{\boldsymbol{F} \cdot d\boldsymbol{s}}{dt} = \boldsymbol{F} \cdot \frac{d\boldsymbol{s}}{dt} = \boldsymbol{F} \cdot \boldsymbol{v} \tag{2.22}$$

따라서 일률은 다음과 같다.

$$\frac{dE}{dt} = \boldsymbol{F} \cdot \boldsymbol{v} \tag{2.23}$$

기본적인 아이디어는 다음과 같다. 모든 물체는 임의의 한 순간

---

7) 제1권 13장 참조.

에 특정한 속도를 가지며, 따라서 운동 에너지를 갖는다는 것이다(물론 속도가 0이면 그 순간의 운동 에너지도 0이다). 또한 지표면과 떨어져 있는 물체는 운동 상태와 상관없이 중력에 의한 위치 에너지를 갖는다. 따라서 물체의 속도와 위치를 알면 총 에너지를 알 수 있고, 이것을 시간으로 미분한 값은 '물체에 가해진 힘의 운동 방향 성분×속도'와 같다.

그러면 지금까지 얻은 결과를 우리의 문제에 적용해 보자.

$\boldsymbol{v}_R$의 속도로 움직이는 장치의 바퀴에 힘 $\boldsymbol{F}_R$을 가했을 때, 시간에 대한 총 에너지의 변화율은 $F_R v_R$과 같다. 왜냐하면 지금의 경우에는 벡터 $\boldsymbol{v}_R$과 $\boldsymbol{F}_R$의 방향이 같아서, '$\boldsymbol{F}_R$의 모든 성분'이 장치를 이동시키는 데 사용되었기 때문이다. 만일 힘이 다른 방향으로 작용했다면 이런 식의 논리를 적용하지 못했을 것이다. 이 방법을 사용하면 가해진 힘 중 '물체의 이동에 직접 기여한 성분'만을 구할 수 있기 때문이다!(물론 다리 방향으로 작용하는 힘을 구할 수 있으므로, 이로부터 간접적으로 $\boldsymbol{F}_R$을 알아낼 수도 있다. 이 방법은 힘이 이동 방향으로 작용하는 한, 다리가 여러 개인 경우에도 적용할 수 있다)

바퀴와 피벗 등 장치에 달려 있는 모든 요소들이 가하는 힘(이 힘 덕분에 장치는 이동 중에도 원래의 모습을 유지할 수 있다)에 의해 행해진 총 일은 얼마나 될까? 여기에 외부의 다른 힘이 가해져서 별도의 일을 하지 않는 한, 각 요소들이 행한 일의 합은 0이다. 예를 들어, 내가 다리 하나를 안쪽으로 미는 동안 다른 누군가가 나머지 다리를 바깥쪽으로 잡아당기고 있다면 그가 한 일을 고려해 주어야 한다! 그러나 지금은 그런 방해꾼이 없으므로 신경 쓰지 않아도 된다. $v_R=2$이므로 시간에 대한 에너지의 변화율은 다음과 같다.

$$\frac{dE}{dt} = 2F_R \qquad (2.24)$$

자, 어떤가? 이제 dE/dt만 알면 F_R을 구할 수 있게 되었다!

준비되었는가? 지금부터 본격적인 계산으로 들어간다!

M이 갖고 있는 총 에너지는 운동 에너지와 위치 에너지의 합이다. 이 중 위치 에너지는 표 2-3에 나와 있는 대로 mgy이다. 높이 y는 0.4m이고 M의 질량은 2kg, 그리고 중력 가속도 g는 9.8m/s^2이므로 위치 에너지는 $2\times9.8\times0.4=7.84$줄(joule)이다. 이제 운동 에너지만 알면 된다. 어찌어찌해서 M의 속도를 알아내는데 성공했다면, 운동 에너지를 칠판에 폼 나게 적고 여기에 위치 에너지를 더하여 총 에너지를 알아낸 후, 그 결과를 미분하여…….

잠깐! 길을 잘못 들었다. 지금 우리에게 필요한 것은 에너지가 아니다! 식 (2.24)에서 알 수 있듯이, F_R을 구하기 위해 필요한 것은 에너지가 아니라 '시간에 대한 에너지의 미분'이다. 그런데 어느 특정 순간에 E의 값을 알았다고 해서, 이로부터 E의 변화율까지 알 수 있을까? 천만의 말씀이다. 변화율을 계산하려면 인접한 두 시간에서 E의 값을 알고 있거나, 아예 모든 시간에서 E의 값을 알아낸 후 미분 과정을 거쳐야 한다. 물론, 주어진 상황에 따라 둘 중 쉬운 방법을 택하면 된다. 계산상의 난이도만 따진다면, E를 t의 함수 형태로 구하여 미분하는 것보다 인접한 두 시간에서 E의 값을 알아내는 편이 쉽다.

(그러나 대부분의 학생들은 숫자에 제곱근을 취하고 곱하고 나누는 작업보다 함수를 구하여 미분하는 쪽을 택하는 경향이 있다. 아마도 복잡한 계산을 틀리지 않고 수행할 자신이 없기 때문일 것이다. 그래서 우리도 미분을 택하기로 한다.)

이 문제에서는 $x=t$이고(M의 속도가 1m/s이므로) $y=\sqrt{0.25-t^2}$이다. 따라서 미분은 별로 어렵지 않을 것 같다.

자, 위치 에너지부터 계산해 보자. 이 계산은 아주 쉽다. y에 M의 질량과 g를 곱하면 mgy, 즉 중력 위치 에너지가 된다.

$$\begin{aligned} \text{P.E.} &= mgy = 2\text{kg} \times 9.8\text{m/s}^2 \times \sqrt{0.25-t^2}\ \text{m} \\ &= 19.6\text{뉴턴} \times \sqrt{0.25-t^2}\ \text{m} \\ &= 19.6\sqrt{0.25-t^2}\ \text{줄} \end{aligned} \tag{2.25}$$

운동 에너지 계산은 이보다 훨씬 어렵지만 흥미로운 구석도 있다. 일단, 운동 에너지는 $\frac{1}{2}mv^2$이다. 이 값을 계산하려면 먼저 속도의 제곱을 알아야 하는데, 이 계산이 만만치가 않다. 속도의 제곱은 '속도의 x성분의 제곱 + 속도의 y성분의 제곱'이다. y성분은 다행히도 앞에서 이미 구했고[식 (2.18) 참조], x성분은 1(m/s)임을 이미 알고 있다. 그러므로 이들을 제곱하여 더하면 속도의 제곱이 된다. 그러나 이 값들을 앞에서 미리 구해 놓지 않았다면 결코 만만한 계산이 아니었을 것이다. 여기서 진도를 계속 나갈 수도 있지만, 문제 해결 방법을 훈련하는 의미에서 M의 속도를 다른 방법으로 다시 한 번 구해 보자.

숙련된 기계 디자이너라면 잠시 생각한 후에 장치의 구조와 기하학적 원리로부터 답을 알아낼 수 있다. 예를 들어, 지금 피벗은 바닥에 고정되어 있으므로 M은 그 고정된 점을 중심으로 원운동을 할 것이다. 그렇다면 속도는 어느 방향일까? 원운동의 특성상, 속도 벡터에는 다리와 나란한 성분이 없어야 한다. 만일 $\boldsymbol{v}$에 다리와 나란한 성분이 있다면 다리의 길이가 늘어나야 한다. 그렇지 않겠는가? 따라서 속도 벡터는 항상 다리와 수직한 방향을 향한다(그림 2-10 참조).

한 학생이 외친다. "아하! 이제 알겠습니다. 새로운 사실을 배웠네요!"

아니다. 이것은 특정 문제에만 적용될 수 있는 일종의 트릭일

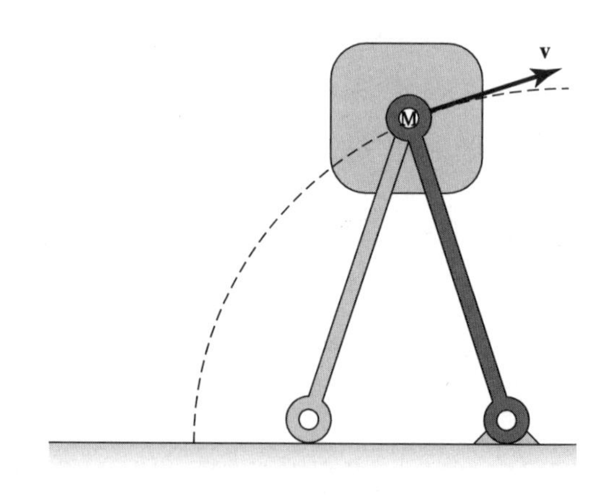

그림 2-10 M은 원운동을 하므로, 속도 벡터는 다리와 수직하다.

뿐, 대부분의 경우에는 성립하지 않는다. 다들 알다시피, 어떤 물체가 고정된 점을 중심으로 회전하는 것은 흔히 볼 수 있는 운동이 아니다. 따라서 "속도는 다리의 방향과 수직하다"거나, 이와 비슷한 표현은 일반적인 법칙이 될 수 없다. 물리 문제를 풀 때는 일상적인 상식도 중요한 단서를 제공한다. 지금 우리에게 중요한 것은 특별한 법칙이 아니라, 장치의 기하학적 특성을 분석하는 일반적인 아이디어이다.

어쨌거나, 우리는 속도의 방향을 알아냈다. 속도의 수평 방향 성분은 앞서 말한 대로 1m/s이다. M의 수평 속도는 바퀴가 움직이는 속도의 반이기 때문이다. 그런데 자세히 보라! 속도 벡터의 길이와 속도의 각 성분들은 장치의 다리와 수직, 수평선이 이루는 직각

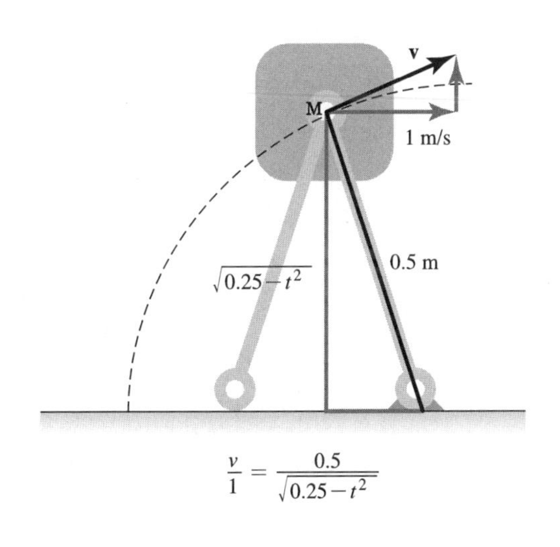

그림 2-11 삼각형의 닮음비를 이용하면 M의 속도를 계산할 수 있다.

삼각형과 닮은 삼각형을 형성한다! 따라서 속도의 수직 성분을 구하여 제곱한 후 수평 성분의 제곱을 더하는 것보다, 그냥 속도 자체를 구하는 편이 훨씬 쉽다. 그림 2-11을 이용하여 간단한 비례식을 세우면 v를 금방 계산할 수 있다. 이 v에 해당하는 운동 에너지는 다음과 같다.

$$\text{K.E.} = \frac{1}{2}mv^2 = \frac{1}{2} \times 2\text{kg} \times \left(\frac{0.5}{\sqrt{0.25 - t^2}}\ \text{m/s}\right)^2$$
$$= \frac{1}{1 - 4t^2}\text{줄} \tag{2.26}$$

이제, 부호를 따져 보자. 운동 에너지는 분명히 양수이고, 위치 에너지는 지표면을 기준으로 삼았으므로 역시 양수이다. 따라서 부호에는 아무런 문제가 없다. 임의의 시간 t에 M의 총 에너지는 다음과 같다.

$$E = \text{K.E.} + \text{P.E.} = \frac{1}{1 - 4t^2} + 19.6\sqrt{0.25 - t^2} \tag{2.27}$$

이제 위의 식을 시간 t로 미분하고 2로 나누면 모든 계산은 끝난다(나는 혼자 계산할 때 이렇게 쉬운 계산조차 틀리는 바람에 또 한차례 고생을 했다!).

자, 에너지를 시간으로 미분해 보자. 구체적인 계산 과정은 여러분도 잘 알고 있을 것이므로 생략하고, 답만 간략하게 적어 보겠다(dE/dt는 우리가 구하고자 하는 힘의 2배임을 기억하라!).

$$\frac{dE}{dt} = \frac{8t}{(1-4t^2)^2} - \frac{19.6t}{(0.25-t^2)^{1/2}} \tag{2.28}$$

이것으로 계산은 끝났다. t에 0.3을 대입하면 내가 할 일은 다 한 셈이다.

$$\begin{aligned} \frac{dE}{dt}(0.3) &= \frac{2.4}{0.4096} - 19.6 \times \frac{0.3}{0.4} \\ &\approx -8.84\text{와트} \end{aligned} \tag{2.29}$$

이제, 위의 답이 우리의 상식에 부합되는지 확인해 보자. 만일 이 장치가 전혀 움직이지 않고 있다면 운동 에너지는 0이므로 총 에너지는 위치 에너지와 같아진다. 그리고 이 값을 시간으로 미분하면 M에 의해 발휘되는 힘이 얻어지는데,[8] 이 결과는 1장에서 계산했던 $2 \times 9.8 \times \frac{3}{4}$과 일치한다.

dE/dt의 부호가 마이너스로 나온 것은, M에 작용하는 힘의 중력 파트와 운동 에너지 파트가 서로 반대 방향임을 의미한다. 지금 당장은 둘 중 하나가 +이고 다른 하나가 −라는 사실만 알면 된다. 사실, 나는 힘의 중력 파트가 어떤 방향으로 작용하는지 알 수 있다. M을 지탱하기 위해 바퀴를 밀었으므로, 운동 에너지 파트는 힘을 감소시킨다. 직접 계산을 통해 F_R을 구해 보면 이전과 같은 결과임을 확인할 수 있다(그림 2-9 참조).

---

8) 총 에너지를 x로 미분하면 M에 의해 발휘되는 (x방향) 힘이 얻어진다. 그러나 이 문제에서는 x와 t가 같기 때문에(M의 속도가 1m/s이기 때문에) M의 에너지를 t로 미분한 것은 x로 미분한 것과 같다.

$$2F_{\mathrm{R}} = \frac{dE}{dt} \approx -8.84$$
$$F_{\mathrm{R}} \approx -4.42\text{뉴턴} \tag{2.30}$$

내가 같은 계산을 여러 번 반복했던 원인이 바로 이것이었다. 이 계산을 처음 수행했을 때, 나는 틀린 답을 갖고 만족스러워하면서 완전히 다른 방법으로 같은 답을 유도해 보기로 했다. 그런데 정작 다른 방법으로 계산을 해 보니 전혀 다른 답이 얻어졌다! 여러분도 열심히 공부하다 보면 이렇게 중얼거리는 순간이 찾아올 것이다. "드디어 내가 수학이 틀렸음을 입증해 냈다!" 그러나 결국 알고 보면 수학에 문제가 있는 것이 아니라 여러분의 계산이 틀린 것이다. 나 역시 이 과정을 고스란히 밟았다.

어쨌거나, 여러분도 보다시피 이 문제는 전혀 다른 두 가지 방법으로 해결될 수 있다. 문제를 해결하는 방법은 하나만 있는 것이 아니다. 창의력이 계발될수록 쉬운 길을 찾는 능력도 발전한다. 그러나 세상에 공짜는 없다. 창의력을 계발하려면 훈련 과정을 거쳐야 한다.[9]

---

9) 이 문제를 세 가지 다른 방법으로 해결하는 과정은 이 책의 140페이지부터 수록되어 있다.

2-8 지구에서의 탈출 속도

지금부터는 행성의 운동과 관련된 문제를 다뤄야 하는데, 시간이 얼마 남지 않았다. 주어진 시간에 모든 내용을 설명하지 못할 것이 분명하므로, 오늘 못 한 이야기는 다음 시간에 계속할 것이다. 첫 번째 문제는 다음과 같다. "지구의 중력을 완전히 벗어나려면 지표면에서 얼마나 빠른 속도로 출발해야 하는가?(이 속도를 탈출 속도라 한다)"

이 문제는 중력장 하에서 진행되는 운동을 계산하여 답을 구할 수도 있지만, 에너지 보존 법칙을 써서 해결할 수도 있다. 지표면을 출발한 물체가 무한히 먼 거리에 도달하면 운동 에너지는 0이 되고, 위치 에너지는 기준점의 위치에 따라 '무한히 먼 곳에서의 위치 에너지'가 될 것이다. 표 2-3에 제시된 중력 위치 에너지 식에 의하면, 무한히 먼 거리에 있는 입자의 중력 위치 에너지는 0이다.

지표면에서 탈출 속도로 막 출발한 물체의 총 에너지는 지구로부터 무한히 먼 거리에 도달했을 때의 총 에너지와 같다. 그리고 이 물체는 그곳까지 가는 동안 지구의 중력 때문에 속도가 점차 감소하여 결국 $v=0$이 된다(중력 이외의 힘은 작용하지 않는다고 가정한다). 지구의 질량을 M, 반경을 R이라 하고 중력 상수를 G라 하면 탈출 속도의 제곱은 $2GM/R$이다.

$$(\text{K.E.} + \text{P.E.}) \text{ at } \infty,\ v = 0 \ = \ (\text{K.E.} + \text{P.E.}) \text{ at } R,\ v = v_{\text{escape}}$$

(에너지 보존)

∞에서의 P.E. $= -\dfrac{GMm}{\infty} = 0$	지표면에서의 P.E. $= -\dfrac{GMm}{R}$
$v = 0$일 때의 K.E. $= \dfrac{m0^2}{2} = 0$	$v = v_{\text{escape}}$일 때의 K.E. $= \dfrac{mv^2_{\text{escape}}}{2}$
+	+

$$0 = \left(-\frac{GMm}{R} + \frac{mv^2_{\text{escape}}}{2}\right)$$

$$\therefore\ v^2_{\text{escape}} = \frac{2GM}{R} \qquad (2.31)$$

그런데 지표면에서는 질량 m인 물체의 무게가 곧 지구의 중력이므로 $mg = GMm/R^2$이 되어, 지표면 근처의 중력 가속도 g는 GM/R^2과 같다. 따라서 방금 계산한 탈출 속도를 중력 가속도로 표현하면 $v^2 = 2gR$이 된다. $g = 9.8\text{m/s}^2$이고 지구의 반경은 약 6400km이므로, 지구에서의 탈출 속도는 다음과 같다.

$$v_{\text{escape}} = \sqrt{2gR} = \sqrt{2 \times 9.8 \times 6400 \times 1000} = 11{,}200\text{m/s} \quad (2.32)$$

즉, 지구의 중력을 완전히 벗어나려면 초속 11km가 넘는 속도로 출발해야 한다. 이 정도면 엄청나게 빠른 속도이다.

15km/s의 속도로 출발하면 어떻게 될까? 그리고 15km/s의 속도로 지구 근처를 스쳐 지나가면 어떤 일이 벌어질 것인가?

초속 15km면 탈출 속도보다 빠른 속도이므로, 수직 방향으로 곧게 나아간다면 가볍게 지구를 탈출할 수 있다. 그러나 이 속도로 지구 근처를 스쳐 지나간다면 어떻게 될까? 이런 경우에도 지구의 중력권을 탈출할 수 있을까? 아니면 중력에 의해 궤도가 휘어지면서 다시 지구로 되돌아올 것인가? 쉽게 결론을 내릴 수 있는 문제는 아닌 것 같다. 여러분은 잠시 생각에 잠겼다가 이렇게 말할지도 모른다. "그 정도 속도라면 탈출하기에 충분하지 않은가요?" 하지만 그걸 어떻게 확신할 수 있는가? 우리가 계산한 것은 '수직 방향으로 출발할 때' 필요한 탈출 속도이지, 다른 방향으로 출발한다면 탈출 속도는 달라질 수도 있다. 지구의 중력이 물체의 궤도에 변형을 일으켜(가속 운동을 일으켜) 되돌아오게 할 수도 있는 것이다(그림 2-12 참조).

원리적으로는 가능하다. 여러분은 태양을 공전하는 행성이 같은 시간 동안 같은 면적을 쓸고 지나간다는 법칙을 기억할 것이다. 지구로부터 멀리 떨어진 곳으로 이동한 물체가 다시 지구로 떨어지지 않으려면 어떻게든 옆으로 움직여야 한다. 그런데 옆으로 움직이는 것은 지구 탈출에 별 도움이 되지 않기 때문에, 탈출 속도보다 빠른 15km/s로 지구를 스쳐 지나간다면 지구의 중력권을 탈출할 수 없을지도 모른다.

사실 물체의 속도가 위에서 계산한 탈출 속도보다 빠르기만 하면 방향에 상관없이 지구의 중력권을 탈출할 수 있다. 지금 당장은 이유가 분명치 않겠지만, 아무튼 탈출은 가능하다. 자세한 증명은

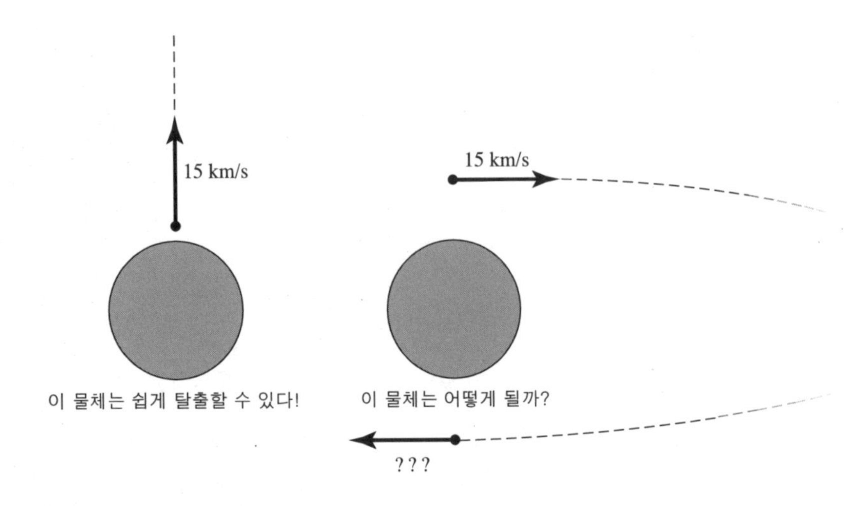

그림 2-12 탈출 속도보다 빠르기만 하면 방향에 상관없이 지구를 탈출할 수 있을까?

다음 시간에 할 예정인데, 그때 사용할 논리의 개요를 지금 간단하게 소개하기로 한다.

우리의 논리는 두 지점 A, B에서 에너지가 같다는 에너지 보존 법칙에 기초를 두고 있다. A는 지구와의 거리가 가장 가까운 지점(지구까지의 거리 $=a$)이고, B는 지구에서 가장 멀리 떨어진 지점(지구까지의 거리 $=b$)이다(그림 2-13 참조). 우리가 할 일은 이 상황에서 b를 계산하는 것이다. A지점에서 물체의 총 에너지를 알고 있다면 에너지 보존 법칙을 이용하여 B지점에서의 에너지를 계산할 수 있으며, B지점에서 물체의 속도를 알 수 있다면 그곳에서의 위치 에너지를 계산할 수 있으므로 b의 값도 알아낼 수 있다. 그런데 문제는 B지점에서 물체의 속도를 알아낼 방법이 없다는 것이다!

하지만 방법이 전혀 없는 것은 아니다. 동일한 시간 간격 동안 쓸고 지나간 면적이 같다는 법칙을 적용하면 B에서의 속도가 A에서의 속도보다 느려야 한다는 결론이 얻어지는데, 구체적인 계산을 해 보면 이들 사이의 비율이 $a : b$와 같음을 알 수 있다. 그리고 이 결과를 이용하면 B에서의 속도를 알아낼 수 있으며, 거리 b를 a로 표현할 수 있게 된다. 자세한 이야기는 다음 시간에 계속할 것이다.

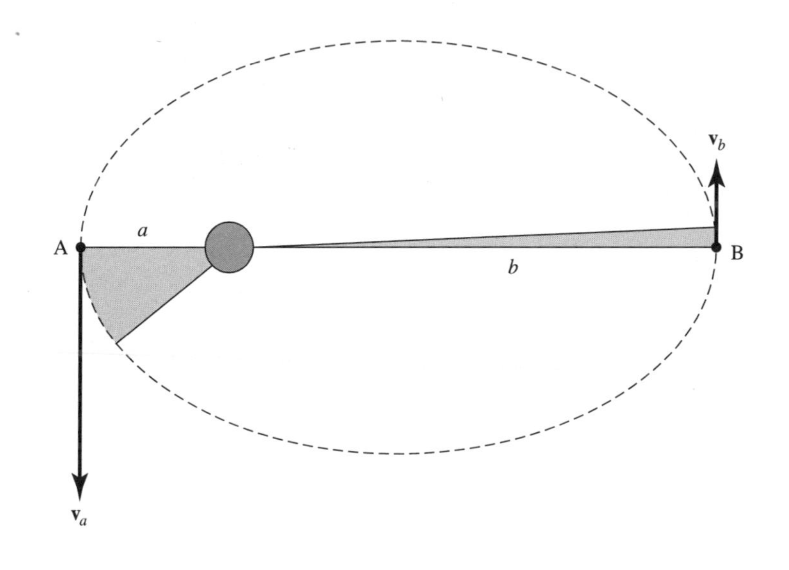

그림 2-13 근일점(perihelion)과 원일점(aphelion)에서 위성의 속도와 지구까지의 거리

별도의 해법(작성자 : 마이클 고틀리브)

여기서는 2-7절에서 다뤘던 문제를 전혀 다른 세 가지 방법으로 풀어 볼 것이다.

A 기하학을 이용하여 M의 가속도 구하기

M은 항상 바퀴와 피벗의 중앙에 위치하고 있으므로 수평 이동 속도는 1m/s, 즉 바퀴가 이동하는 속도의 절반이다. 또한 M은 피벗을 중심으로 원운동을 하고 있으므로, M의 속도 벡터는 고정된 다리(피벗과 연결된 다리)와 항상 수직을 이룬다. 여기에 삼각형의 닮음 조건을 적용하면 M의 속도를 구할 수 있다[그림 2-14(a) 참조].

원운동을 하고 있는 M의 반경 방향 가속도 성분은 식 (2.17)에 의해

$$a_{\text{rad}} = \frac{v^2}{r} = \frac{(1.25)^2}{0.5} = 3.125$$

이다. M의 수직 방향 가속도 성분은 반경 방향 성분과 접선 방향 성분의 벡터 합으로 주어진다[그림 2-14(b) 참조].

따라서 삼각형의 닮음 조건을 적용하면 가속도의 수직 성분을 계산할 수 있다.

$$a_y = \frac{a_y}{a_{\text{rad}}} \times a_{\text{rad}} = \frac{0.5}{0.4} \times 3.125 = 3.90625$$

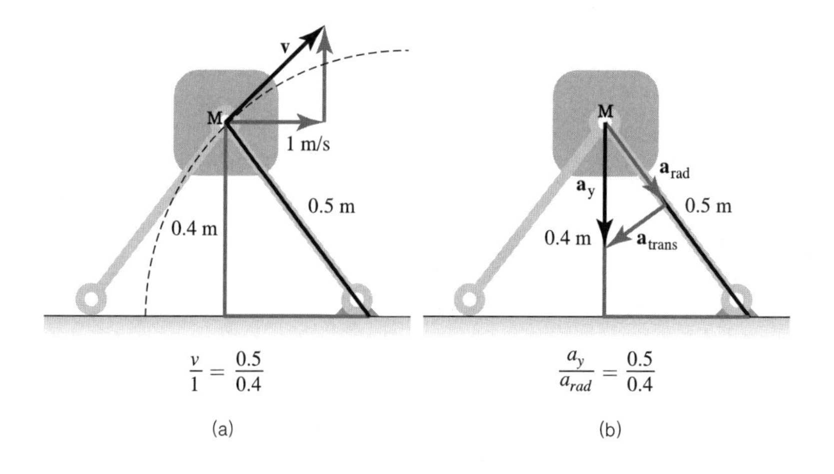

그림 2-14

B 삼각함수를 이용하여 M의 가속도 구하기

M은 반지름이 1/2인 원주를 따라 움직이고 있으므로, 바닥면과 다리 사이의 각도를 이용하여 운동 방정식을 쓸 수 있다(그림 2-15 참조).

$$x = \frac{1}{2}\cos\theta$$

$$y = \frac{1}{2}\sin\theta$$

M의 수평 방향 속도는 1m/s이므로(바퀴 속도의 절반) $x = t$, $dx/dt = 1$, $d^2x/dt^2 = 0$이다. 가속도의 수직 성분은 y를 t로 두 번 미분하여 구할 수 있는데, $t = \frac{1}{2}\cos\theta$이므로

$$\frac{d\theta}{dt} = -\frac{2}{\sin\theta}$$

이다. 따라서

$$\frac{dy}{dt} = \frac{1}{2}\cos\theta \cdot \frac{d\theta}{dt} = \frac{1}{2}\cos\theta \cdot \left(-\frac{2}{\sin\theta}\right) = -\cot\theta$$

$$\frac{d^2y}{dt^2} = \frac{1}{\sin^2\theta} \cdot \frac{d\theta}{dt} = \frac{1}{\sin^2\theta} \cdot \left(-\frac{2}{\sin\theta}\right) = -\frac{2}{\sin^3\theta}$$

임을 알 수 있다.

$x = t = 0.3$이면 $y = 0.4$이고 ($y = \frac{1}{2}\sin\theta$이므로) $\sin\theta = 0.8$이다. 그러므로 가속도의 수직 성분은 다음과 같다.

$$a_y = \left|\frac{d^2y}{dt^2}\right| = \frac{2}{(0.8)^3} = 3.90625$$

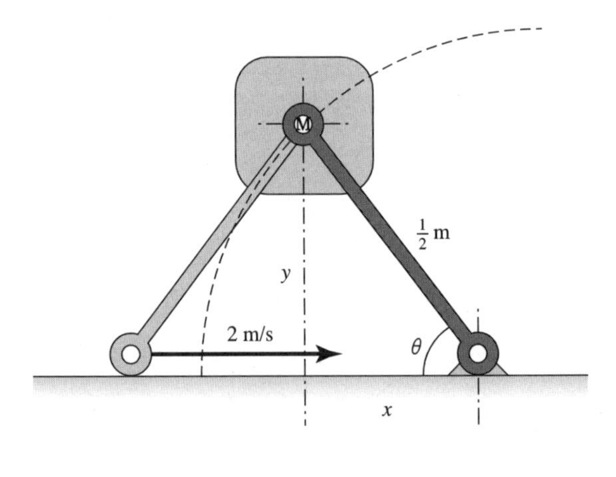

그림 2-15

C 토크와 각운동량을 이용하여 M에 작용하는 힘 계산하기

M에 작용하는 토크(torque)는 $\tau = xF_y - yF_x$이다. M은 1m/s로 등속 운동을 하고 있으므로 수평 방향으로 작용하는 힘은 없다. 즉, $F_x = 0$이다. 여기서 $x = t$로 놓으면 토크는 $\tau = tF_y$가 된다. 그런데 각운동량을 시간으로 미분한 것이 토크이므로 M의 각운동량 L을 알고 있다면 이것을 미분하여 F_y를 구할 수 있다.

$$F_y = \frac{\tau}{t} = \frac{1}{t}\frac{dL}{dt}$$

지금 M은 원운동을 하고 있으므로, 각운동량은 다리의 길이 r에 M의 운동량(질량×속도)을 곱한 것과 같다. M의 속도는 그림 2-16에 제시된 파인만식 방법으로 구할 수도 있고, M의 운동 방정식을 미분하여 구할 수도 있다.

지금까지 말한 내용을 한데 엮어서 계산을 수행하면

$$F_y = \frac{1}{t}\frac{dL}{dt} = \frac{1}{t}\frac{d}{dt}(rmv) = \frac{rm}{t}\cdot\frac{d}{dt}\left(\frac{0.5}{\sqrt{0.25 - t^2}}\right)$$

$$= \frac{0.5\cdot 2}{t}\cdot\frac{0.5t}{(0.25 - t^2)^{3/2}} = \frac{4}{(1-4t^2)^{3/2}}$$

가 된다.

$t = 0.3$일 때 $F_y = 7.8125$이다. 이 값을 2kg으로 나누면 가속도의 수직 성분이 얻어지는데(3.90625), 역시 앞에서 구한 값과 일치한다.

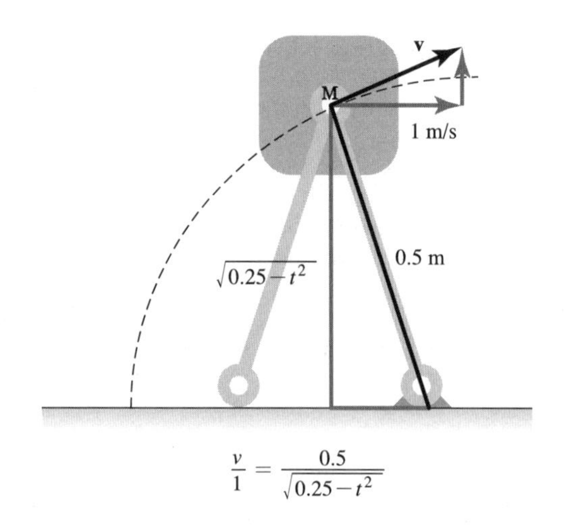

그림 2-16

3장

문제 및 해답

(리뷰강의 C)

오늘은 지난 시간과 마찬가지로 몇 가지 문제 풀이를 통해 물리학의 기본 원리를 설명할 것이다. 우리에게 주어진 수업시간을 최대로 활용하려면, 가능한 한 복잡하고 어려운 문제들을 다루는 것이 바람직하다. 쉬운 문제는 여러분이 직접 풀어 보면 된다. 나는 지금 이 세상의 모든 교수들과 마찬가지로 몹시 골치 아픈 문제에 직면해 있다. 바로 강의시간이 절대적으로 부족하다는 것이다! 준비한 연습문제는 제법 많은데, 주어진 시간 내에 모두 풀지는 못할 것 같다. 그래서 시간을 절약하기 위해 일부 내용을 미리 칠판에 적어 두었다. 대부분의 교수들은 "필기시간을 절약하면 말을 더 많이 할 수 있고, 말이 많을수록 학생들에게 전달되는 내용도 많아진다"는 착각을 하고 있다. 그러나 말을 아무리 많이 한다 해도, 학생들이 새로운 내용을 받아들이는 속도에는 분명한 한계가 있다. 그래서 나는 설명을 느긋하게 하면서 얼마나 많은 내용을 전달할 수 있는지, 이 강의를 통해 확인해 볼 참이다.

3-1 위성의 운동

지난 강의를 마무리하면서 잠시 언급했던 위성의 운동을 다시 생각해 보자. 지난 시간에 우리는 태양이나 행성 또는 질량 M인 물체로부터 a만큼 떨어져 있는 입자가 그 지점에서 필요한 탈출 속도를 확보한 채 반경과 수직한 방향으로 움직일 때 탈출이 가능한지를 문제 삼았었다. 반경 방향으로 움직인다면 물론 탈출이 가능하겠지만, 반경과 수직한 방향으로 움직이는 경우에는 어떤 결과가 나올지, 직접 계산을 해 보기 전에는 확답을 내리기가 어렵다(그림 3-1 참조).

행성의 운동에 관한 케플러의 법칙과 에너지 보존 법칙 등을 한

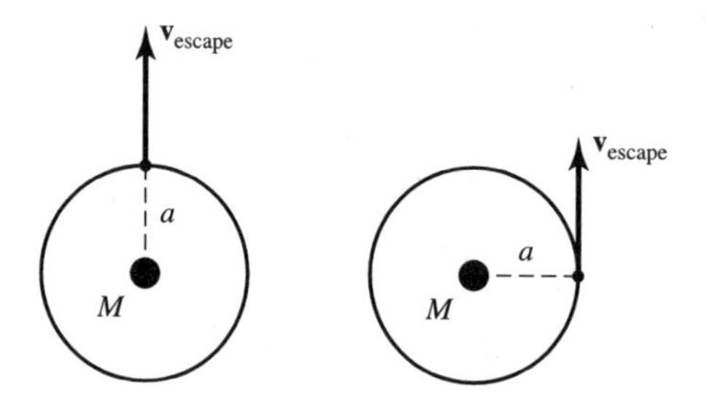

그림 3-1 반경 방향 또는 반경과 수직한 방향으로 움직이는 물체의 탈출 속도

데 엮으면 다음과 같은 결론을 얻을 수 있다. "입자가 탈출하지 못하면 '닫힌 타원 궤도'를 그린다." 그리고 우리는 이러한 사실로부터 근일점 a와 원일점 b 사이의 관계를 알아낼 수 있다(그림 3-2 참조). [이 그림은 강의가 시작되기 전에 내가 미리 그려 놓은 것이

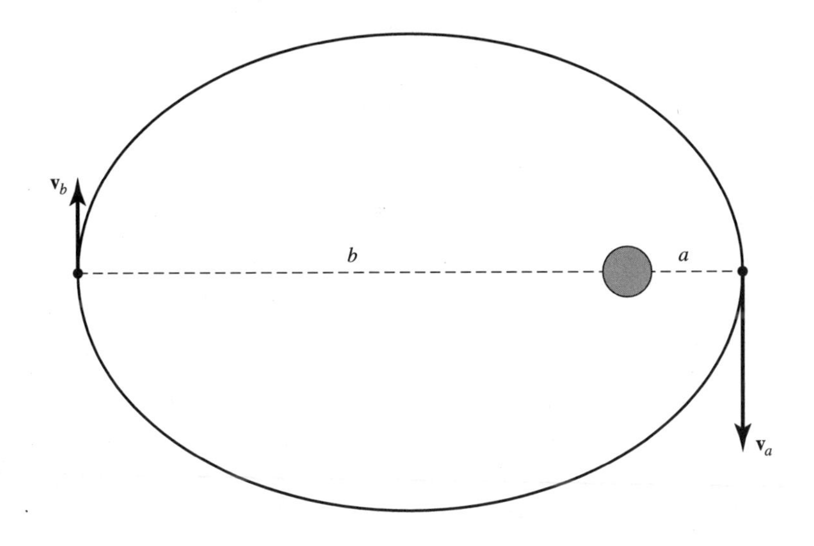

그림 3-2 타원 궤도를 돌고 있는 위성—근일점과 원일점에서의 속도와 거리

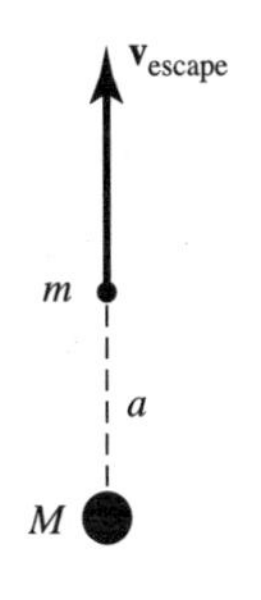

그림 3-3 질량 M인 물체로부터 a만큼 떨어져 있는 입자(질량 $= m$)의 탈출 속도

다. 그런데 판서를 하다가 문득 내가 '근일점(perihelion)'이라는 단어의 철자를 모르고 있다는 사실을 깨달았다!]

지난 시간에 우리는 에너지 보존 법칙을 이용하여 탈출 속도를 계산하였다(그림 3-3 참조).

$$\text{K.E.} + \text{P.E. at } a = \text{K.E.} + \text{P.E. at } \infty$$

$$\frac{mv_{\text{escape}}^2}{2} - \frac{GmM}{a} = 0 + 0$$

$$\frac{v_{\text{escape}}^2}{2} = \frac{GM}{a} \tag{3.1}$$

$$v_{\text{escape}} = \sqrt{\frac{2GM}{a}}$$

이것은 반경 a인 물체가 중력권을 탈출하기 위해 최소한으로 요구되는 탈출 속도이다. 이제, 입자의 속도 v_a를 임의의 값으로 놓고 원일점까지의 거리 b를 v_a로 표현해 보자. 에너지 보존 법칙에 의하면, 근일점에서의 운동 에너지+위치 에너지는 원일점에서의 운동 에너지+위치 에너지와 같아야 한다. b를 알아내기 위해 우리가 동원할 수 있는 정보는 이것뿐이다. 이 관계를 수식으로 표현하면 다음과 같다.

$$\frac{mv_a^2}{2} - \frac{GmM}{a} = \frac{mv_b^2}{2} - \frac{GmM}{b} \tag{3.2}$$

그러나 안타깝게도(infelizamente)[1] 우리는 v_b의 값을 모르고 있다. 따라서 어떻게든 v_b를 알아내지 못하는 한, 식 (3.2)는 빛 좋은 개살구에 불과하다.

이 난국을 타개해 줄 해결사는 바로 '케플러의 제2법칙'이다. 즉, 근일점에서 출발하여 특정 시간 동안 쓸고 지나간 면적은 원일점에서 출발하여 같은 시간 동안 쓸고 지나간 면적과 같다. 근일점에 있는 입자가 Δt라는 짧은 시간 동안 이동한 거리는 $v_a \Delta t$이므로, 이 시간 동안 쓸고 지나간 면적은 $a v_a \Delta t/2$이며, 원일점에 있는 입자가 같은 시간 동안 쓸고 지나간 면적은 $b v_b \Delta t/2$이다. 그리고 이들의 면적이 같다는 사실로부터, 거리와 속도가 서로 반비례하는 관계에 있음을 알 수 있다(그림 3-4 참조).

$$\begin{gathered} a v_a \Delta t/2 = b v_b \Delta t/2 \\ v_b = \frac{a}{b} v_a \end{gathered} \tag{3.3}$$

이로써 우리는 v_b를 v_a로 표현하는 데 성공했다. 이 관계를 식 (3.2)에 대입하면 다음과 같은 방정식이 얻어지면서 b를 결정할 수 있게 된다.

$$\frac{m v_a^2}{2} - \frac{GmM}{a} = \frac{m\left(\frac{a}{b} v_a\right)^2}{2} - \frac{GmM}{b} \tag{3.4}$$

1) 브라질어로 'unfortunately'라는 뜻.

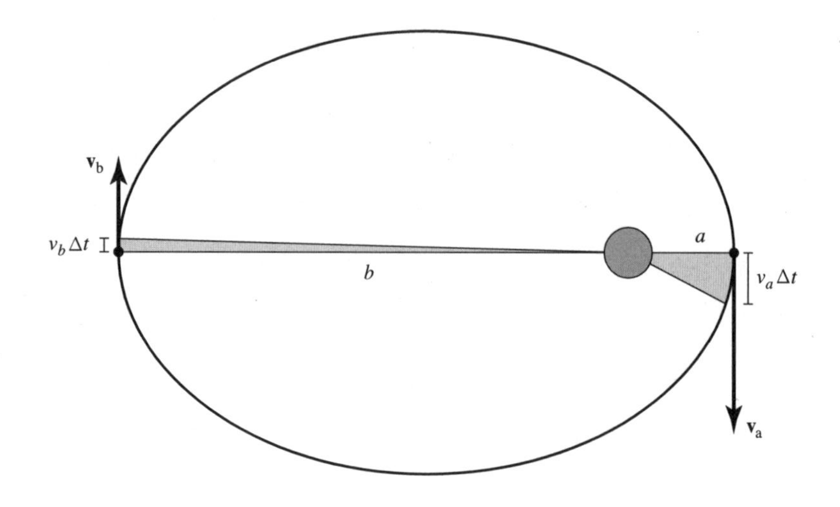

그림 3-4 케플러의 제2법칙(면적 속도 일정의 법칙)을 이용하면 원일점에서 위성의 속도를 계산할 수 있다.

이 식의 양변을 m으로 나누고 적절히 재배열하면 다음과 같은 방정식이 얻어진다.

$$\frac{a^2 v_a^2}{2}\left(\frac{1}{b}\right)^2 - GM\left(\frac{1}{b}\right) + \left(\frac{GM}{a} - \frac{v_a^2}{2}\right) = 0 \qquad (3.5)$$

식 (3.5)를 자세히 들여다보면 $1/b$을 미지수로 갖는 2차 방정식의 형태임을 알 수 있다. 이것이 마음에 들지 않는다면 양변에 b^2을 곱하여 'b에 대한 2차 방정식'으로 바꿔도 상관없다. 어쨌거나, 위의 식으로부터 계산된 $1/b$은 다음과 같다.

$$\begin{aligned}\frac{1}{b} &= \frac{GM}{a^2 v_a^2} \pm \sqrt{\left(\frac{GM}{a^2 v_a^2}\right)^2 + \frac{v_a^2/2 - GM/a}{a^2 v_a^2/2}} \\ &= \frac{GM}{a^2 v_a^2} \pm \left(\frac{GM}{a^2 v_a^2} - \frac{1}{a}\right)\end{aligned} \tag{3.6}$$

앞으로 나는 2차 방정식의 풀이법이나 수식을 정리하는 대수학에 대하여 별도의 설명을 하지 않을 작정이다. 이 정도는 여러분도 능히 해내리라 믿는다. 자, 지금 우리에게는 두 개의 b값이 주어져 있다. 그리고 반갑게도 그중 하나는 a와 같다(±에서 '−'를 택한 경우). 식 (3.2)에 $b=a$를 대입해 보면, 방정식이 정확하게 맞아떨어진다(물론, 그렇다고 해서 우리가 찾는 답이 $b=a$라는 뜻은 아니다). 나머지 하나는 다음과 같이 조금 복잡한 형태이다.

$$b = \frac{a}{\dfrac{2GM}{av_a^2} - 1} \tag{3.7}$$

근일점에서의 속도 v_a와 그 지점에서의 탈출 속도 v_{escape} 사이의 관계가 분명하게 드러나도록 식 (3.7)을 변형시켜 보자. 식 (3.1)에 의하면 탈출 속도는 $2GM/a$의 제곱근과 같으므로, 이 관계를 이용하면 다음과 같이 쓸 수 있다.

$$b = \frac{a}{(v_{\text{escape}}/v_a)^2 - 1} \tag{3.8}$$

이것이 바로 우리가 찾던 최종 결과이다. 이 식을 잘 활용하면 여러 가지 흥미로운 정보들을 끄집어낼 수 있다. 예를 들어, v_a가 탈출 속도보다 느리다면 입자는 중력권을 탈출할 수 없으므로 '물리적으로 의미 있는' b의 값을 계산할 수 있다. v_a가 v_{escape}보다 작으면 v_{escape}/v_a는 1보다 크다. 따라서 이것을 제곱한 값도 1보다 크고, 이 값에서 1을 빼면 양수가 남게 되므로, 이로부터 a와 b 사이의 관계를 명쾌하게 알아낼 수 있다.

우리의 분석법이 얼마나 정확한지를 (대충) 확인하려면, 아홉 번째 강의에서 했던 대로 수치해석법을 사용하여 b를 계산한 후, 식 (3.8)의 b와 비교해 보면 된다.[2] 그런데 정작 계산을 해 보면 약간의 차이가 발생한다. 왜 그럴까? 적분을 수치적으로 계산할 때에는 시간을 '연속적인 양'이 아니라 '유한한 조각의 집합'으로 간주할 수밖에 없기 때문이다.

어쨌거나, 우리는 v_a가 v_{escape}보다 느릴 때 b를 구하는 데 성공했다[a와 b를 모두 알고 있으면 타원의 구체적인 형태가 완전하게 알려진 셈이므로, 원한다면 식 (3.2)를 이용하여 주기를 계산할 수도 있다].

그러나 식 (3.8)로부터 알아낼 수 있는 가장 흥미로운 사실은 다음과 같다. v_a가 v_{escape}와 정확하게 같다고 가정해 보자. 그러면 $v_{\text{escape}}/v_a=1$이므로 식 (3.8)의 b는 무한대가 된다. 타원의 원일점이 무한히 멀다는 것은, 결국 이 궤적이 타원이 아니라 무한히

---

2) 강의록 제1권 9-7절 참조.

뻗어 나가는 '열린 궤적'임을 의미한다(지금 우리의 경우, b가 무한대이면 궤적은 포물선이 된다). 따라서 여러분이 태양이나 행성 근처에서 탈출 속도로 움직이고 있다면, 어떤 방향으로 진행하더라도 중력권을 탈출할 수 있다. 일단 탈출 속도만 확보되면, 정확하게 반경 방향으로 나아갈 필요가 없다는 것이다.

또 다른 질문을 던져 보자. v_a가 v_{escape}보다 빠르면 어떻게 될까? 이런 경우에는 v_{escape}/v_a가 1보다 작으므로 식 (3.8)의 b는 음수가 된다. "원일점까지의 거리가 음수라니, 이건 또 뭔 소리야?" 이런 문제로 고민할 필요는 없다. 이런 경우에는 '현실적인 b'가 존재하지 않음을 의미할 뿐이다. 이 상황을 물리적으로 해석하면 다음과 같다. 입자의 속도가 탈출 속도보다 빨라지면, 입자의 궤적이 변형되면서 타원이 쌍곡선으로 바뀐다. 케플러는 태양 근처에서 움직이는 천체의 궤도가 타원이라고 생각했지만, 개중에는 속도가 빠른 천체도 있을 것이므로 타원뿐만 아니라 포물선, 쌍곡선 궤도가 모두 가능하다(이 강의에서는 천체의 궤적이 타원이나 포물선, 또는 쌍곡선이 된다는 것을 수학적으로 증명하지 않았다. 그러나 이것은 행성의 운동을 이해하는 데 매우 중요한 요소이므로 잘 기억해 두기 바란다).

3-2 원자핵의 발견

쌍곡선 궤도를 그리는 입자는 그 자체만으로도 매우 흥미로운

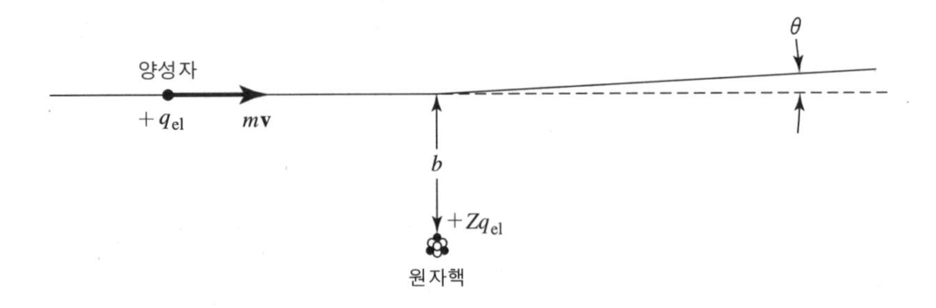

그림 3-5 고속으로 입사된 양성자가 원자핵에 접근하면 전기력의 영향을 받아 궤적에 변형을 일으킨다.

대상이지만, 파란만장했던 현대물리학사의 산 증인이기도 하다. 지금부터 쌍곡선 궤적의 초미세 버전인 '원자핵에 의한 양성자의 산란' 문제에 대하여 알아보기로 한다(그림 3-5 참조). 단, 입자의 속도가 엄청나게 빠르고, 이들 사이에 작용하는 힘은 상대적으로 약하다고 가정하겠다. 즉, 입사되는 입자의 속도가 매우 빨라서, 힘이 작용한 후 변형된 궤적에 1차 근사를 취하면 '달라진 것이 없는' 경우를 다루겠다는 뜻이다.

하전 입자가 $+Zq_{el}$의 전하를 띠고 있는 원자핵($-q_{el}$은 전자의 전하량이다)을 향하여 빠른 속도로 다가오고 있는 경우를 생각해 보자. 입사된 입자는 이온일 수도 있고 기타 다른 입자여도 상관없지만, 우리의 실험에서는 양성자라고 가정하자[최초의 실험에는 입사입자로 알파 입자(α-particle)가 사용되었다]. 양성자의 질량은 m, 속도는 v, 전하는 $+q_{el}$이고(알파 입자의 전하는 $+2q_{el}$이다), 원자핵에 가장 가까이 접근했을 때 이들 사이의 거리는 b이다. 입사된 양성자는 원자핵의 전기적 반발력 때문에 직선 궤적을 그리지 못하고 약간 휘어지게 되는데, 여기서 중요한 질문은 다음과 같다. "궤적은 몇 도(°)나 휘어지는가?" 구체적인 계산을 하자는 게 아니라, b와 각도 사이의 상호 관계를 이해할 수 있는 기본적인 아이디어를 대충 알아보자는 것이다(나는 상대론적 효과를 고려하지 않을 것이다. 그러나 상대론을 고려한다 해도 크게 어려울 것은 없으므로, 여러분이 직접 시도해 보기 바란다). 물론 b가 클수록 휘어지는 각도는 작아진다. 그렇다면 각도는 b에 반비례하는가? 아니면 b^2 또는 b^3에 반비례할 것인가? 지금부터 그 진상을 규명해 보자.

(사실 이것은 낯설고 복잡한 문제를 해결할 때 가장 흔히 사용하는 방법이다. 우선 대략적인 아이디어를 상정한 후 논리를 전개하여 어느 정도 사태가 파악되고 나면, 다시 처음으로 되돌아가 좀 더 자세한 계산을 수행하는 식으로 문제를 해결하자는 것이다.)

대략적인 분석은 다음과 같이 진행된다. 양성자가 원자핵 근처로 다가오면 진행 방향의 옆쪽으로 전기력이 작용하여(물론 다른 방향으로 작용하는 힘도 있지만, 양성자의 궤적을 변형시키는 힘은 전기력뿐이다) 그림 3-5와 같이 위쪽 방향으로 새로운 속도 성분이 생겨난다. 즉, 전기력과 같은 방향으로 운동량을 획득하게 되는 것이다.

그렇다면 위로 작용하는 힘의 세기는 얼마나 되는가? 이 값은 양성자의 위치에 따라 달라지는데, b값에 의존하는 것만은 분명하다. 그리고 이 힘의 최대값은(양성자가 원자핵에 가장 가까이 접근했을 때) 다음과 같다.

$$\text{수직력} \approx \frac{Zq_{el}^2}{4\pi\epsilon_0 b^2} = \frac{Ze^2}{b^2} \tag{3.9}$$

(필기 시간을 절약하기 위해 $q_{el}^2/4\pi\epsilon_0$을 e^2으로 줄여서 표기하였다.[3])

힘이 작용하는 시간을 알 수 있다면 양성자가 획득하는 운동량을 계산할 수 있다. 자, 과연 수직력은 얼마나 오랫동안 작용할 것인가? 물론, 양성자가 원자핵으로부터 수 km 떨어져 있을 때에는 전기력이 거의 작용하지 않는다. 힘의 크기를 대략적으로나마 표현하려면, 양성자와 원자핵 사이의 거리가 최소한 '어느 정도 이하로' 가까워져야 한다. 얼마나 가까워야 하는가? 둘 사이의 거리가 거의 b단위(order)로 접근해야 한다. 따라서 양성자에 힘이 작용하는 시간은 대략 b/v단위(order)가 될 것이다(그림 3-6 참조).

$$\text{시간} \approx \frac{b}{v} \tag{3.10}$$

뉴턴의 법칙에 의하면 힘은 운동량의 변화율과 같으므로, 힘에 '작용 시간'을 곱하면 이 시간 동안 나타난 운동량의 변화를 알 수 있다. 따라서 양성자가 획득한 수직 방향 운동량은 다음과 같다.

---

3) 강의록 제1권 32-2절에서도 이 표기법을 사용하였다. 요즘은 전자의 전하를 q_{el}이 아닌 e로 표기하는 추세이다.

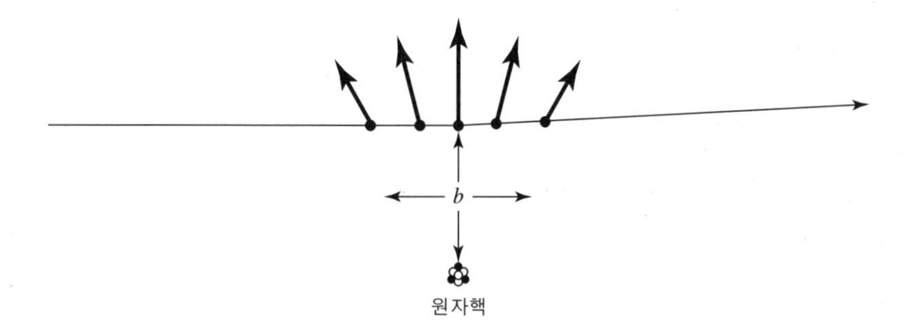

그림 3-6 원자핵이 양성자에 전기력을 행사하는 시간은 가장 가까운 거리 b에 비례한다.

$$\text{수직 방향 운동량} = \text{수직력} \times \text{작용 시간}$$
$$\approx \frac{Ze^2}{b^2} \cdot \frac{b}{v} = \frac{Ze^2}{bv} \qquad (3.11)$$

사실, 이것은 정확하게 맞는 식이 아니다. 엄밀한 계산을 거치면 식 (3.11)의 앞에 2.716 또는 이와 비슷한 상수가 곱해진다. 그러나 지금 우리의 목적은 '대략적인' 값을 구하는 것이므로, 상수 따위는 무시하고 넘어가자.

원자핵을 스쳐 지나온 양성자의 수평 방향 운동량은 처음 출발했을 때의 운동량 mv와 같다.

$$\text{수평 방향 운동량} = mv \qquad (3.12)$$

(이것은 상대성 이론을 고려했을 때 유일하게 수정되는 양이다.)

궤적의 휘어진 각도는 얼마나 될까? 운동량의 '위쪽(up)' 성분은 Ze^2/bv이고 '옆쪽(sideway)' 성분은 mv이므로, 이들의 비율을

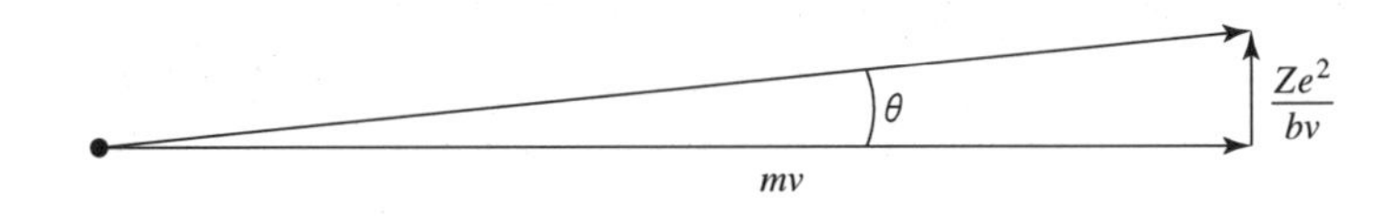

그림 3-7 입사 입자의 산란각은 운동량의 수직 성분과 수평 성분에 의해 결정된다.

취하면 각도의 탄젠트(tangent) 값이 얻어진다. 그런데 각도 θ가 매우 작으면 $\tan\theta \approx \theta$이므로 다음과 같이 쓸 수 있다(그림 3-7 참조).

$$\theta \approx \frac{Ze^2}{bv} \Big/ mv = \frac{Ze^2}{bmv^2} \tag{3.13}$$

위의 식으로부터 궤적의 휘어진 각도는 입사된 양성자의 속도와 질량, 전하 그리고 '가장 가까운 거리' b에 의존하는 양임을 알 수 있다[b를 충격 매개변수(impact parameter)라 한다]. 각도 θ를 직접 계산하지 않고 힘을 적분하여 구한다면 상수 2가 누락되었음을 알 수 있다. 여러분이 직접 확인해 본다면 좋은 공부가 되겠지만, 상수 2에 중요한 원리가 숨어 있는 것은 아니기 때문에 계산을 못한다고 해도 크게 걱정할 필요는 없다. 어쨌거나, θ의 정확한 값은 다음과 같다.

$$\theta = \frac{2Ze^2}{bmv^2} \tag{3.14}$$

[사실, 양성자의 궤적을 쌍곡선으로 놓고 계산하면 정확한 θ값을 구할 수 있지만 굳이 그럴 필요는 없다. 여러분은 각도가 작은 경우

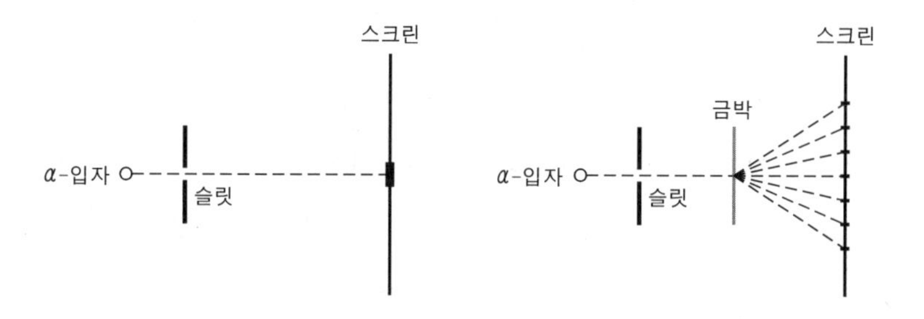

그림 3-8 α-입자의 궤적을 변형시켜서 원자핵의 존재를 처음으로 규명했던 러더퍼드의 실험 개요도

에 대하여 이미 모든 내용을 이해하고 있기 때문이다. 단, 우리는 대략적인 근사법을 사용했으므로 각도가 30°나 50° 등으로 커지면 식 (3.14)를 사용할 수 없게 된다.]

물리학사에 커다란 족적을 남긴 러더퍼드(Rutherford)가 원자핵을 발견할 때 사용했던 방법이 바로 이것이었다. 그의 아이디어는 아주 간단했다. 방사성 원소 근처에 작은 구멍이 뚫린 슬릿(slit)을 세워 놓고, 그 뒤에는 표면을 황화아연(ZnS)으로 덮은 스크린을 설치해 둔다. 그러면 방사성 원소에서 방출된 α-입자는 슬릿의 구멍을 통과한 후 스크린의 표면에 흔적을 남긴다. 그런데 슬릿과 스크린 사이에 얇은 금박을 설치해 놓고 동일한 실험을 반복하면, 종종 스크린의 엉뚱한 곳에 α-입자의 도달 흔적이 형성된다!(그림 3-8 참조)

α-입자의 경로가 변형되는 것은 금박을 통과하면서 그 내부의 원자핵과 상호작용을 교환했기 때문이다. 러더퍼드는 궤적의 변형

각도를 측정한 후, 이 값을 식 (3.14)와 비교함으로써 충격 매개변수 b를 역으로 추정하였다. 그런데 놀랍게도, 그가 얻은 b값은 이미 알려져 있었던 원자의 크기보다 훨씬 작았다. 러더퍼드가 이 실험을 수행하기 전까지만 해도, 대다수의 물리학자들은 원자의 양전하가 중심부에 모여 있지 않고 원자 전체에 걸쳐 고르게 분포되어 있다고 생각했다. 만일 이것이 사실이라면, α-입자의 경로는 러더퍼드가 관측했던 것처럼 크게 휘어질 수가 없다. 왜냐하면 α-입자가 원자의 바깥을 스쳐 지나가는 경우에는 양전하들 사이의 거리가 너무 멀어서 힘이 약하게 작용하고, 이런 힘으로는 실험으로 확인된 궤적의 변형을 설명할 수 없기 때문이다. 또한 α-입자가 원자의 내부를 통과하는 경우에는 원자의 양전하가 α-입자의 위쪽과 아래쪽에 모두 분포되어 있기 때문에 두 방향의 힘이 서로 상쇄되어 강한 힘을 발휘할 수 없다. 그런데 러더퍼드의 실험에서는 α-입자의 경로가 제법 크게 변형되었으므로, "원자의 중심부에 강한 전기력의 원천이 존재한다"는 결론을 내릴 수밖에 없었다. 즉, 원자의 양전하는 원자 전체에 걸쳐 골고루 분포되어 있는 것이 아니라 중심부의 작은 영역 속에 똘똘 뭉쳐 있으며, α-입자가 이곳을 스쳐 지나갔기 때문에 충격 매개변수 b가 작아서 θ가 커진 것이다. α-입자가 가장 크게 산란된 각도와 이 사건이 일어나는 빈도수를 세밀하게 관측하면 b의 값을 추정할 수 있는데, 이 값이 바로 원자핵의 크기에 해당된다. 실험으로 확인된 원자핵의 크기는 원자 크기의 10^{-5}배밖에 되지 않았다! 이로써 원자핵의 존재가 만천하에 드러났고, 그 후로 현대물리학은 극적인 변화를 겪게 되었다.

3-3 로켓 방정식

이번에는 조금 색다른 문제로서, 로켓을 추진하는 문제를 생각해 보자. 중력까지 고려하면 문제가 복잡해지니까, 일단은 로켓이 무중력 상태의 우주공간에 떠 있다고 가정하자. 지금, 연료를 충분히 실은 로켓이 매 순간마다 일정한 양의 연료를 뒤로 분사하면서 앞으로 전진하고 있다. 로켓에서 바라보았을 때 연료가 분사되는 속도는 항상 일정하며, 도중에 엔진을 끄는 장치도 없다. 따라서 이 로켓은 한번 출발하면 연료가 완전히 떨어질 때까지 꾸준하게 뒤로 분사하면서 앞으로 나아갈 것이다. 단위 시간당 연료의 소모량을 μ라 하고, 분사되는 연료의 속도를 u라고 하자(그림 3-9 참조).

여러분은 이렇게 묻고 싶을 것이다. "단위 시간당 연료의 소모량과 연료의 속도는 같은 거 아닙니까?"

아니다. 로켓은 기내에 탑재된 커다란 덩어리를 '한 번에' 뒤쪽으로 내던지면서 앞으로 나아갈 수도 있고, 조그만 질량을 동일한

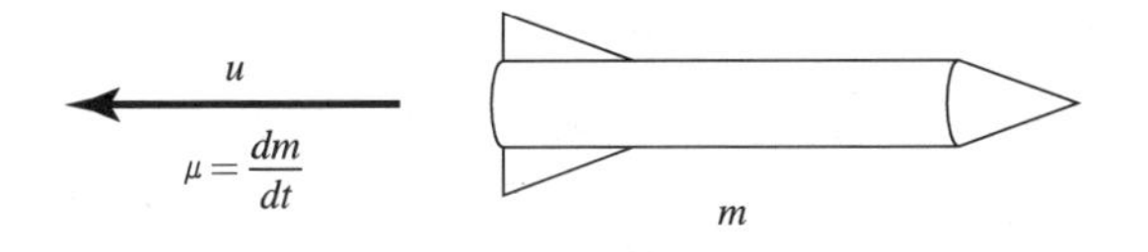

그림 3-9 로켓의 질량 $= m$, 시간에 따른 연료의 분사율 $= \mu = dm/dt$, 분사 속도 $= u$

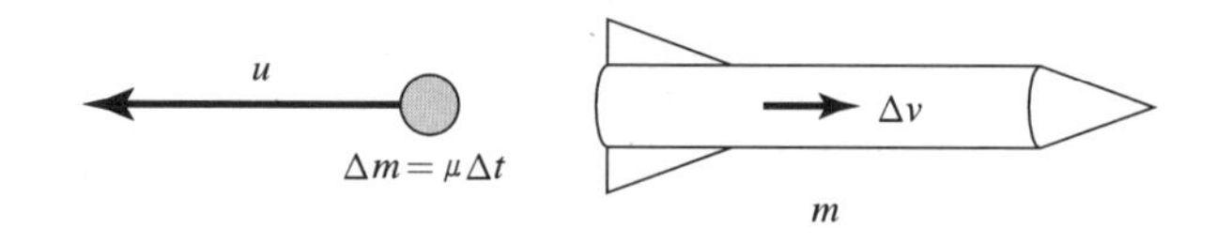

그림 3-10 로켓은 Δt의 시간 동안 질량 Δm을 소모하면서 Δv의 속도를 추가로 획득한다.

시간 간격으로 꾸준하게 (뒤로) 뿌리면서 앞으로 나아갈 수도 있기 때문에, μ와 u는 구별되어야 한다.

이제, 우리의 질문은 다음과 같다. 특정 시간이 지난 후, 로켓의 속도는 얼마인가? 예를 들어, 로켓이 전체 질량의 90%를 소모했다면(즉, 연료를 꾸준하게 소모하여 출발 시 질량의 10%만 남았다면), 로켓의 속도는 얼마나 될 것인가?

여러분은 "로켓이 아무리 빨라도 연료의 분사 속도 u보다 빨라질 수는 없다"고 생각하겠지만, 사실은 그렇지 않다("그건 너무나 당연하죠!"라고 생각하는 학생은 매우 뛰어난 축에 속한다. 어쨌거나 우리의 목적은 그 이유를 논리적으로 밝히는 것이다).

임의의 시간에 임의의 속도로 날아가는 로켓을 떠올려 보자. 만일 우리가 로켓과 동일한 속도로 따라가면서 Δt의 시간 동안 로켓을 관측한다면 어떤 현상을 보게 될까? 우선, 로켓의 전체 질량이 Δm만큼 감소한다는 것을 알게 될 것이다. 물론 Δm은 로켓의 질량 소모율 μ에 Δt를 곱한 것과 같다. 그리고 이 질량은 로켓에 대하여 속도 u로 분사되고 있다(그림 3-10 참조).

Δm의 질량이 소모된 후에 로켓의 속도는 얼마나 될 것인가? 운동량 보존 법칙을 사용하면 답을 알 수 있다. 로켓의 남은 질량(연료+동체)을 m이라고 했을 때, Δt의 시간 동안 로켓이 새로 획득한 운동량 $m \cdot \Delta v$는 분출된 연료의 운동량 $\Delta m \cdot u$와 같다.

$$m\Delta v = u\Delta m \tag{3.15}$$

Δm에 $\mu\Delta t$를 대입하고 이런저런 계산을 하다 보면 특정 속도에 도달할 때까지 소요되는 시간을 계산할 수 있다.[4] 그러나 최종 속도를 구하는 것이 목적이라면, 식 (3.15)를 이항하기만 하면 된다.

$$\begin{aligned} \frac{\Delta v}{\Delta m} &= \frac{u}{m} \\ dv &= u\frac{dm}{m} \end{aligned} \tag{3.16}$$

로켓이 정지 상태에서 출발했을 때, $u(dm/m)$을 처음질량 m_{initial}부터 나중질량 m_{final}까지 적분하면 나중 상태의 속도를 알 수 있다. 그런데 u는 상수이므로 적분 밖으로 나올 수 있다. 따라서 로켓의 속도는 다음의 적분으로 계산된다.

---

4) 로켓의 출발 시간을 t_0, 초기 질량을 m_0라 하고 $\mu = dm/dt =$상수이면, $m = m_0 - \mu t$이므로 식 (3.16)은 $dv = u\mu\, dt/(m_0 - \mu t)$가 되고, 양변을 적분하면 $v = -u \ln[1 - (\mu t/m_0)]$이다. 이 식을 t에 대해 풀면 $t(v) = (m_0/\mu)(1 - e^{-v/u})$, 즉 특정 속도에 도달하는 데 소요되는 시간을 구할 수 있다.

$$v = u \int_{m_{\text{initial}}}^{m_{\text{final}}} \frac{dm}{m} \tag{3.17}$$

dm/m의 적분은 가능할 수도 있고, 경우에 따라 불가능할 수도 있다. 여러분은 이렇게 말할지도 모른다. "$1/m$은 아주 간단한 함수인데 적분이 불가능하다뇨? 저한테 맡겨만 주세요. 제가 미분은 할 줄 아니까, 미분해서 $1/m$이 되는 함수를 찾아드리겠습니다!"

속단은 금물이다. m에 지수가 붙은 함수들은 아무리 미분해도 $1/m$이 되지 않는다. 적분을 아는 학생들에게는 아주 쉬운 문제겠지만, 이 시간에는 수치적분법을 이용하여 답을 찾기로 한다.

그리고 기억하라. 미분이나 적분 등 제아무리 어렵고 복잡한 수학도 단순한 산수 계산으로 전환될 수 있다!

3-4 수치적분법

질량 10인 로켓이 특정 시간 간격으로 질량 1씩 뒤로 분사하면서 앞으로 전진한다고 가정해 보자. 그리고 앞으로 등장할 모든 속도를 u의 단위로 표기하기로 하자. 그러면 질량 Δm이 손실되었을 때 로켓이 획득하는 속도는 $\Delta v = \Delta m/m$으로 쓸 수 있다.

우리의 목적은 로켓의 최종 속도를 계산하는 것이다. 처음으로 질량 1을 분출했을 때 로켓의 속도는 얼마나 될까? 이 계산은 아주 쉽다.

$$\Delta v = \frac{\Delta m}{m} = \frac{1}{10}$$

그러나 이것은 정확하게 맞는 식이 아니다. 질량 1이 밖으로 분출되었을 때 속도를 획득하는 로켓의 질량은 10이 아니라 9이기 때문이다. 로켓이 Δm의 연료를 분사했다면, 남은 질량은 m이 아니라 $m - \Delta m$이다. 따라서 위의 식은 아래와 같이 수정되어야 한다.

$$\Delta v = \frac{\Delta m}{m - \Delta m} = \frac{1}{9}$$

그러나 이것도 맞는 식이 아니다. 만일 로켓이 한순간에 질량 1을 통째로 분출한다면 위의 식을 사용할 수 있다. 그러나 정상적인 로켓은 연료를 '덩어리'의 형태로 분출하지 않고, '조금씩 꾸준하게' 분출하면서 앞으로 나아간다. 처음에 로켓의 질량은 10이었고 질량 1의 연료를 소모한 후에 로켓의 질량은 9이므로, 이 시간 동안 로켓의 평균 질량은 대략 9.5정도일 것이다. 따라서 발사 후 처음으로 $\Delta m = 1$이 되는 동안 이에 반응하는 로켓몸체의 평균 질량은 $m = 9.5$이며, 이 시간 동안 로켓이 획득하는 속도 Δv는 약 1/9.5이다.

$$\Delta v \approx \frac{\Delta m}{m - \Delta m/2} = \frac{1}{9.5}$$

물론 이것도 정확한 식은 아니다. 더욱 정확한 결과를 원한다면 $\Delta m = 1/10$정도로 세분화해서 더욱 지루한 계산을 수행해야 한다.

그러나 우리의 목적은 정확한 값을 얻는 것이 아니라 수치해석법의 타당성을 검증하는 것이므로 $\Delta m = 1$로 놓고 계산을 진행하기로 한다.

이제, 로켓의 질량이 9로 줄어든 상황에서 추가로 질량 1을 분사했다면 로켓이 획득하는 속도는 얼마나 될까? 1/9? 아니다. 1/8? 이것도 아니다. 로켓의 질량이 9에서 8로 연속적으로 변했기 때문에, 평균 질량은 8.5이고 $\Delta v = 1/8.5$이다. 그 후 질량 1을 다시 분사하면 $\Delta v = 1/7.5$이 되고, 이 과정이 계속 반복되면 분모가 1씩 줄어든다. 따라서 로켓의 최종 속도는 $1/9.5 + 1/8.5 + 1/7.5 + 1/6.5 + \cdots$이다. 마지막 단계에서 로켓의 질량은 2에서 1로 변하고, 이 과정에서 평균 질량은 1.5이다(여기서 한 단계 더 진행되면 로켓의 질량이 0이 되므로 의미가 없어진다. 즉, 애초에 연료를 제외한 로켓의 질량은 최소한 1 이상이 되어야 한다. 여기서는 이 값을 1로 선택하였다 : 옮긴이).

이제 우리의 할 일은 위의 덧셈을 수행하는 것뿐이다. 너무나 명백하고 쉬운 계산이므로 적어도 이 부분만은 의문의 여지가 없을 줄 안다. 이들을 모두 더한 값은 2.268이다. 그런데 앞에서 우리는 연료의 분사 속도 u를 속도의 단위로 택했으므로, 결국 로켓의 최종 속도는 분사 속도보다 두 배 이상 빠르다는 결론이 얻어졌다. 이것이 바로 우리가 찾던 답이다!

1/9.5	0.106
1/8.5	0.118
1/7.5	0.133
1/6.5	0.154
1/5.5	0.182
1/4.5	0.222
1/3.5	0.286
1/2.5	0.400
1/1.5	0.667
	2.268

$$v \approx 2.268u \qquad (3.18)$$

여러분은 이렇게 말할지도 모른다. "저는 이런 계산으로 만족할 수 없습니다. 좀 심하다 싶을 정도로 대충 넘어갔잖아요. 첫 과정에서 질량이 10→9로 변했으므로 평균 질량을 9.5로 잡은 것은 이해가 갑니다만, 마지막 과정에서 질량이 2→1로 변했을 때 평균 질량을 1.5로 잡은 것은 너무 지나친 단순화라고 생각됩니다. 마지막 과정의 0.5는 로켓 전체 질량의 반이나 되니까요. 마지막 단계에서는 질량의 손실 과정을 좀 더 세분화해서 계산하는 것이 좋지 않을까요?"(이것은 계산상의 문제이지 원리 자체가 달라지는 것은 아니다)

방금 지적한 대로 마지막 과정을 세분화해 보자. 질량이 2에서 1.5로 변할 때 평균 질량은 1.75이고, $\Delta m = 0.5$이다. 또한 질량이 1.5에서 1로 변하는 과정에서는 평균 질량이 1.25이다. 그러므로 이 두 과정에서 로켓이 획득한 속도는 다음과 같다.

$$\Delta v \approx \frac{0.5}{(2+1.5)/2} + \frac{0.5}{(1.5+1)/2} = \frac{0.5}{1.75} + \frac{0.5}{1.25} = 0.686$$

하나의 과정을 둘로 세분했더니 좀 더 정확한 값이 얻어졌다. 굳이 지루한 계산을 원한다면, 다른 과정에도 이와 같은 방법을 적용하여 정확도를 높일 수 있다. 마지막 과정을 $\Delta m = 0.5$의 간격으로 나눴을 때 로켓이 획득하는 속도는 0.686이며, 모든 과정을 이런 식으로 분할했을 때 얻어지는 로켓의 최종 속도는 약 $2.287u$이다. 물론, 마지막 숫자(7)는 전혀 믿을 수 없지만, 우리의 계산은 그런대로 정확한 것 같다. 정확한 답도 2.3에서 크게 벗어나지 않는다.

사실, $\int_1^x dm/m$은 매우 간단한 적분으로서, 그 답은 자연로그 $\ln(x)$이다. 로그표에서 $\ln(10)$의 값을 찾아보면 2.302585로 나와 있다. 따라서 정확한 답은 다음과 같다.

$$v = u\int_1^{10} \frac{dm}{m} = \ln(10)u = 2.302585u \tag{3.19}$$

$\Delta m = 1/1{,}000$이나 그 이하로 작게 잡아서 위의 과정을 반복하면 v의 소수점 이하 자릿수를 늘릴 수 있다. 이것은 성능 좋은 컴퓨터만 있다면 누구나 할 수 있는 계산이다.

어쨌거나, 우리는 아무것도 모르는 상태에서 거의 정확한 답을 구하는 데 성공했다. 다시 한 번 강조하거니와, 어떠한 적분도 (다소 복잡한) 산수 계산으로 대치될 수 있음을 명심하기 바란다.

3-5 화학 로켓

로켓의 추진은 여러 가지 면에서 매우 흥미로운 문제이다. 앞에서 구한 바와 같이, 로켓의 최종 속도는 연료의 분사 속도 u에 비례한다. 그래서 로켓을 연구하는 과학자들은 연료의 분사 속도를 높이기 위해 온갖 방법을 동원하고 있다. 과산화수소에 이물질을 섞거나 산소에 이물질을 섞어서 태우면 다량의 화학 에너지가 생성되는데, 가느다란 노즐을 통해 이 에너지를 분출시키면 매우 빠른 분사 속도를 구현할 수 있다. 그러나 노즐을 제아무리 이상적으로 만든다고 해도, 생성된 에너지의 100% 또는 그 이상을 밖으로 분출할 수는 없기 때문에 분사 속도에는 분명한 한계가 있다.

두 종류의 화학 물질 a와 b를 이용하여 화학 에너지를 얻는다고 가정해 보자. 이들은 원자 하나당 같은 양의 화학 에너지가 방출되지만, 원자의 질량은 서로 다르다. a의 원자 질량을 m_a, b의 원자 질량을 m_b라 하고, 이들의 분사 속도를 각각 u_a, u_b라 하면 다음과 같은 관계가 성립한다.

$$\frac{m_a u_a^2}{2} = \frac{m_b u_b^2}{2} \tag{3.20}$$

위 식에서 알 수 있듯이, 가벼운 원자일수록 속도가 빠르다. 즉, $m_a < m_b$이면 $u_a > u_b$이다. 로켓의 연료로 가벼운 물질을 사용하는 것은 바로 이런 이유 때문이다. 헬륨과 수소를 섞어서 태우면 아주 이상적이겠지만, 불행히도 이들의 화합물은 불에 타지 않는다. 그래서 공학자들은 산소와 수소가 혼합된 연료를 주로 사용한다.

3-6 이온 추진 로켓

화학 반응을 유도하는 대신, 이온화된 원자를 전기적으로 가속시켜서 로켓을 추진할 수도 있다. 이온은 우리가 원하는 대로 가속시킬 수 있으므로, 그 속도는 가히 상상을 초월한다. 지금부터, 이와 관련된 한 가지 문제를 풀어 보자.

여기, 이온으로 추진되는 로켓이 있다. 로켓의 후미에서는 전기적으로 가속된 세슘(Cs) 이온이 고속으로 분출되고 있다. 세슘 이온은 로켓의 앞쪽에서 만들어지고 있으며, 로켓의 선단과 후미 사이에 걸려 있는 전압 V_0는 약 200,000볼트이다(이 값은 문제를 쉽게 풀기 위해 임의로 정한 값이므로 신경 쓸 것 없다).

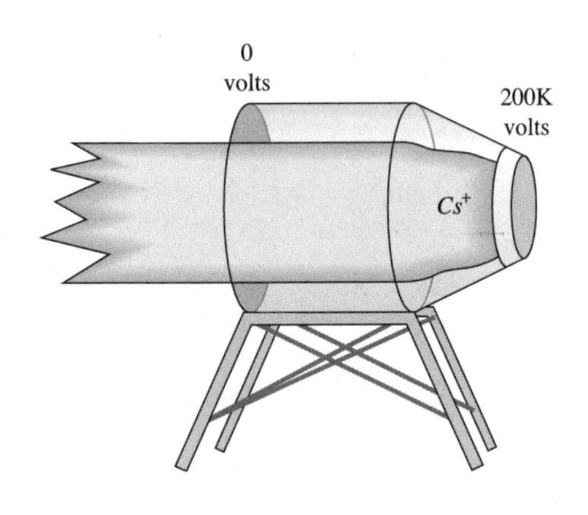

그림 3-11 지지대에 고정되어 있는 이온 추진 로켓

우리에게 주어진 문제는 다음과 같다. “위와 같은 이온 추진 로켓의 추력(推力, thrust)은 얼마인가?” 이것은 앞에서 풀었던 문제와 근본적으로 다르다. 앞에서는 로켓의 최종 속도를 구하는 것이 목표였지만, 지금은 로켓을 지지대에 고정시킨 채로 점화시켰을 때 지지대에 가해지는 힘을 구해야 한다(그림 3-11 참조).

풀이 과정은 다음과 같다. Δt의 시간 동안 로켓의 후미에서 분출되는 질량을 $\Delta m = \mu \Delta t$라 하고, 분출 속도를 u라 하자. 그러면 로켓에서 분출되는 운동량은 $(\mu \Delta t)u$이다. 그런데 작용과 반작용은 크기가 같으므로, 이와 동일한 양의 운동량이 로켓의 몸체에 전달될 것이다. 만일 로켓이 발사대에 세워진 상태였다면 분출과 동시에 지면을 박차고 출발했을 것이다. 그러나 지금 로켓은 실험용 지지대에 단단히 묶여 있으므로, 세슘 이온이 단위 시간에 획득하는 운동량은 곧바로 지지대에 가해지는 힘으로 작용한다. 단위 시간당 전체 이온이 획득하는 총 운동량은 $(\mu \Delta t)u/\Delta t$이다. 따라서 로켓에 작용하는 추력은 μu, 즉 단위 시간당 소실되는 질량에 분출 속도를 곱한 것과 같다. 그러므로 μ와 u를 알아낼 수 있다면 지지대에 작용하는 추력을 계산할 수 있다.

$$\begin{aligned} \text{추력} &= \frac{\Delta(\text{분출된 운동량})}{\Delta t} \\ &= (\mu \Delta t)u/\Delta t \qquad (3.21) \\ &= \mu u \end{aligned}$$

우선, 이온이 분출되는 속도부터 계산해 보자. 로켓의 후미를 통해 분출되는 세슘 이온의 운동 에너지는 이온의 전하량에 전위차 V_0를 곱한 값과 같다. 전위차란 '단위 전하당 위치 에너지'를 의미하므로, V_0에 전하를 곱하면 전기적 위치 에너지가 된다.

세슘 이온은 1가(一價)이므로 전하는 전자의 전하 $-q_{el}$과 크기가 같고 부호만 반대이다. 따라서 분출 속도 u는 다음과 같이 계산된다.

$$\frac{m_{Cs^+}u^2}{2} = q_{el}V_0$$
$$u = \sqrt{2V_0\frac{q_{el}}{m_{Cs^+}}} \tag{3.22}$$

이제, q_{el}/m_{Cs^+}만 알면 된다. 세슘 이온 1몰(mole)의 전하량은[5] 96,500쿨롱이고, 1몰의 질량은 세슘의 원자량, 즉 0.133kg이다(원소의 주기율표를 참고할 것).

한 학생이 손을 들고 외친다. "왜 자꾸 몰(mole) 단위를 거론하시는 겁니까? 그것 좀 빼고 계산할 수는 없나요?"

걱정할 것 없다. 몰 단위는 이미 제거되었다. 우리에게 필요한 것은 질량과 전하의 '비율'이기 때문이다. 이 값은 1몰을 대상으로 계산하건, 원자 하나에 대해 계산하건 간에 항상 동일한 값으로 결정된다. 따라서 이온이 분출되는 속도는 다음과 같다.

---

5) 1몰(mole)에는 6.02×10^{23}개의 원자가 들어 있다.

$$u = \sqrt{2V_0 \frac{q_{el}}{m_{Cs^+}}} = \sqrt{400,000 \cdot \frac{96,500}{0.133}} \tag{3.23}$$

$$\approx 5.387 \times 10^5 \, m/sec$$

5×10^5m/s는 일반적인 화학 반응에서 얻을 수 있는 속도보다 훨씬 빠르다. 화학 반응은 대체로 1볼트 내외의 전압에서 진행되는 것이 보통이다. 따라서 이온 추진 로켓은 화학 연료를 사용하는 로켓보다 200,000배에 가까운 에너지를 발휘할 수 있다.

지금까지는 모든 계산이 잘 진행되었다. 그러나 우리가 알고 싶은 것은 로켓의 속도가 아니라 로켓(또는 지지대)에 작용하는 추력이므로 방금 구한 속도에 단위 시간당 질량 손실 μ를 곱해야 한다. 나는 이 문제의 답을 '로켓에서 밖으로 분출되는 전류'의 단위로 표기하고자 한다. 물론 이 단위는 '단위 시간당 손실되는 질량'에 비례한다.

로켓에서 1암페어(ampere)의 전류가 분출되고 있다면, 시간당 연료(세슘 이온) 방출량은 얼마나 될까? 이것은 1초당 1쿨롱, 또는 1초당 1/96,500몰의 전하가 분출되고 있음을 의미한다. 그런데 세슘 이온 1몰의 질량은 0.133kg이므로, kg단위로 환산하면 1초당 0.133/96,500kg의 질량이 추진 연료로 소모되고 있다는 뜻이다.

$$1\text{암페어} = 1\text{쿨롱}/\text{sec} \rightarrow \frac{1}{96{,}500}\text{몰}/\text{sec}$$

$$\mu = \left(\frac{1}{96{,}500}\text{몰}/\text{sec}\right)\cdot(0.133\text{kg}/\text{몰}) \tag{3.24}$$

$$= 1.378\times10^{-6}\text{kg}/\text{sec}$$

여기에 앞에서 구한 분출 속도를 곱하면 1암페어당 작용하는 추력을 구할 수 있다.

$$\text{추력}/\text{암페어} = \mu u = (1.378\times10^{-6})\cdot(5.387\times10^{5})$$

$$\approx 0.74\text{뉴턴}/\text{암페어} \tag{3.25}$$

보다시피, 1암페어당 3/4뉴턴도 작용하지 않는다. 이 정도면 아주 빈약한 힘이다. 추진되는 양을 100암페어나 1,000암페어로 증가시키면 추력도 그에 비례하여 커지겠지만, 로켓을 앞으로 전진시키기에는 아직도 역부족이다.

이제, 에너지의 소모량을 계산해 보자. 전류가 1암페어이면 1초당 1쿨롱의 전하가 200,000볼트의 퍼텐셜을 통해 밖으로 분출된다는 뜻이다. 그런데 퍼텐셜이란 '단위 전하당 에너지'를 의미하므로, 퍼텐셜에 전하량을 곱하면 곧바로 에너지(단위=줄)가 얻어진다. 따라서 전류가 1암페어이면 단위 시간당 1×200,000줄의 에너지가 발휘되고 있는 셈이다. 이것은 정의에 의해 200,000와트(watt)의 전력에 해당된다.

$$1\text{쿨롱}/\text{sec} \times 200{,}000\text{볼트} = 200{,}000\text{와트} \tag{3.26}$$

우리는 200,000와트의 전력을 투입하여 0.74뉴턴의 추력을 얻었다. 이것은 에너지 효율의 관점에서 볼 때, 아주 형편없는 기계이다. 추력과 전력의 비율이 3.7×10^{-6}뉴턴/와트이면 일상적인 로켓을 추진시키기에 턱없이 부족하다.

$$\text{추력}/\text{전력} \approx \frac{0.74}{200{,}000} = 3.7 \times 10^{-6}\text{뉴턴}/\text{와트} \tag{3.27}$$

이온 추진 로켓이라는 아이디어 자체는 좋았지만, 이 방법으로 로켓을 움직이게 하려면 엄청난 양의 에너지가 소모된다!

3-7 광자 추진 로켓

연료의 분출 속도가 빠를수록 로켓의 속도도 빨라진다면, 이 우주에서 가장 빠른 광자(빛)를 추진 연료로 사용할 수도 있지 않을까? 여러분이 직접 로켓의 뒤쪽으로 가서 어떻게든 빛을 방출하면 로켓이 앞으로 나아간다! 그러나 이런 방법으로 로켓을 추진하려면 실로 엄청난 양의 빛을 방출해야 한다. 손전등을 켰을 때 몸이 뒤로 떠밀리는 느낌을 받은 적이 있는가? 물론 없을 것이다. 100와트짜리 전구를 켜도 사정은 마찬가지다. 우리가 일상적으로 경험하는 빛으로는 도저히 추진력을 얻을 수 없을 것 같다. 로켓을 앞으로 나아가게 하려면 과연 얼마나 많은 빛을 뒤로 방출해야 할까? 황당무계

한 발상 같지만, 일단 계산이라도 해 보자.

하나의 광자는 운동량 p와 에너지 E를 운반하고 있다. 그리고 광자의 경우, 에너지와 운동량 사이에는 다음과 같은 관계가 성립한다.

$$E = pc \tag{3.28}$$

따라서 하나의 광자는 단위 에너지당 $1/c$의 운동량을 갖고 있다. 다시 말해서, 몇 개의 광자를 사용하건 간에, 단위 시간당 분출되는 광자의 운동량과 단위 시간당 방출되는 에너지의 비율은 $1/c$로 이미 고정되어 있다는 뜻이다.

그런데 1초당 방출된 운동량은 로켓을 떠받치는 힘으로 작용하는 반면, 1초당 방출된 에너지는 광자를 만들어 내는 엔진의 출력과 관계된 양이다. 따라서 추력과 출력(전력)의 비율도 $1/c = 3.3 \times 10^{-9}$(뉴턴/와트)으로 고정되어(빛의 속도는 3×10^8m/s이다) 세슘 이온 가속기보다 수천 배나 작고, 화학 에너지를 이용한 엔진과 비교하면 수백만 배나 작다!

(지금 나는 다소 복잡한 발명품과 그 원리를 여러분에게 소개하였다. 따라서 여러분은 무언가 '새로운 것'을 배운 셈이다. 실제로 사용되는 로켓의 원리는 이로부터 얼마든지 유추할 수 있다.)

3-8 정전기적 양성자 빔 편향장치

켈로그 연구소(Kellogg Laboratory)에 있는 밴더그래프(Van

de Graaff) 발전기를 사용하면 양성자의 에너지를 2백만 볼트까지 끌어올릴 수 있다.[6] 이때 움직이는 벨트를 이용하여 정전기적으로 퍼텐셜의 차이를 유도하면, 이 영역으로 진입된 양성자는 엄청난 양의 에너지를 획득하면서 빔(beam)의 형태로 진행하게 된다.

이제, 어떤 실험상의 이유로 양성자의 진행 방향을 강제로 바꿔야 할 일이 생겼다고 가정해 보자. 이를 구현하는 가장 효율적인 방법은 자석을 이용하는 것이다. 그러나 마땅한 자석이 없다면 오로지 전기적인 현상만을 이용하여 양성자의 궤적을 바꿔야 한다. 지금부터 그 방법을 생각해 보자.

우선, 매끄러운 원주를 따라 휘어진 한 쌍의 판을 준비한다(그림 3-12 참조). 두 판의 간격 d는 원주의 반지름보다 훨씬 작으며($d=1$cm라 하자), 이들 사이에는 절연체가 삽입되어 있다. 또한 두 판 사이에 커다란 전위차(전압)를 걸어 주면 강력한 전기장이 형성되어, 이 사이를 지나는 양성자는 원주를 따라 진행하게 된다.

사실, 1cm 간격을 두고 나란히 배열된 한 쌍의 판 사이에 20킬로볼트(20,000볼트) 이상의 전압을 가하면 판이 파손되기 쉽다. 약간의 균열이 생겨도 그 틈으로 먼지가 새어 들어와 스파크를 일으킨다. 그러므로 두 개의 판 사이의 전압은 20kV를 넘지 않는 것이 좋다(나는 이 문제에 구체적인 숫자를 대입하지 않을 것이다. 앞으로

6) 캘리포니아 공과대학(Caltech)에 있는 켈로그 복사연구소(Kellogg Radiation Laboratory)는 핵물리학과 입자물리학, 천체물리학 등의 연구를 수행하고 있다.

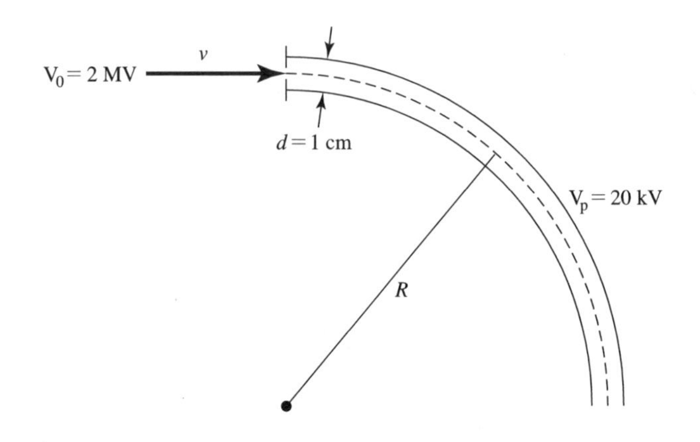

그림 3-12 정전기적 양성자 빔 편향장치

판 사이의 전압은 V_p로 표기하기로 한다). 이제, 우리의 질문은 다음과 같다. 2MeV(2백만 전자볼트)의 에너지를 가진 양성자가 판을 따라 휘어지게 하려면, 판의 곡률 반경을 얼마로 세팅해야 하는가?

이것은 결국 구심력을 묻는 문제이다. 질량 $=m$인 양성자가 반경 R인 원궤도를 따라 원운동을 하려면, mv^2/R에 해당하는 구심력(원의 중심을 향해 당기는 힘)이 전기력에 의해 공급되어야 한다. 즉, 양성자의 전하 q_{el}에 기판 사이의 전기장 $\mathcal{E}$를 곱한 값이 구심력의 역할을 해야 하는 것이다.

$$q_{el}\mathcal{E} = m\frac{v^2}{R} \tag{3.29}$$

식 (3.29)는 '힘 = 질량 × 가속도'로 대변되는 뉴턴의 법칙과 같은 형태이다. 그러나 이 식을 사용하려면, 우선 밴더그래프 발전기에서 방출되는 양성자의 속도를 알아야 한다.

양성자의 속도에 관한 정보는 발전기에서 방출될 때의 퍼텐셜(200만 볼트 ―이 값을 V_0라 하자)에서 찾을 수 있다. 에너지 보존법칙에 의하면 양성자의 운동 에너지 $mv^2/2$는 퍼텐셜의 변화, 즉 V_0에 양성자의 전하를 곱한 값과 같으므로, 이로부터 곧바로 v^2을 계산할 수 있다.

$$\frac{mv^2}{2} = q_{el}V_0$$

$$v^2 = \frac{2q_{el}V_0}{m} \qquad (3.30)$$

이렇게 구한 v^2을 식 (3.29)에 대입하면 궤도의 반지름 R을 구할 수 있다.

$$q_{el}\mathcal{E} = m\frac{\left(\frac{2q_{el}V_0}{m}\right)}{R} = \frac{2q_{el}V_0}{R}$$

$$R = \frac{2V_0}{\mathcal{E}} \qquad (3.31)$$

즉, 두 판 사이에 걸린 전기장 $\mathcal{E}$를 알고 있으면 반지름을 계산할 수 있다. 전기장과 퍼텐셜(V_0, 양성자가 출발할 때의 전위), 그리고 판의 반지름 사이에 간단한 대수적 관계가 성립하기 때문이다.

그렇다면 전기장의 값은 얼마인가? 판의 곡률이 그다지 크지 않다면 전기장은 모든 곳에서 거의 일정하다고 할 수 있다. 마주 보고 있는 두 개의 판 사이에 전압을 걸어 주면, 한쪽 판에 있는 전하와 맞은편에 있는 전하는 서로 다른 에너지를 갖게 된다. 이때, 단위 전하당 에너지의 차이가 바로 전압(voltage)이다. 이제, 전하 q를 한쪽 판에서 맞은편 판으로 옮긴다고 가정해 보자. 판 사이에는 전기장 $\mathcal{E}$가 걸려 있으므로 전하를 이동시키려면 $q\mathcal{E}$의 힘을 가해야 하고, 두 판 사이의 거리가 d이므로 결국 $q\mathcal{E}d$만큼의 일을 해 주어야 하는데, 이 값은 바로 두 판 사이의 에너지 차이와 같다. 힘에 거리를 곱하면 에너지가 되고, 장(field)에 거리를 곱하면 퍼텐셜(단위 전하당 에너지)이 된다. 따라서 판에 걸린 전압은 $\mathcal{E}d$이다.

$$\begin{aligned} \mathrm{V_p} &= \frac{\text{에너지 차이}}{\text{전하}} = \frac{q\mathcal{E}d}{q} = \mathcal{E}d \\ \mathcal{E} &= \mathrm{V_p}/d \end{aligned} \tag{3.32}$$

식 (3.32)에서 구한 $\mathcal{E}$를 식 (3.31)에 대입하여 약간의 수정을 가하면 반지름을 퍼텐셜의 함수로 구할 수 있는데, 그 결과는 다음과 같다.

$$R = \frac{2\mathrm{V_0}}{(\mathrm{V_p}/d)} = 2\frac{\mathrm{V_0}}{\mathrm{V_p}}d \tag{3.33}$$

우리의 문제에서는 $\mathrm{V_p}/\mathrm{V_0} = 20\mathrm{kV}/2\mathrm{MV} = 1/100$이고 $d = 1\mathrm{cm}$이므로, 휘어진 판의 곡률 반경은 200cm, 즉 2m이다.

위에서 우리는 판 사이의 전기장이 균일하다고 가정했었다. 만일 전기장이 균일하지 않다면, 우리의 계산에 기초하여 만들어진 편향판은 어느 정도의 성능을 발휘할 수 있을까? 사실, 반지름이 2m

이면 기판을 거의 평면으로 취급할 수 있다. 특히, 양성자 빔이 두 판의 중앙(그림 3-12의 점선)을 따라가도록 유도하면 전기장에 의한 오차를 크게 줄일 수 있다. 그러나 굳이 이 길을 따라가지 않더라도, 한쪽의 전기장이 매우 크면 다른 쪽의 전기장이 상대적으로 작아져서 항상 균형을 이루기 때문에 큰 문제는 없다. $R/d=2\text{m}/1\text{cm}=200\text{cm}$인 편향장치에서 양성자 빔이 두 판의 중심을 따라가도록 유도하면, 완벽하지는 않더라도 거의 정확한 결과를 얻을 수 있다.

3-9 파이 중간자의 질량

이제 강의시간이 거의 끝났다. 하지만 자리에 좀 더 앉아 있어주기 바란다. 파이 중간자(π-meson)의 질량을 결정하는 방법에 대하여 약간의 설명을 추가한 후 강의를 끝낼 것이다. 파이 중간자는 사진건판에서 뮤 중간자(μ-meson)의 흔적을 추적하다가 우연히 발견된 소립자이다.[7] 과거에 물리학자들이 사진건판을 분석하던 중 미지의 입자가 지나가다가 갑자기 멈춘 자리에서 뮤 중간자의 흔적을 발견하였다(뮤 중간자의 존재는 예전부터 알려져 있었으나, 파이 중간자는 이 그림으로부터 발견되었다). 그들은 이 지점에서 뉴트리

---

7) '뮤 중간자'는 '뮤온(muon)'의 구식 명칭으로서, 전자와 전하는 같지만 질량은 약 207배이다(전하를 갖고 있으므로, 사실 '중간자'라는 이름은 적절치 않다).

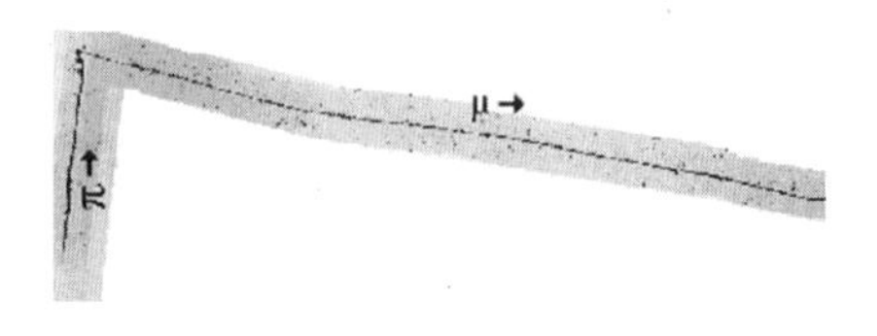

그림 3-13 파이 중간자가 진행하다가 뮤 중간자와 미지의 중성입자로 분해되는 과정

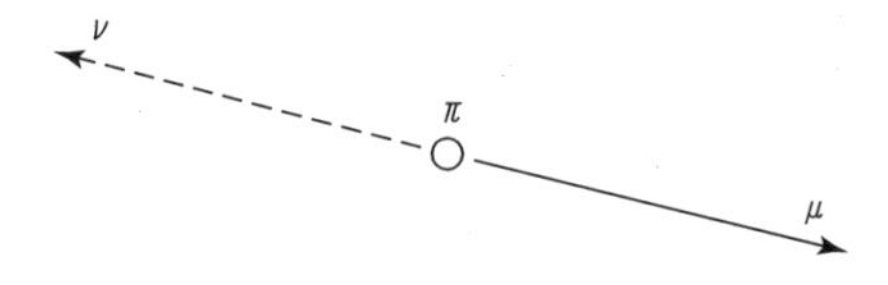

그림 3-14 정지해 있는 파이 중간자가 뮤온(muon, 뮤 중간자)과 뉴트리노로 분해되는 장면. 이때 뮤온과 뉴트리노의 운동량은 크기가 같고 방향은 반대이다. 그리고 뮤온과 뉴트리노의 에너지를 더한 값은 파이 중간자의 정지 질량 에너지와 같다.

노(ν)가 반대 방향으로 방출되었다고 가정하였다(뉴트리노는 전기적으로 중성이기 때문에 건판 위에 흔적을 남기지 않는다. 그림 3-13 참조).

뮤 중간자의 정지질량은 105MeV이며, 사진건판 위에 남은 흔적을 분석한 결과 뮤 중간자의 운동 에너지는 약 4.5MeV로 추정되었다. 이로부터 파이 중간자의 질량을 알아낼 수 있을까?(그림 3-14 참조)

정지 상태에 있는 파이 중간자가 갑자기 뮤온과 뉴트리노로 분해되었다고 가정해 보자. 우리는 뮤 중간자의 정지질량과 운동 에너지를 알고 있으므로, 뮤 중간자의 총 에너지를 알고 있는 셈이다.

그러나 파이 중간자의 질량을 유추하려면 뉴트리노의 에너지도 알고 있어야 한다. 특수상대성 이론에 의하면, 정지해 있는 파이 중간자의 총 에너지 E_π는 질량$\times c^2$이며, 이 에너지가 뮤 중간자의 에너지 E_μ와 뉴트리노의 에너지 E_ν로 분배된다.

$$E_\pi = E_\mu + E_\nu \tag{3.34}$$

그러므로 E_μ와 E_ν를 모두 알고 있어야 E_π를 알아낼 수 있다. 여기서 E_μ는 뮤 중간자의 정지질량 에너지와 운동 에너지의 합이므로 $105\text{MeV}+4.5\text{MeV}=109.5\text{MeV}$이다.

뉴트리노의 에너지는 얼마인가? 이것은 결코 만만한 문제가 아니다. 그러나 운동량 보존 법칙을 이용하면 뉴트리노의 운동량을 알아낼 수 있다. 그리고 뉴트리노와 뮤 중간자의 운동량이 크기가 같고 방향이 반대임을 상기하면 뉴트리노의 에너지를 간접적으로 알아낼 수 있다. 자, 한번 시도해 보자.

뮤 중간자의 운동량은 $E^2=m_0^2c^4+p^2c^2$으로부터 구할 수 있는데, 여기서 $c=1$인 단위를 선택하면 $E^2=m_0^2+p^2$이 된다. 따라서 뮤 중간자의 운동량은 다음과 같다.

$$p_\mu = \sqrt{E_\mu^2 - m_\mu^2} = \sqrt{(109.5)^2-(105)^2} \approx 31\text{MeV} \tag{3.35}$$

앞서 말한 바와 같이, 뉴트리노의 운동량은 위의 값과 크기가 같고 방향이 반대이다. 그러나 지금 우리에게 중요한 것은 크기이므로 부호는 신경 쓰지 않아도 된다. 따라서 뉴트리노의 운동량도 31MeV이다.

뉴트리노의 에너지는 얼마인가?

뉴트리노는 정지 질량이 0이기 때문에, 에너지는 운동량$\times c$이다. 그런데 우리는 $c=1$인 단위를 사용하고 있으므로, 결국 뉴트리노의 에너지도 31MeV이다.

자, 이것으로 모든 계산은 끝났다. 뮤 중간자의 에너지는 109.5MeV이고 뉴트리노의 에너지는 31MeV이므로 파이 중간자의 총 에너지는 140.5MeV이다. 그런데 파이 중간자는 원래 정지 상태에 있었고 $c=1$이므로, 파이 중간자의 질량은 다음과 같다.

$$m_\pi = E_\mu + E_\nu \approx 109.5 + 31 = 140.5\text{MeV} \tag{3.36}$$

물리학자들은 파이 중간자의 질량을 결정할 때 바로 이 방법을 사용하였다.

이것으로 모든 강의를 마친다.

다음 학기에 다시 만나길 기대하며, 모두에게 행운을 빈다!

4장
역학적 효과와 응용
(리뷰강의 D)

오늘 강의는 다른 강의와 달리 '오로지 즐기려는 목적'으로 계획되었다. 그러므로 강의내용이 너무 복잡해서 이해하지 못했다 해도 크게 걱정할 필요는 없다. 앞으로 물리학을 공부하는 데 반드시 알아야 할 내용은 아니기 때문에, 이해가 안 간다면 그냥 머리에서 지워버려도 된다.

사실, 우리가 공부하는 내용들은 마음만 먹는다면 세부적으로 한없이 파고들어 갈 수 있다. 특히 원운동과 관련된 문제는 아무리 깊이 파고들어 가도 끝이 보이지 않는다. 그러나 이런 식으로 접근하면 물리학의 다른 주제들을 공부할 시간이 절대적으로 부족하기 때문에, 적절한 수준에서 '파고들기'를 멈추는 자제력도 필요하다.

앞으로 여러분이 공학자나 천문학자, 또는 물리학자가 되면 회전역학이 다시 필요해질 것이다. 회전역학은 공학의 거의 모든 분야에서 필수이고, 천문학에서는 회전하는 천체의 특성을 연구할 때 회전역학이 필요할 것이며, 양자역학에서도 회전과 관련된 문제들이 수시로 등장한다. 아마도 이 강의는 주제를 완결 짓지 않고 끝내는 첫 번째 강의가 될 것이다. 여러분이 나중에 이 문제를 다시 들여다보게 된다면, 불완전한 아이디어와 약간의 실마리로부터 나름대로의 해법을 찾아야 할 것이다.

지금까지 여러분이 들었던 강의는 다분히 이론적이었다. 실질적인 공학에 관심 있는 학생들은 이론 자체보다 강의시간에 배운 내용과 관련된 '기발한 발명품'들을 더욱 알고 싶을 것이다. 그래서 오늘은 골치 아픈 방정식 따위는 잠시 잊고, 지난 몇 년 사이에 개발된 관성 유도장치(inertial guidance)에 대해 알아보기로 한다.

이 장치는 북극의 빙하 밑을 항해했던 잠수함 노틸러스(Nautilus)호에 장착되어 그 능력을 유감없이 발휘한 바 있다. 바다 속에서는 별도 보이지 않고 항해를 유도할 만한 마땅한 지도도 없다. 잠수함의 내부에서는 현재 위치를 알아낼 방법이 전혀 없는 것이다. 그러나 노틸러스호는 이런 악조건 속에서도 자신의 위치를 정확하게 파악하여 주어진 임무를 훌륭하게 완수했고,[1] 그 일등공

1) USS 노틸러스호는 1958년에 건조된 세계 최초의 핵잠수함으로서, 그해 3월에 하와이를 출발하여 북극점을 지나 영국까지 항해하는 데 성공하였다. 이때 북극의 빙하 밑을 무려 95시간 동안 항해하여 관계자들을 놀라게 했다.

신은 단연 '관성 유도장치'였다. 대체 얼마나 대단한 장치였길래 이런 엄청난 능력을 발휘할 수 있었을까? 이것이 바로 오늘 강의의 주제이다. 그러나 본론으로 들어가기 전에, 과거에 개발되었던 구형 장비의 특성과 작동 원리를 미리 알아 두는 것이 좋을 것 같다. 이 내용을 충분히 이해하고 나면 관성 유도장치의 원리도 어렵지 않게 이해할 수 있을 것이다.

4-1 자이로스코프

자이로스코프(gyroscope)를 한 번도 본 적이 없는 학생들은 그림 4-1을 눈여겨보기 바란다.

일단 바퀴가 돌기 시작하면, 밑면을 다른 방향으로 기울여도 바퀴의 회전축(AB)은 항상 같은 방향을 유지한다. 이것이 바로 자이로스코프의 특징이다. 실제 기계장치에 자이로스코프를 사용할 때에는 마찰에 의한 손실을 방지하기 위해 회전축에 모터를 연결하여 에너지를 공급한다.

손으로 A지점을 눌러서 회전축의 방향을 강제로 바꾸려고 하면(이때 XY축 주변으로 토크가 생성된다), A는 아래로 내려가지 않고 Y지점을 향해 '옆으로' 돌아간다. 회전축을 제외한 임의의 축을 중심으로 토크를 가하면, 자이로스코프는 원래의 회전축과 가해진 토크에 모두 수직한 방향으로 회전하려는 경향을 보인다.

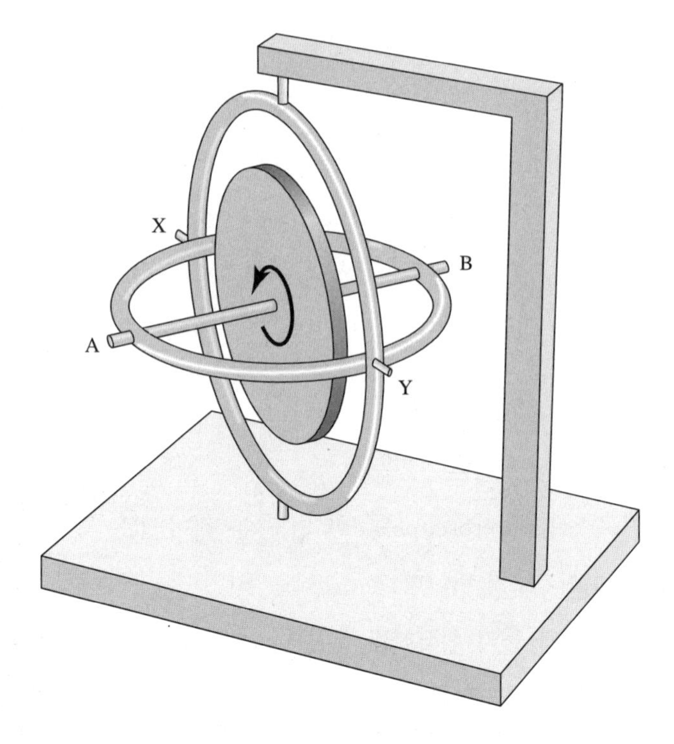

그림 4-1 데모용 자이로스코프

4-2 방향 자이로

자이로스코프의 가장 간단한 적용 사례를 들어 보자. 비행기에 자이로스코프를 장착해 두면 여러 가지로 편리하다. 예를 들어, 날아가는 비행기가 도중에 방향을 바꿔도 자이로스코프의 회전축은 원래의 방향을 유지하기 때문에, 이로부터 돌아간 각도를 알아낼 수 있다. 즉, 비행 경로가 아무리 복잡해도 특정 방향을 기억할 수 있다는 것이다(그림 4-2 참조).

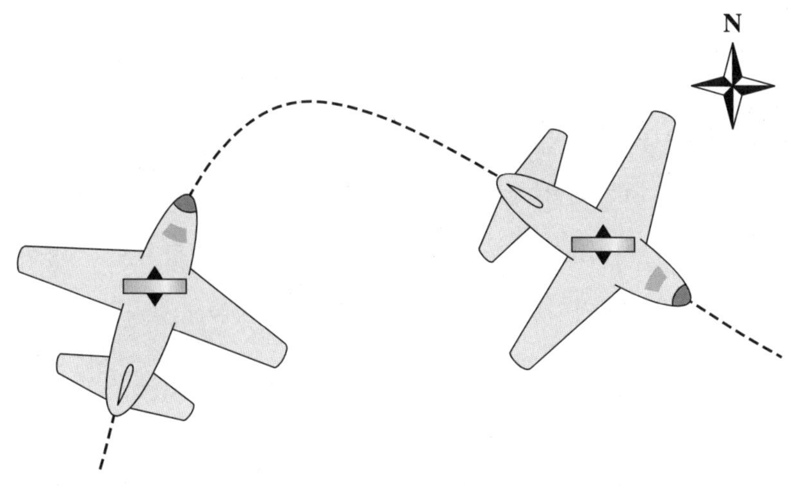

그림 4-2 비행기의 방향이 바뀌어도 방향 자이로스코프의 회전축은 원래의 방향을 유지한다.

여러분은 이렇게 생각할 것이다. "그건 나침반도 할 수 있는 일 아닌가?"

아니다. 나침반은 오로지 북쪽만을 찾아내는 멍텅구리 자석에 불과하지만, 방향 자이로(directional gyro, 자이로는 자이로스코프의 줄임말 : 옮긴이)는 현재의 방향과 과거의 방향을 비교해 주는 똑똑한 장비이다. 예를 들어, 비행기가 활주로에 대기하고 있을 때 자석 나침반을 조정하여 자이로스코프의 회전축을 특정 방향(예를 들어, 북쪽)으로 세팅해 놓았다고 가정해 보자. 이 상태에서 비행기가 이륙하면 자이로스코프의 축은 항상 북쪽을 향하기 때문에, 항로가 아무리 복잡해도 목적지를 찾아갈 수 있는 것이다.

"그건 자석 나침반으로도 가능한 일 아닙니까?"

자석 나침반은 비행기의 부품으로 적절치 않다. 비행기의 움직임에 따라 나침반 바늘이 요동을 치는 것도 문제이고, 비행기의 다른 부품에서 발생하는 자기장의 영향을 받을 수도 있기 때문이다.

그러나 비행기가 직선 항로를 따라 조용하게 날아갈 때에는 짐벌(gimbal, 자이로스코프의 수평을 유지시켜 주는 장치)에 작용하는 마찰 때문에 자이로스코프의 축은 더 이상 북쪽을 가리키지 않는다. 비행기가 서서히 회전할 때, 자이로스코프에 (마찰에 의한) 약간의 토크가 발생하여 세차 운동을 하게 되는 것이다. 이렇게 되면 자이로스코프의 회전축은 더 이상 북쪽과 일치하지 않는다. 그래서 조종사는 주기적으로 미세 조정용 나침반을 조작하여 자이로의 방향을 리셋(reset)해야 한다. 물론, 마찰력이 클수록 조종사는 더욱 바빠질 것이다.

4-3 인공 수평의

항상 '위쪽(up)'을 알려 주는 인공 수평의(artificial horizon)도 자이로스코프를 이용한 장비이다. 비행기가 지상에 있을 때 자이로스코프의 회전축을 수직 방향으로 세팅해 놓으면, 공중에서 이리저리 곡예비행을 해도 어디가 '위쪽'인지 쉽게 구분할 수 있다. 물론 이 경우에도 주기적으로 리셋을 해 줘야 한다.

그렇다면 인공 수평의는 무엇을 기준으로 위-아래를 판단하는가?

가장 간단한 방법은 중력을 이용하는 것이다. 그러나 비행기가

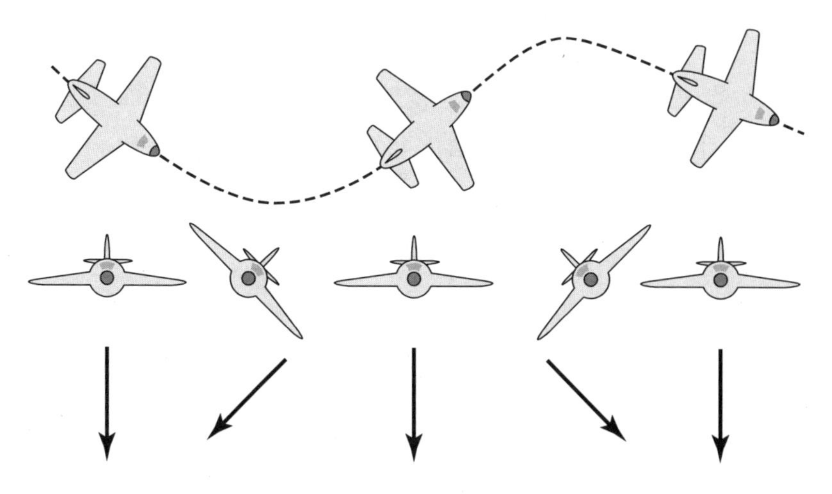

그림 4-3 선회하는 비행기에 작용하는 겉보기 중력

곡선 비행을 할 때에는 '겉보기 중력(apparent gravity)'의 방향이 수직에서 벗어나기 때문에 위-아래를 판단하기가 쉽지 않다. 하지만 비행기가 완전히 뒤집혀서 날지 않는 한, 겉보기 중력은 평균적으로 특정 방향(아래 방향)을 향해 작용할 것이다(그림 4-3 참조).

그림 4-1의 A부분에 약간의 무게를 가하고 회전축을 수직으로 세팅하면 어떤 일이 발생할 것인가? 비행기가 수평으로 직선 비행을 한다면, 가해진 무게 때문에 자이로스코프의 회전축은 수직을 유지할 것이다. 그러다가 비행기가 방향을 틀면 회전축은 수직에서 벗어나게 된다. 그러나 자이로스코프는 세차 운동을 하면서 이 변화에 저항하기 때문에 수직에서 벗어나는 속도가 매우 느려진다. 그러다가 비행기가 다시 수평을 되찾으면 A에 추가된 무게 때문에 자이로스코프의 축은 다시 수직 방향으로 되돌아간다. 이 과정을 긴 시간

에 걸쳐 평균적으로 분석해 보면, 결국 추가된 무게는 자이로스코프의 축을 중력과 같은 방향으로 향하도록 유도하는 역할을 하게 된다. 이것은 나침반으로 조정되는 방향 자이로스코프와 비슷하지만, 중력은 항상 작용하기 때문에 축의 방향을 수시로 세팅할 필요가 없다. 즉, 인공 수평의는 아무런 동력 없이 영구적으로 작동하는 장치이다. 자이로스코프의 축은 비행 중에 서서히 움직이지만, 중력에 의해 '평균적으로' 방향이 유지되는 것이다. 축의 이동 속도가 느리면 '평균을 취하는 시간'도 그만큼 길어지므로, 복잡한 비행에도 정확한 성능을 발휘할 수 있다. 비행기가 약 30초간 중력의 영향을 벗어나는 것은 흔히 있는 일이기 때문에, 평균을 취하는 시간이 단 30초면 인공 수평의는 제대로 작동하지 않을 것이다.

지금까지 설명한 방향 자이로와 인공 수평의는 자동조종장치의 일부로서, 이로부터 입수된 정보는 비행기의 항로를 특정 방향으로 인도하는 데 사용된다. 예를 들어, 비행기의 진로가 방향 자이로의 축에서 벗어나면 여기 연결된 전자장치들이 보조 날개를 적절히 조절하여 원래의 방향으로 되돌리는 것이다. 자동조종장치의 핵심부에는 이와 같은 자이로스코프가 반드시 내장되어 있다.

4-4 선박용 수평 유지장치

요즘은 거의 사용되지 않지만, 바다를 항해하는 선박의 수평을 유지하는 도구로서 한때 자이로스코프가 사용된 적이 있었다. 여러분은 이 말을 듣고 '배의 고정된 축에 커다란 바퀴를 달아서 회전시키는' 장치를 떠올리겠지만, 사실은 그렇지 않다. 예를 들어, 회전축을 수직 방향으로 고정시켰는데 파도에 의해 배의 앞쪽이 위로 들리면 자이로스코프가 한쪽으로 기울면서 배가 뒤집힐 수도 있다! 자이로스코프는 스스로 안정된 상태를 찾아갈 수 없기 때문이다.

선박의 수평을 유지하는 자이로스코프는 다음과 같은 원리로 작동된다. 배의 내부 어딘가에 매우 작고 섬세하게 만들어진 마스터 자이로스코프를 특정 방향으로 설치해 둔다(북쪽으로 설치했다고 가정하자). 이 배가 좌우로 흔들리면 마스터 자이로스코프에 연결된 전자장치들이 별도로 설치된 초대형 자이로스코프를 작동시켜서 배의 수평을 유지하는 것이다. 아마도 이것은 인류 역사상 가장 큰 자이로스코프로 기록될 것이다!(그림 4-4 참조) 초대형 자이로스코프의 축은 평상시에 수직 방향으로 유지되지만, 그 짐벌(gimbal)은 배와 함께 움직이도록 연결되어 있다. 그래서 배에 롤링(rolling, 좌우 흔들림) 현상이 나타나면 초대형 자이로가 앞뒤로 기울면서 배의 중심을 잡아 준다. 배의 중심축이 갑자기 기울면 롤링축을 중심으로 토크가 작용하여 더 이상의 롤링을 방지하는 것이다. 이 장치로 배의 피칭(pitching, 전후 흔들림)까지 바로잡을 수는 없지만, 대형 선박에서는 피칭이 크게 일어나지 않기 때문에 별 문제는 없다.

그림 4-4 선박용 수평 유지장치. 자이로스코프가 앞뒤로 흔들리면서 토크가 발생하여 배의 롤링을 방지한다.

4-5 회전 나침반

배에 사용되는 또 다른 장치 중에 '회전 나침반(gyrocompass)'이라는 것이 있다. 앞서 언급했던 방향 자이로는 북쪽에서 벗어나려고 하기 때문에 주기적으로 방향을 세팅해 줘야 하지만, 회전 나침반은 자동으로 북쪽을 찾는 장치이다. 게다가 회전 나침반은 자북(磁北, 지구 자기장의 북극)이 아닌 진북(眞北, 지구 자전축의 북쪽 끝)을 찾아내기 때문에 자석 나침반보다 유용하다. 회전 나침반은 다음과 같은 원리로 작동된다. 북극점 위에서 내려다보면, 지구는 반시계 방향으로 자전한다. 이제, 지구의 어딘가에(예를 들어 적도

상의 어딘가에) 자이로스코프를 장치해 둔다. 이때 자이로스코프의 회전축이 그림 4-5(a)와 같이 동서 방향을 가리키도록(적도면과 나란하도록) 조정해 놓았다고 하자. 그리고 자이로스코프는 아무런 마찰 없이 영구히 돌아가는 이상적인 장치라고 가정하자(기름 속에 공을 띄워 놓으면 마찰을 크게 줄일 수 있다. 아무튼 마찰은 고려하지 않기로 한다). 이로부터 여섯 시간이 지나면 자이로스코프는 여전히 같은 방향을 가리키고 있겠지만(마찰에 의한 토크가 없으므로), 적도 위에 서 있는 사람이 볼 때는 회전축이 서서히 돌아가서 그림 4-5(c)와 같이 수직 방향으로 일어선 것처럼 보일 것이다.

이 상황에서 그림 4-6과 같이 자이로스코프에 묵직한 추를 걸

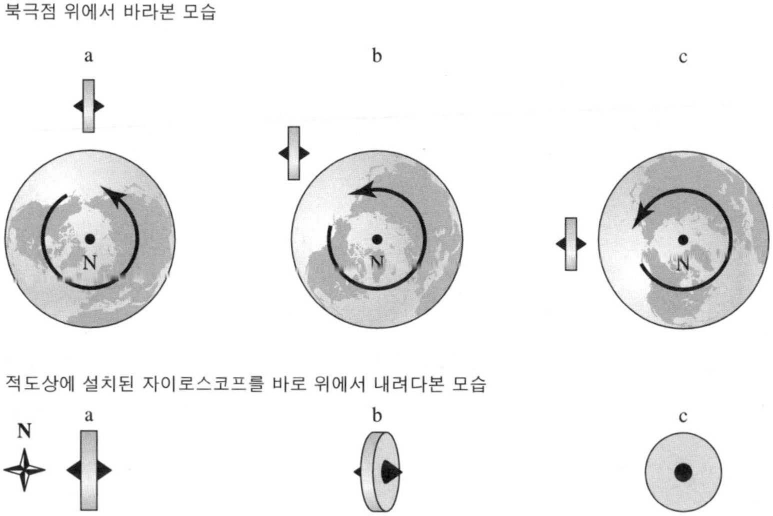

그림 4-5 마찰 없이 회전하는 자이로스코프는 지구의 자전에도 불구하고 항상 같은 방향을 향한다.

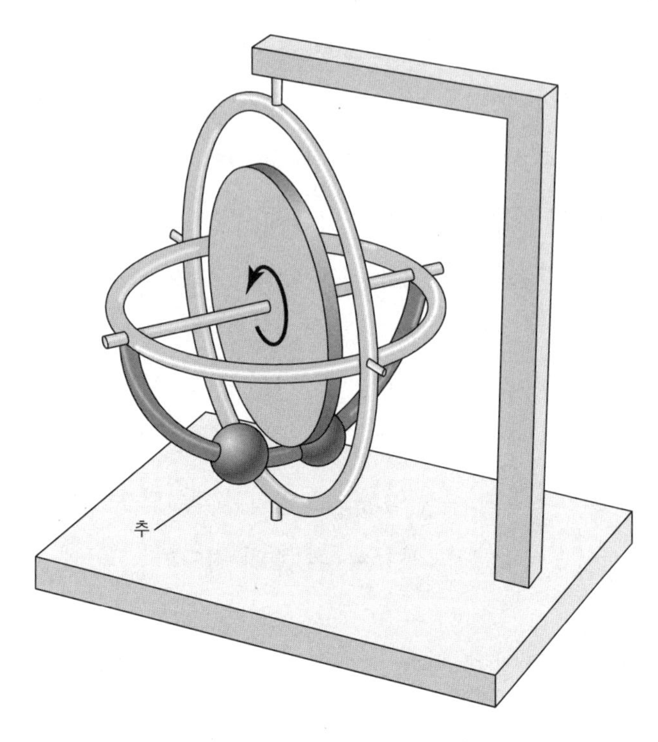

그림 4-6 자이로스코프에 무거운 추를 매달아 놓으면 회전축이 중력과 수직하게 유지된다.

어 놓으면 어떻게 될까? 자이로스코프의 회전축은 추의 영향을 받아 중력과 수직한 방향을 유지하려고 할 것이다.

지구가 자전하면 자이로스코프에 매달린 추는 위쪽으로 들려진다. 그러면 추는 당연히 원위치로 되돌아가려 할 것이고, 이 과정에서 지구의 자전과 나란한 방향으로 토크가 작용하여 자이로스코프가 뒤집어진다. 즉, 동서 방향을 향하고 있던 자이로스코프의 축이 그림 4-7과 같이 지구의 북극점을 향해 돌아가는 것이다.

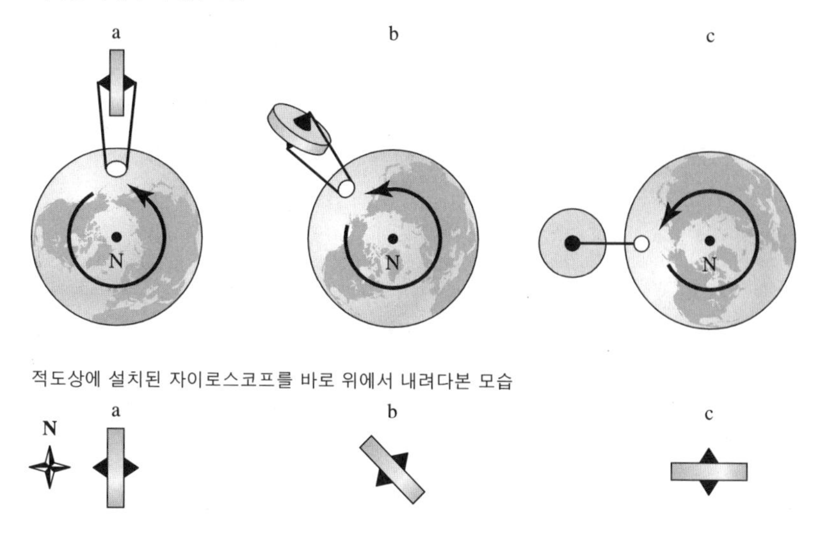

그림 4-7 자이로스코프에 추를 매달아 놓으면 자이로의 회전축은 지구의 자전축과 평행해진다.

초기에 자이로스코프의 회전축이 북쪽을 향하도록 세팅되었다면, 시간이 흘러도 그 상태가 유지될 것인가? 이것은 그림 4-8과 같은 상황인데, 보다시피 매달린 추가 자이로의 축을 중심으로 돌아가면서 항상 지구의 중심을 향하고 있기 때문에 토크가 발생하지 않는다. 따라서 이 경우에 자이로스코프의 축은 항상 북쪽을 향할 것이다.

이와 같이, 회전 나침반의 축이 지구의 북극점을 향하도록 세팅해 놓으면 시간이 흘러도 항상 같은 방향(북쪽)을 가리키게 된다. 만일 회전축이 동서 방향으로 조금 돌아갔다 해도 지구의 자전에 따른 추의 움직임에 의해 다시 북쪽으로 되돌아올 것이다. 그러므로

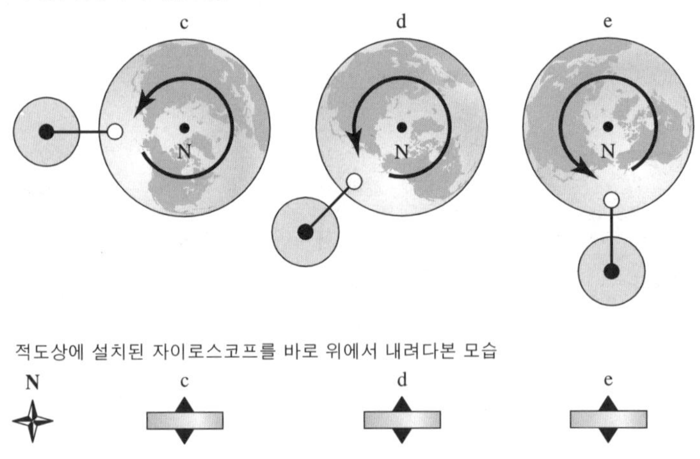

그림 4-8 회전 나침반의 축을 지구의 자전축과 평행하게 세팅해 놓으면 시간이 흘러도 방향이 변하지 않는다.

회전 나침반은 항상 북쪽을 가리키는 장치로 사용될 수 있다(그러나 실제 상황에서는 북쪽과 남쪽을 오락가락하기 때문에 약간의 제동 장치가 추가되어야 한다).

여기 회전 나침반 모형을 직접 갖고 왔으니 보기 바란다(그림 4-9 참조). 안타깝게도, 여기 달려 있는 자이로스코프는 모든 방향으로 자유롭게 돌지 못하고 단 두 개의 방향만을 선택할 수 있도록 되어 있다. 그러나 조금만 생각해 보면 지금까지 설명한 회전 나침반과 거의 동일하다는 것을 알 수 있다. 지구의 자전에 의한 효과를 확인하려면 지루하게 기다릴 필요 없이 그냥 돌리기만 하면 된다. 그리고 자이로에 감아 놓은 고무줄은 추의 역할을 대신하고 있다.

이 장치를 손으로 돌리면 자이로스코프가 한동안 세차 운동을 하다가 한 방향으로 고정되는데, 이것이 바로 '가상 지구'의 북극을 향하는 방향이다. 그러나 회전을 강제로 멈추면 베어링의 마찰 때문에 회전축이 이동하는 것을 볼 수 있다. 어떤 경우에도 마찰을 완벽하게 제거할 수는 없으므로, 모든 자이로스코프는 이런 식으로 조금씩 흔들릴 수밖에 없다.

그림 4-9 회전 나침반 모형을 앞에 놓고 강의에 열중하는 파인만 교수의 모습

4-6 개량된 자이로스코프

10년 전에 만들어진 최고 성능의 자이로스코프는 회전축의 유동 각도가 시간당 2~3°정도였으며, 관성 유도장치도 이 한계를 벗어나지 못했다. 당시에는 이보다 정확한 방향 탐지법이 개발되지 않았기 때문이다. 예를 들어, 여러분이 잠수함을 타고 10시간 동안 해저여행을 한다면 자이로스코프의 회전축이 정상에서 30°나 벗어나게 된다!(회전 나침반이나 인공 수평의는 중력이 방향을 잡아 주기 때문에 큰 문제는 없다. 그러나 자유롭게 돌아가는 방향 자이로는 시간이 많이 흐르면 심각한 오차가 나타난다)

관성 유도장치가 제대로 작동하려면 마찰력을 최소화시킨 고성능 자이로스코프가 장착되어야 한다. 그동안 공학자들은 연구에 연구를 거듭한 끝에 이 조건을 만족하는 자이로스코프를 개발하는 데 성공했다. 지금부터 고성능 자이로스코프의 특성과 일반적인 원리에 대해 알아보기로 하자.

우리가 지금까지 다뤘던 자이로스코프의 회전축은 두 개의 방향으로 돌아갈 수 있었다. 이것을 '자유도-2 자이로스코프'라고 한다. 만일 회전축이 돌아갈 수 있는 방향이 단 하나뿐이라면 다루기가 훨씬 수월할 것이다. 이것을 '자유도-1 자이로스코프'라 하는데, 대략적인 구조는 그림 4-10과 같다[제트추진연구소(Jet Propulsion Laboratory)의 스컬(Mr. Skull) 씨에게 이 자리를 빌어 감사드린다. 그는 그림 4-10이 담겨 있는 슬라이드 필름을 빌려 주었고, 지난 몇 년간 이 분야의 발전상을 자세하게 설명해 주었다].

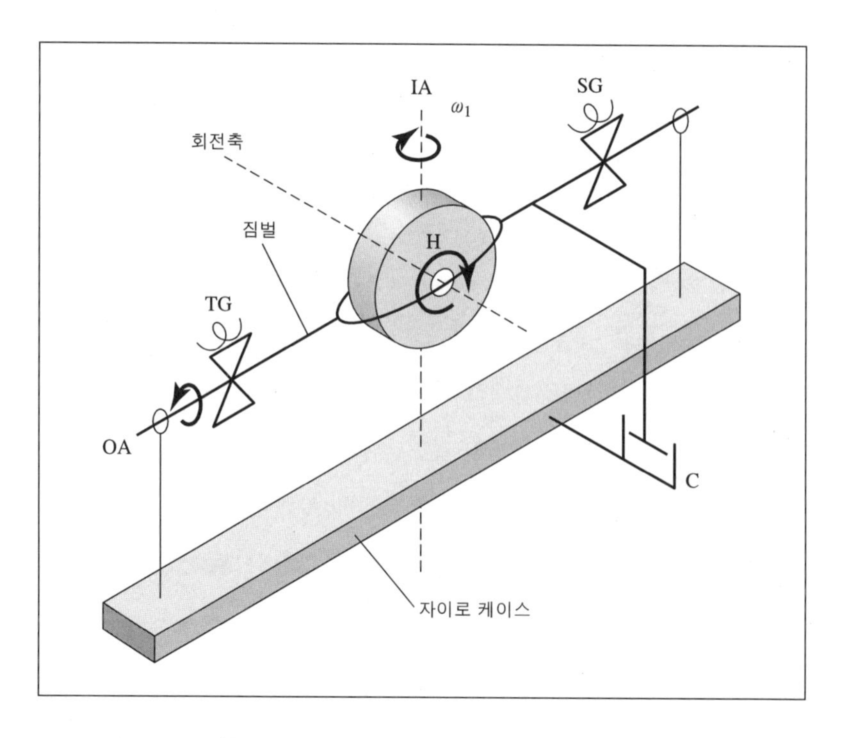

그림 4-10 자유도-1 자이로스코프의 개요도(원본 슬라이드와 동일한 그림)

자이로의 바퀴는 수평 방향축을 중심으로 회전하며(그림에서 '회전축'으로 표시된 부분), 이 축은 단 하나의 축(IA)을 중심으로 돌아갈 수 있게 되어 있다. 이렇게 되면 앞에서 다뤘던 자이로보다 움직임이 단순해져서 어딘가 성능이 떨어질 것 같지만, 사실 자유도-1짜리 자이로스코프는 여러 가지 면에서 매우 유용한 장비이다. 예를 들어, 이 자이로가 수직 입력축(vertical input axis, IA)을 중심으로 돌아갔다고 가정해 보자(이것은 자동차나 배가 진행 방향을 바꿀 때 나타나는 현상이다). 그러면 자이로의 바퀴는 수평 출력축

(horizontal output axis, OA)을 중심으로 회전하려는 경향을 보인다. 좀 더 정확하게 말하자면, OA축을 중심으로 토크가 생성된다는 뜻이다. 이 토크에 저항하는 힘이 전혀 없다면, 자이로의 바퀴는 OA축을 중심으로 돌아갈 것이다. 이때 바퀴의 돌아간 각도를 감지하는 신호 발생기(signal generator, SG)를 장착해 두면, 이로부터 선체가 돌아가고 있음을 확인할 수 있다.

그런데 이 장치를 설계할 때는 몇 가지 고려해야 할 사항이 있다. 가장 조심해야 할 부분은 출력축에 걸린 토크에 의해 입력축이 회전하는 정도를 매우 정확하게 감지해야 한다는 것이다. 또한 출력축에 걸리는 그 외의 토크들은 부수적인 효과이므로 정확도를 높이기 위해서는 모두 무시되어야 한다. 여기서 가장 큰 문제는 자이로 바퀴의 무게가 출력축에 걸린 부분에서 불규칙한 마찰력이 생성된다는 점이다.

그러므로 자이로스코프의 성능을 개선하려면 자이로의 바퀴를 원통 속에 가두고, 이 원통을 오일 속에 띄워 놓아야 한다. 이렇게 하면 원통은 중심축에 대하여 자유롭게 돌아갈 수 있다(그림 4-11에서 볼 수 있듯이, 원통의 중심축은 출력축과 일치한다). 이때 원통과 바퀴, 그리고 원통 내부의 공기의 무게는 이들이 밀어낸 오일의 무게와 정확하게 같아야 한다. 그래야 오일 속에서 가라앉거나 떠오르지 않고 평형을 유지할 수 있기 때문이다. 이렇게 하면 연결 부위에 걸리는 무게가 작아져서, 이 부분에 손목시계용 초소형 보석베어링을 사용할 수 있다. 보석베어링에는 옆쪽으로 힘이 가해지지만 크

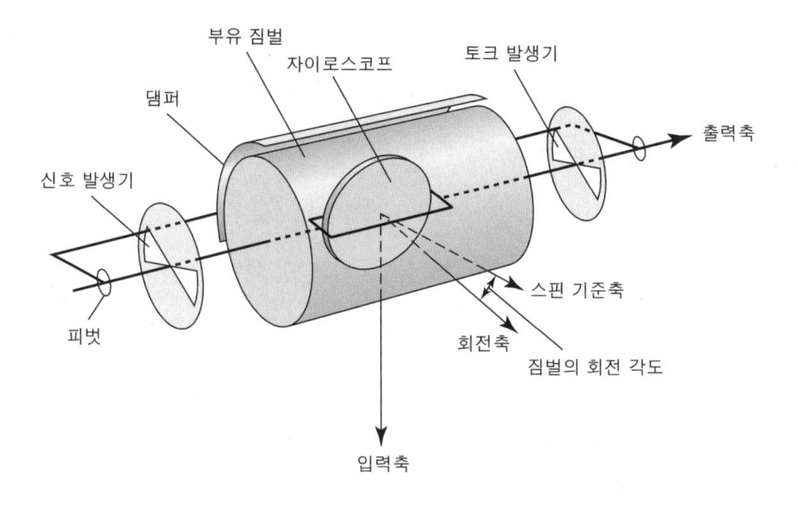

그림 4-11 자유도-1 자이로스코프의 구체적인 구조(원본 슬라이드와 동일한 그림)

기가 약하기 때문에 마찰이 거의 발생하지 않는다. 이것이 바로 '개량된 자이로스코프'의 전형이다. 자이로의 바퀴를 원통으로 싸서 오일 속에 띄우고, 축과 닿는 부분(피벗)에 보석베어링을 설치하여 마찰을 줄이면 된다.

그 다음으로 개선해야 할 점은 자이로스코프가 과도한 힘을 발휘하지 않도록 조절하는 것이다. 이 점에 관하여 지금까지 언급된 내용은 자이로의 바퀴가 출력축에서 벗어난다는 것과 벗어나는 정도를 측정하는 방법이었다. 지금부터는 입력축에 대한 회전 효과를 측정하는 방법에 대해 알아보기로 한다(그림 4-10, 4-11 참조). 여기, 아주 세밀하게 만들어진 기계장치가 하나 있다. 여기에 정확한 양의 전류를 흘려 주면 출력축에 일정량의 토크가 발생하도록 되어 있다. 이 장치를 '전자기 토크 발생장치'라 부르기로 하자. 이제 신호 발생기와 전자기 토크 발생장치 사이에 엄청난 증폭기를 설치하여 피드백(feedback, 출력 신호의 일부를 입력으로 돌려보내는 조작) 회로를 구성하면, 선체가 입력축을 중심으로 돌아갔을 때(기울어졌을 때) 자이로 바퀴가 출력축을 중심으로 회전하게 되고, 곧바로 신호 발생기는 "이봐! 배가 기울고 있어!"라는 경고를 날린다. 그러면 토크 발생장치가 출력축에 토크를 발생시키고, 이 토크는 자이로 바퀴가 만들어 낸 토크와 상쇄된다. 배의 중심을 잡으려면 얼마나 강하게 붙잡아야 할까? 이것은 토크 발생장치에 공급되는 전력으로부터 알 수 있다. 또는 균형을 이루는 데 필요한 토크를 측정하면 자이로 바퀴에 의해 생성되는 토크를 알 수 있다. 이러한 피드백 원리는 자이로스코프를 설계하는 데 매우 중요한 요소이다.

피드백의 또 다른 예로, 그림 4-12와 같은 장치를 생각해 보자.

그림에서 보다시피 수평 플랫폼에 조그만 원통이 놓여 있고, 그 안에는 자이로스코프가 들어 있다(지금 당장은 가속장치를 무시해도 상관없다. 우리의 주된 관심은 자이로스코프이다). 이전의 경우와는 달리 자이로의 회전축(SRA)은 수직 방향이지만, 출력축(OA)은 여전히 수평 방향으로 놓여 있다. 이 장치를 탑재한 비행기가 그림 4-12의 '전진 운동' 방향으로 비행 중이라면, 입력축은 비행기의 상하 진동축(pitch axis)과 일치한다. 따라서 비행기가 위아래로 진동하면 자이로 바퀴는 출력축을 중심으로 세차 운동을 하게 되고, 신호 발생기는 모종의 신호를 만들어 낼 것이다. 그러나 이 피드백

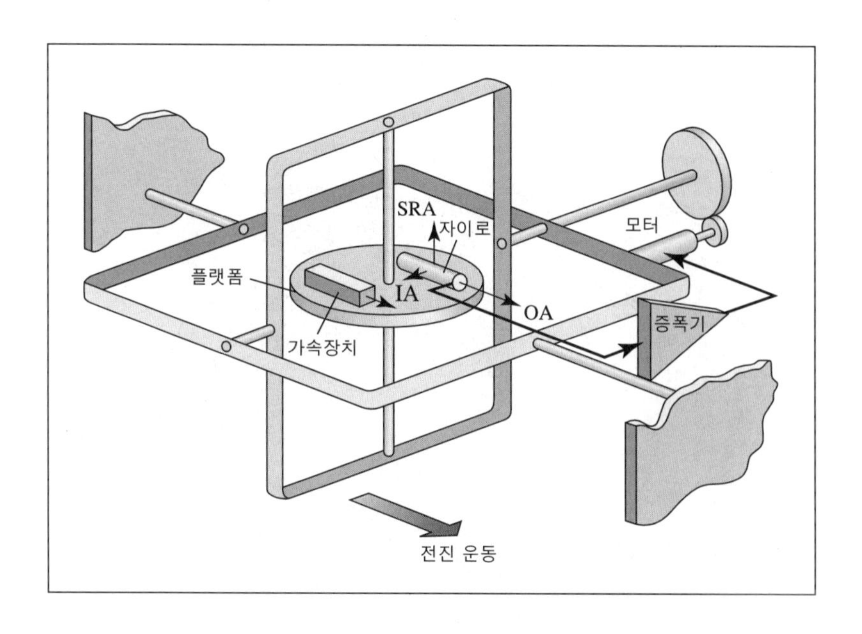

그림 4-12 자유도-1의 안정된 플랫폼(원본 슬라이드와 동일한 그림)

은 토크를 발생시켜서 비행기를 바로잡는 식으로 작동하지 않는다. 일단 비행기가 상하 진동축을 중심으로 회전하기 시작하면 자이로스코프를 떠받치고 있는 프레임 자체가 반대쪽으로 회전하면서 유동을 상쇄시키는 것이다. 다시 말해서, 피드백을 통해 플랫폼을 안정하게 유지한다는 뜻이다. 이렇게 하면 자이로스코프는 움직일 필요가 없기 때문에, 신호 발생기의 출력을 측정하여 그에 상응하는 토크를 발생시키는 등의 번거로운 과정을 거치지 않고서도 비행기의 수평을 유지할 수 있다. 또한 플랫폼이 돌아가지 않고 자이로스코프 축의 방향이 변하지도 않는다. 그저 비행기의 바닥과 플랫폼

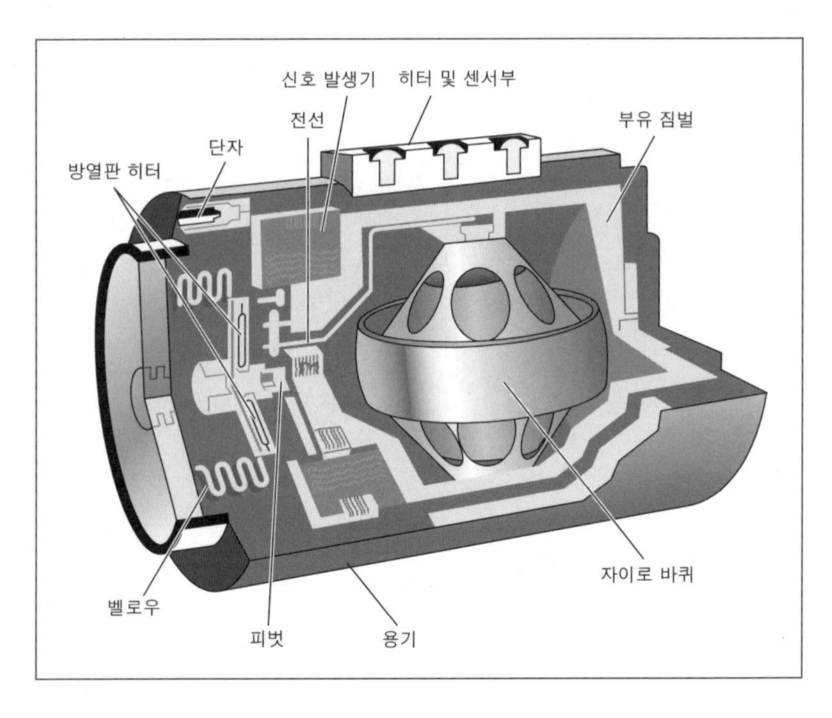

그림 4-13 자유도가 1인 실제 자이로스코프의 단면도(원본 슬라이드와 동일한 그림)

사이의 각도를 비교하기만 하면 앞뒤로 기울어진 각도를 확인할 수 있다.

그림 4-13은 실제로 사용되는 자유도-1 자이로스코프의 단면도이다. 그림상으로는 자이로스코프의 바퀴가 매우 큰 것처럼 보이지만, 사실 이 장비는 한 손으로 잡을 수 있을 정도로 작다. 자이로 바퀴는 용기 안에 들어 있고, 용기는 소량의 오일 속에 떠 있는 상태이다. 장비가 이렇게 작기 때문에, 양 끝에 있는 보석베어링에 별도의 무게를 추가할 필요가 없다. 자이로 바퀴는 잠시도 쉬지 않고

돌아가며, 이와 함께 돌아가는 베어링은 어느 정도 마찰을 일으켜도 상관없다. 엔진에 의해 구동되는 소형 모터가 자이로의 바퀴를 돌려 주기 때문이다. 이 장치에는 용기의 미세한 움직임을 감지하는 자기 코일이 장착되어 있는데, 여기서 만들어진 피드백 신호는 출력축 주변에 토크를 생성하거나, 자이로가 고정되어 있는 플랫폼을 입력축을 중심으로 회전시키는 데 사용된다.

그런데 이 장치를 제작하는 데에는 기술적인 어려움이 있다. 모터의 파워만으로 자이로 바퀴를 돌리려면, 이와 관련된 부속장비들이 돌아가는 소형 용기 내부에 모두 들어가야 한다. 이렇게 되면 전선 가닥이 용기의 내벽과 접촉할 수밖에 없고, 여기서 발생하는 마찰 때문에 원래의 성능을 발휘하기가 어려워진다. 이 문제는 다음과 같은 방법으로 해결할 수 있다. 세밀하게 제작된 반원형 용수철 네 개를 그림 4-14와 같은 방식으로 용기에 연결한다. 이 용수철은 시계에 사용하는 초정밀 용수철로서, 용기가 정확하게 원위치로 돌아왔을 때 토크가 걸리지 않도록 조절되어 있다. 즉, 용수철은 용기가 원래 위치에서 조금이라도 벗어나면 토크가 발생하도록 만들어 주는 장치이다. 그런데 용수철의 변형과 힘 사이의 관계는 이미 알려져 있으므로 이로부터 토크를 알아낼 수 있고, 이 정보를 피드백 회로에 전송하면 필요한 보정을 가할 수 있다.

캔과 오일 사이에도 마찰이 작용하기 때문에, 용기가 회전하면 출력축을 중심으로 토크가 작용한다. 그러나 액체 오일에 대한 마찰력 법칙도 매우 정확하게 알려져 있다. 이 법칙에 의하면, 마찰에 의

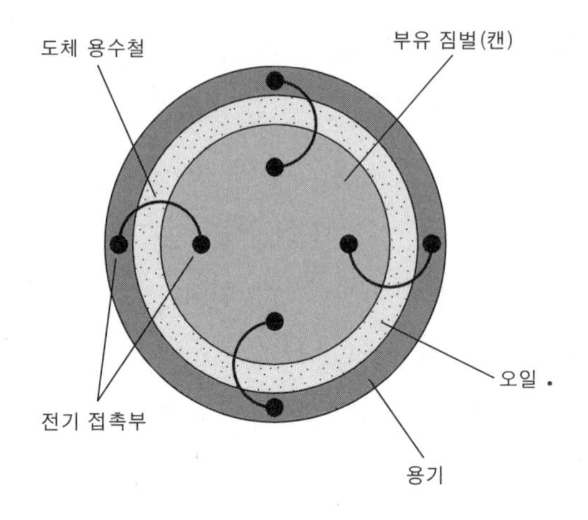

그림 4-14 용기와 부유 짐벌이 전기적으로 연결된 자유도-1 자이로스코프

한 토크의 크기는 용기의 회전 속도에 비례한다. 따라서 이 효과는 용수철의 경우와 마찬가지로 피드백 회로를 통해 보정될 수 있다.

이런 종류의 기계장치를 제작할 때 가장 크게 신경 써야 할 점은 '모든 부품을 완벽하게 만드는 것'보다 '각 부품들이 정확하게 작동하도록' 만들어야 한다는 것이다.

이 장치는 정교하게 만들어진 2륜 경마차(one-horse shay)와 비슷하다.[2] 모든 것은 현대과학이 허용하는 한도 내에서 최대한 정

---

2) 올리버 웬델 홈스(Oliver Wendell Holmes)의 시 <집사의 명작 : 논리적 이야기(The Deacon's Masterpiece or The Wonderful "One-Hoss Shay" : A Logical Story)>에는 이상적으로 만들어진 경주용 마차에 관한 이야기가 등장한다. 이 마차는 100년 동안 잘 달리다가 한순간에 먼지로 사라졌다.

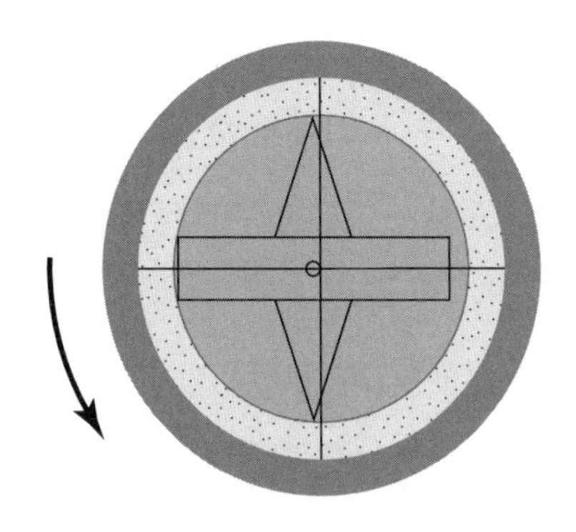

그림 4-15 자유도-1 자이로스코프에서 부유 짐벌의 균형이 맞지 않으면 출력축을 중심으로 원치 않는 토크가 발생하게 된다.

교하게 만들어져 있지만, 이상적인 성능을 발휘하려면 아직도 많은 부분이 개선되어야 한다. 그중에서도 가장 큰 문제는 다음과 같다. "자이로 바퀴의 축이 그림 4-15처럼 캔의 중심에서 벗어나면 어떤 일이 벌어질 것인가?" 이런 경우에는 캔의 무게 중심이 출력축과 일치하지 않기 때문에, 바퀴가 회전함에 따라 원치 않는 토크가 발생하게 된다.

이 문제를 어떻게 해결해야 할까? 가장 먼저 할 일은 용기에 조그만 구멍을 뚫거나 부분적으로 무게를 첨가하는 것이다. 이 상태에서 자이로 바퀴가 돌아갈 때 축이 이탈되는 정도를 정밀하게 측정하여 첨가된 무게나 구멍의 위치를 조절한다. 여러분이 손수 제작한 장치에 이 방법을 적용하여 보정을 했는데도 회전축이 중심에서 벗어난다면, 피드백 회로를 이용하여 보정할 수 있다(이것은 항상 가능하다). 그러나 이탈되는 정도가 불규칙하다는 것이 문제이다. 자이로스코프가 2~3시간 동안 쉬지 않고 돌아가면 축의 베어링이 마모되기 때문에 무게 중심이 이동할 수밖에 없고, 이동 방향도 거의 무작위로 나타난다.

현재 각 분야에서 사용되고 있는 자이로스코프의 성능은 10년 전과 비교할 때 100배 이상 향상되었다. 가장 우수한 자이로스코프는 1시간 동안 회전했을 때 1/100° 이상 이탈되지 않는다. 그림 4-13에 나와 있는 자이로스코프가 이 정도의 성능을 갖고 있다면, 자이로 바퀴의 무게 중심은 원래의 위치에서 천만분의 1인치 이상 벗어나지 않는다! 이 정도면 상당히 정확하다고 할 수 있지만, 용도에 따라서는 '이탈 거리 = 원자 크기의 20배 이내'를 요구하는 장치도 있다. 즉, 베어링이 마모되는 정도에 따라 장치의 성능이 좌우되는 것이다. 마모되지 않는 베어링을 개발하는 것은 지금도 여전히 중요한 문제로 남아 있다.

4-7 가속도계

지금까지 설명한 기계장치들은 중력장 하에서 위-아래를 판별하는 데 유용하게 사용되고 있지만, '특정 축에 대하여 무언가가 돌아가지 않도록' 방지하는 데 사용될 수도 있다. 예를 들어, 이러한 장치 세 개를 세 개의 축방향(x, y, z)으로 세팅해 놓으면(물론 짐벌을 비롯한 모든 부수 장비들도 적절하게 세팅되었다면) 특정 물체를 '완전한 정지 상태'로 유지시킬 수 있다. 비행기에 이와 같은 장비를 장착하면 어지럽게 날아가는 와중에도 특정 플랫폼을 처음 상태로 완벽하게 유지할 수 있으며, 이로부터 동서남북과 상하를 정확하게 판단할 수 있다. 그러나 이것만으로 항해와 관련된 모든 문제가 해결되는 것은 아니다. 지금 내가 탄 비행기는 오른쪽으로 20° 기울어진 채 남남서 방향으로 날아가고 있다. 여기까지는 모든 것이 OK다. 그런데 지금 이 비행기는 대체 어디를 날고 있는가? 출발점에서 어느 방향으로 얼마나 먼 거리를 날아왔는가? 이것은 현재의 비행(또는 항해) 상태 못지않게 중요한 정보이다.

비행기 안에서는 비행기의 속도를 알 수 없으므로 비행 거리도 알 수 없지만(이 비행기에는 앞에서 설명한 자유도-1 자이로스코프만 장착되어 있다), 비행기가 '얼마나 빠르게 가속되고 있는지'는 알 수 있다. 이륙하기 전에 비행기는 위치=0, 가속도=0인 상태였다. 이제 비행기가 이륙하려면 가속 운동을 해야 하고, 일단 가속 운동이 시작되면 가속도를 측정할 수 있다. 그리고 계산기를 이용하여 가속도를 비행 시간에 대해 적분하면 속도를 알 수 있고, 속도를 다시 시간으로 적분하면 비행기의 위치를 알 수 있다. 따라서 비행기나 선박의 현재 위치를 측정한다는 것은 가속도를 측정하는 것과 같은 의미이다. 가속도를 두 번 적분하면 위치가 얻어지기 때문이다.

그렇다면 가속도를 어떻게 알 수 있을까? 방법은 간단하다. 가속도계를 사용하면 된다. 이 장치의 대략적인 구조는 그림 4-16과 같다. 여기서 가장 중요한 부분은 댐퍼(damper)와 용수철에 연결되

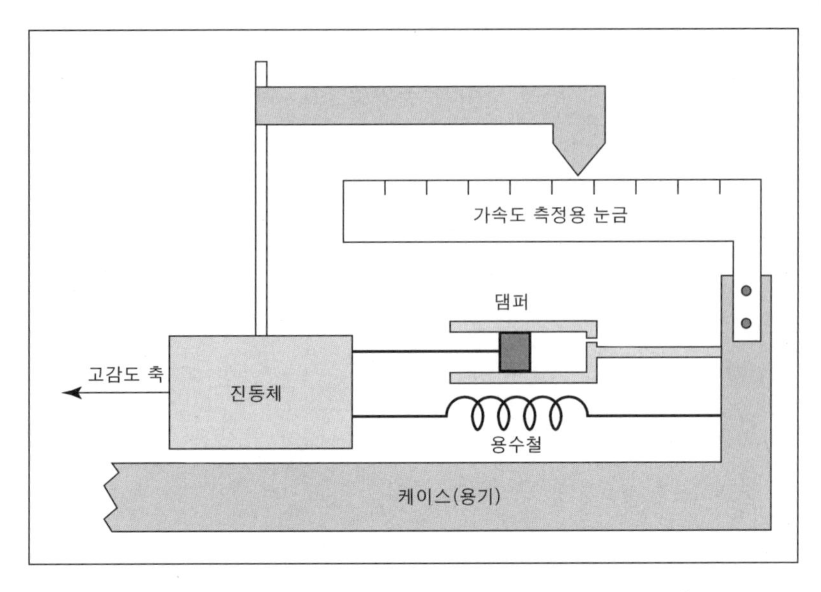

그림 4-16 간단한 가속도계의 구조(원본 슬라이드와 동일한 그림)

어 있는 물체의 무게이다[그림에서 '진동체(seismic mass)'에 해당함]. 용수철은 진동체를 어느 정도 제자리에 잡아 두는 역할을 하며, 댐퍼는 진동을 방지하기 위해 달아 둔 것이다. 이들의 구체적인 작동 방식은 우리의 관심사가 아니므로 생략한다. 이제, 이 장치가 그림에 표시된 화살표 방향(왼쪽)을 향해 통째로 가속되고 있다면, 진동체는 뒤쪽(오른쪽)으로 움직이기 시작할 것이다. 이때 적절한 위치에 눈금자를 설치해 두면 진동체의 이동 거리를 알 수 있고, 이로부터 가속도의 크기를 알 수 있으며, 가속도를 두 번 적분하면 현재 위치(출발 지점에서 현재 위치 사이의 거리)를 알 수 있다. 그런데 진동체의 위치 측정이 정확하게 이루어지지 않으면 가속도에 오차

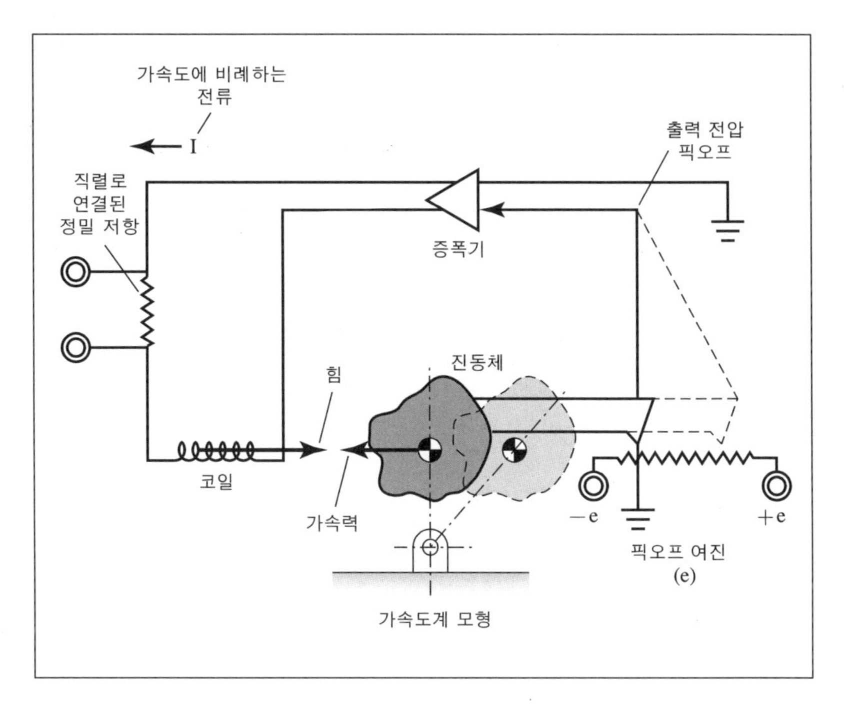

그림 4-17 피드백을 이용한 가속도계의 개요도(원본 슬라이드와 동일한 그림)

가 생기고, 두 차례의 적분 과정을 거치면서 오차가 더욱 확대되어, '계수기에 나타난' 비행기의 현재 위치와 실제의 위치 사이에 심각한 차이가 나타나게 된다. 이런 일을 방지하려면 진동체의 위치를 가능한 한 정확하게 측정하는 수밖에 없다.

앞에서 설명했던 피드백 장치를 이용하면 이 문제를 해결할 수 있다. 대략적인 구조는 그림 4-17과 같다. 이 장치가 가속되면 진동체가 움직이고, 이 운동은 '이동 거리에 비례하는 전압'을 신호 발생기에 유도한다. 그러면 회로는 전압을 측정하는 대신 증폭기를 통

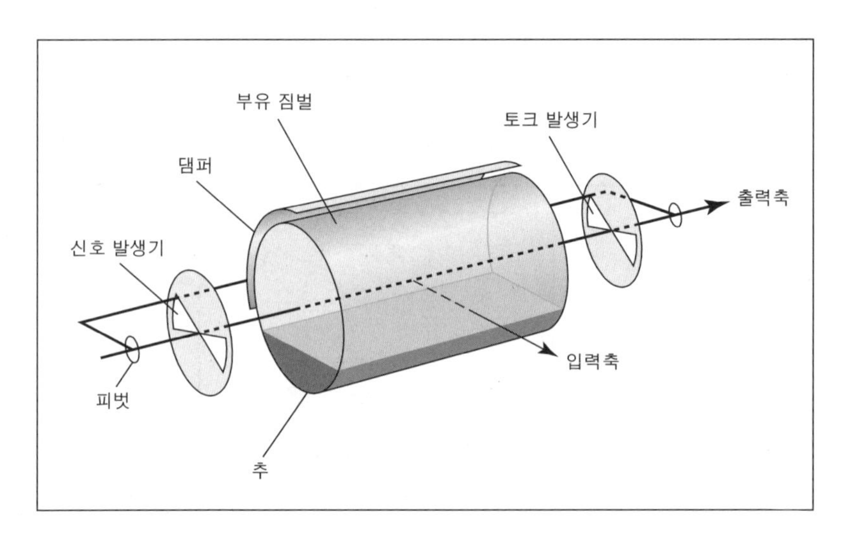

그림 4-18 피드백 토크와 부유 짐벌을 이용한 가속도계의 개요도(원본 슬라이드와 동일한 그림)

해 신호를 피드백함으로써 진동체를 원래의 위치로 잡아당기는 힘을 유발시키는데, 이때 진동체가 움직이지 않도록 붙잡아 두는 데 필요한 힘을 측정한다. 다시 말해서, 진동체가 이동한 거리 자체를 측정하는 것이 아니라, 진동체가 움직이지 않도록 만드는 데 필요한 힘을 측정한 후 $\boldsymbol{F}=m\boldsymbol{a}$로부터 가속도를 알아내는 것이다.

이 장치를 현실적으로 구현한 모습은 그림 4-18과 같다. 그리고 그림 4-19는 실제 사용되고 있는 가속도계의 단면도이다. 그림에서 보다시피, 용기의 내부가 비어 있다는 점만 빼면 그림 4-11이나 4-13과 매우 비슷하다. 용기의 내부에는 자이로스코프 대신 묵직한 추[웨이트(weight)]가 아랫부분에 부착되어 있다. 용기 전체는

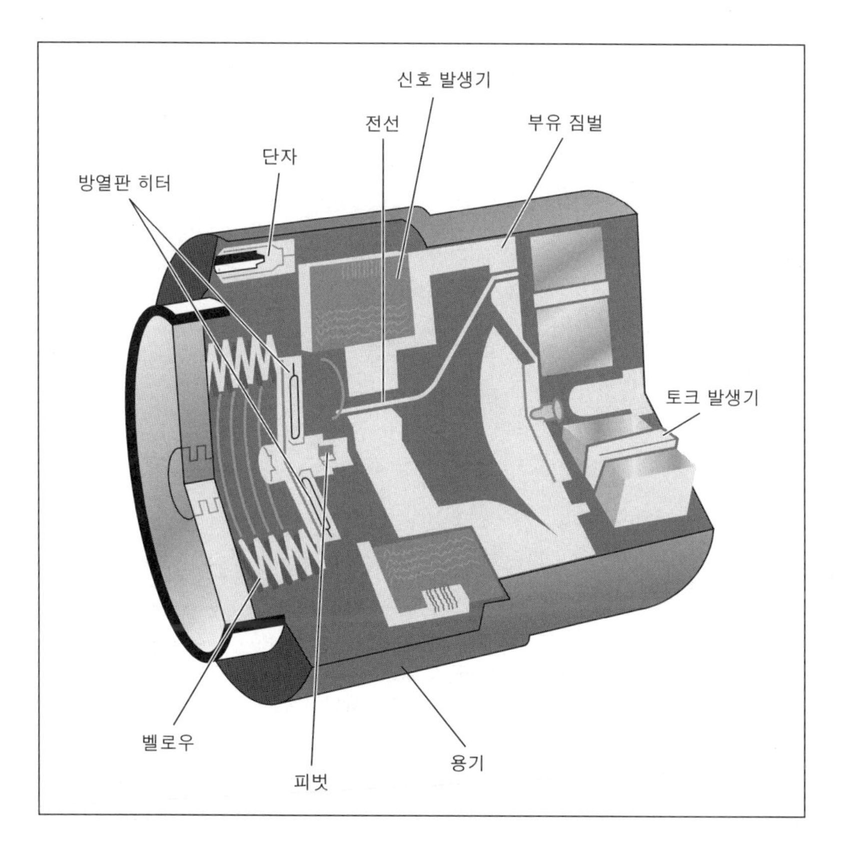

그림 4-19 부유 짐벌을 이용한 가속도계의 단면도(원본 슬라이드와 동일한 그림)

오일 속에 떠 있는 상태로 균형을 유지하고 있으며, 추가 달린 쪽이 아래를 향하고 있다.

이 장치는 용기의 축과 수직한 방향으로 가속도를 측정하는 데 사용된다. 일단 이 방향으로 가속 운동이 일어나면 추가 뒤쪽으로 처지고 용기의 측면을 타고 올라가면서 피벗을 활성화시킨다. 그러

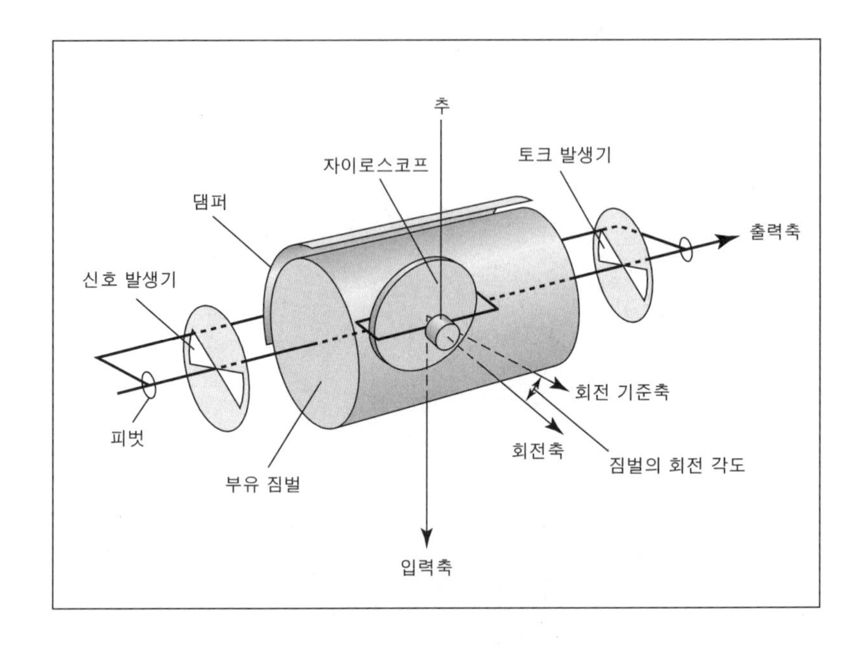

그림 4-20 가속도계에 사용되는 자유도-1 적분형 자이로스코프의 개요도. 짐벌의 회전각이 속도를 나타낸다(원본 슬라이드와 동일한 그림).

면 신호 발생기는 즉각적으로 토크 발생기의 코일에 신호를 전달하여 용기를 원래의 위치로 되돌린다. 이전과 마찬가지로, 장치가 흔들리지 않도록 붙잡아두는 데 필요한 힘을 측정하여 가속도를 유추하는 것이다.

가속도를 측정하는 장비들 중에서 한 단계 적분을 자동으로 수행하는 가속도계가 있다. 그림 4-20에 나와 있는 이 장비는 스핀축의 한쪽 면에 추(pendulous mass)가 달려 있다는 것만 제외하면 그림 4-11과 거의 동일하다. 이 장치가 위쪽으로 가속되면 자이로스코프에 토크가 생성되는데, 이 점은 앞에서 다뤘던 장치들과 별반 다를 것이 없다. 가속 운동이 일어나면 용기 자체가 돌아가는 것이 아니라 토크가 발생한다. 신호 발생기와 토크 발생기를 비롯한 그 외의 모든 부품들은 앞에서 설명했던 장치들과 동일하며, 피드백은 출력축을 중심으로 용기를 원위치로 '비트는 데' 사용된다. 용기의 균형을 유지하려면 추에 위쪽으로 작용하는 힘이 가속도에 비례해야 한다. 그런데 이 힘은 '용기가 비틀어지는 각속도'에 비례하므로 결국 용기의 각속도는 가속도에 비례하게 된다. 즉, 용기의 돌아간 각도가 '속도'에 비례한다는 뜻이다. 따라서 용기의 돌아간 각도를 측정하면 속도를 알 수 있으므로 한 단계의 적분이 자동으로 수행된 셈이다(그렇다고 해서 이 장비가 앞에서 말한 가속도계보다 성능이 뛰어나다는 뜻은 아니다. 장비의 전체적인 성능은 세부 디자인과 정밀도에 따라 크게 달라진다).

4-8 내비게이션 장비

지금까지 말한 장비들을 그림 4-21과 같이 '한꺼번에' 설치하면 완벽한 내비게이션 시스템을 구성할 수 있다. 세 개의 소형 실린더(G_x, G_y, G_z)에는 자이로스코프가 들어 있는데, 이들의 축은 서로 수직한 방향으로 세팅되어 있다. 그리고 세 개의 사각형 상자(A_x, A_y, A_z)에는 가속도계가 들어 있다. 여기 장착된 자이로스코프와 피드백 회로들은 장비 전체를 떠받치고 있는 지지대(플랫폼)를

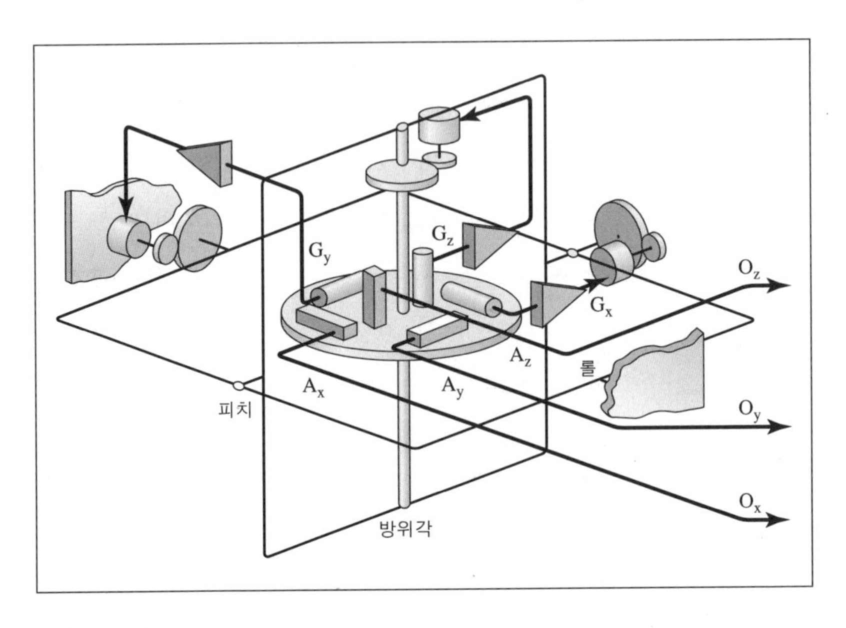

그림 4-21 세 개의 자이로스코프와 세 개의 가속도계가 결합된 내비게이션 시스템(원본 슬라이드와 동일한 그림)

'절대 정지 상태'로 유지시키는 역할을 한다. 그래서 비행기나 선박이 아무리 흔들려도[전후요동(피칭), 좌우요동(롤링), 복합요동(요잉) 등] 한 번 수평으로 세팅해 놓은 지지대는 절대로 기울어지지 않는다. 이것은 가속도를 측정하는 장비가 반드시 갖춰야 할 조건이다. 현재 눈금에 나타난 가속도가 어느 방향으로 측정된 값인지를 알아야 하기 때문이다. 만일 방향 탐지장치에 이상이 생겨서 가속도의 방향을 잘못 알아냈다면 비행기는 엉뚱한 방향으로 날아가게 될 것이다. 그러므로 가속도계가 제 성능을 발휘하려면 처음에 세팅한 방향을 끝까지 유지해야 한다.

가속도계 x, y, z에서 생성된 출력은 회로로 전달되고, 여기서 각 방향으로 두 번의 적분을 거쳐 이동 거리를 계산한다. 따라서 비행기가 (이미 알고 있는) 출발점에서 정지 상태로부터 출발했다면, 원하는 시간에 비행기의 현재 위치를 알 수 있다. 또한 지지대는 출발 당시와 동일한 방향을 가리키고 있으므로 매 순간마다 비행기의 진행 방향도 알 수 있다. 여기까지는 일반적으로 적용되는 아이디어이다. 그러나 이 장치에는 몇 가지 미묘한 특성이 숨어 있다.

우선 첫째로, 가속도의 측정값에 100만분의 1정도 오차가 포함되었을 때 어떤 결과가 초래되는지 알아보자. 우리는 지금 로켓에 타고 있고, 필요한 가속도는 10g라고 가정하자[1g는 9.8m/s^2(중력가속도)이다]. 일반적으로 10g의 가속도를 측정할 수 있는 장치라면 $10^{-5}g$단위의 오차를 감지하는 것은 거의 불가능하다. 그러나 $10^{-5}g$의 오차가 수반된 가속도를 1시간의 시간 간격에 대하여 두 번 적분하면 0.5km 이상의 오차가 나타나게 된다. 적분 구간이 10시간이라면 거리상의 오차는 무려 50km로 증가한다. 따라서 이런 장치로는 목적지를 정확하게 찾아갈 수 없다. 로켓의 경우에는 처음 잠시 동안 가속 운동을 하다가 나중에는 추진을 멈추고 등속 운동을 하기 때문에 큰 지장이 없지만, 비행기나 선박에 이런 장치를 탑재했다면 일상적인 자이로스코프의 경우처럼 수시로 방향을 리셋(reset)해 주어야 한다. 이때 정확한 방향은 별이나 태양의 위치를 참고하면 된다. 그런데 하늘을 볼 수 없는 잠수함에서 장비를 리셋시켜야 한다면, 정확한 방위를 어떻게 알 수 있을까?

해저지도를 갖고 있다면 주변 지형으로부터 방위를 알아낼 수도 있을 것이다. 그러나 이런 지도마저 없을 때도 방법은 있다. '지구는 둥글다'는 사실을 이용하면 된다. 출발점(또는 기준점)으로부터 특정 방향으로 이동해 온 거리를 알고 있다면(예를 들어, 100km 이동해 왔다면), 중력은 이전과 다른 방향으로 작용할 것이다. 그런데 장비의 지지대를 정확하게 수평으로 유지하지 못했다면 가속도계의 측정값은 사실과 다를 것이다. 이런 경우에 우리가 할 일은 다음과 같다. 우선, 출발 시에 지지대를 완벽한 수평으로 세팅해 놓는다. 그리고 수평으로 100km 이동해 왔을 때 지구의 중력 방향이 얼마나 달라졌는지를 계산하여 그 각도만큼 지지대를 돌려놓는 것이다. 이 방법은 매우 간편하면서도 시간을 크게 절약해 주는 효과가 있다!

여기에 오차가 있으면 어떻게 될지 생각해 보자. 이 장비를 방안에 들여놓았다면 전혀 움직이지 않을 것이다. 그런데 성능이 신통치 않아서 얼마 후부터 수평에서 벗어나 그림 4-22의 a처럼 기울었다고 가정해 보자. 그러면 가속도계의 추는 원래의 위치에서 벗어날 것이고, 그 결과 방 전체가 그림의 b위치를 향해 가속되고 있다고 판단할 것이다. 따라서 이 기계는 지지대를 수평으로 되돌리기 위해 애를 쓸 것이고, 지지대가 수평으로 돌아오면 더 이상 가속되지 않는다고 판단할 것이다. 그러나 일단 가속도가 감지되었기 때문에 기계는 방 전체가 특정 방향을 향해 등속 운동을 하는 것으로 판단한다. 따라서 지지대는 수평을 유지하기 위해 서서히 돌아갈 것이고,

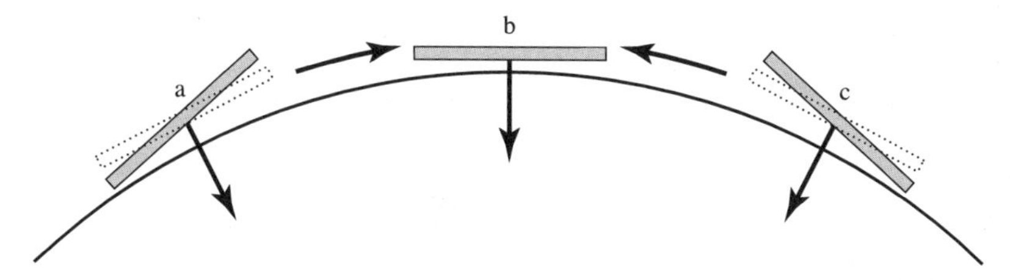

그림 4-22 중력을 이용하면 지지대의 수평을 안정적으로 유지할 수 있다.

그 결과 그림 4-22의 c처럼 이전과 반대 방향으로 기울어진다. 이렇게 되면 가속 운동이 전혀 없음에도 불구하고 가속도계는 이전과 반대 방향으로 가속되고 있다고 판단할 것이다. 이런 과정이 반복되다 보면 가속도계는 방 전체가 미세한 진동을 겪고 있는 것으로 판단하게 되고, 오차는 계속해서 누적될 것이다. 이 현상과 관련된 모든 각도와 회전을 고려하여 계산해 보면, 한 번 왕복하는 데 걸리는 시간은 약 84분임을 알 수 있다. 따라서 이 장치는 84분 동안만 제대로 작동하면 된다. 이 시간이 지나면 스스로 수평을 찾아갈 것이기 때문이다. 이 과정은 자석 나침반을 기준 삼아 비행기의 자이로 나침반을 수시로 보정하는 것과 비슷하다. 단, 이 경우에는 인공 수평의처럼 자기력이 아닌 중력을 기준으로 보정이 가해진다.

잠수함에서 북쪽을 알려 주는 방위계(azimuth device)도 이와 비슷한 원리로 작동되는 장치로서, 장시간 동안 평균을 산출하여 가끔씩 보정해 주면 정확한 방위를 유지할 수 있다. 자이로 나침반으로는 방위각을 보정하고, 중력으로 가속도계를 보정하면 오차가 누적되는 시간은 30분～1시간에 불과하다.

핵잠수함 노틸러스호에는 이러한 형태의 초대형 장비가 세 개나 탑재되어 있었다. 각 장비에는 천장에 매달린 거대한 구(sphere)가 드리워져 있었으며, 이들은 모두 독립적으로 작동되었으므로 셋 중 하나가 고장을 일으키거나 오작동을 일으키면 항해사는 가장 잘 맞는 두 개를 골라 항로를 결정하곤 했다(누구인지는 몰라도 꽤나 골치 아팠을 것이다!). 사실, 세 개의 장치들은 성능이 제각각이었다. 이토록 예민한 기계를 동일한 성능으로 제작한다는 것은 애초부터 불가능했기 때문이다. 그래서 항해사는 '다수결의 원칙'에 의해 정상에서 가장 크게 벗어난 하나를 골라내어 보정을 가하곤 했다.

나사(NASA)의 제트추진연구소(JPL)에는 이와 비슷한 유형의 장비들을 연구하는 부서가 따로 있는데, 장비를 테스트하는 방법이 참으로 흥미롭다. "나는 배멀미를 하기 때문에 그 연구소에는 못 갈 거야"라고 생각한다면 큰 오산이다. 그들은 '자전하는 지구' 위에서 모든 실험을 하고 있다! 장비가 충분히 예민하다면 지구의 자전 효과에 의해 자이로스코프가 돌아가면서 중심축이 어긋나는 등 오차의 원인이 발생할 것이다. 이때 어긋난 정도를 측정하면 빠른 시간 내에 보정을 가할 수 있다. 아마도 이 연구소는 '모든 실험이 지구의 자전에 기반을 두고 있는' 세계 유일의 연구소일 것이다. 만일 지구가 자전을 멈춘다면 이 연구소도 문을 닫아야 한다!

4-9 지구 자전의 효과

이번에는 지구의 자전에 의해 나타나는 효과들을 살펴보자(관성 유도장치의 보정을 비롯하여, 다른 여러 가지 효과들도 다룰 것이다).

지구의 자전 때문에 나타나는 현상들 중에서, 우리가 가장 직접적으로 느낄 수 있는 것은 아마도 바람(wind)일 것이다. 국지적으로 부는 바람은 대기의 온도차에 의해 나타나는 경우가 많지만, 큰 스케일로 부는 바람(편서풍, 무역풍 등)은 지구의 자전 때문에 생기는 현상이다. 여러분은 도처에서 다음과 같은 소문을 수도 없이 들었을 것이다. "목욕탕 욕조의 물마개를 제거하면 물은 특정 방향으로 회전하면서 구멍으로 빠져나간다. 북반구에서는 시계(반시계) 방향으로 돌고, 남반구에서는 반시계(시계) 방향으로 돌아간다." 그러

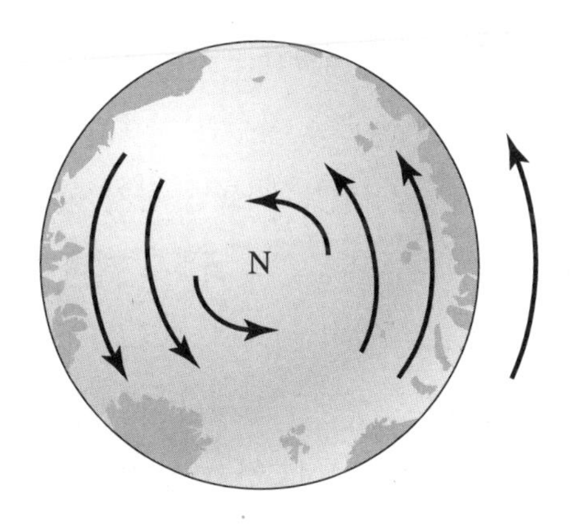

그림 4-23 북극점의 해저 바닥에 뚫린 구멍을 통해 빠져나가는(지구 내부로 흘러들어 가는) 바닷물

나 정작 욕조에 물을 받아 놓고 실험을 해 보면 소문대로 되지 않는다. 왜 그럴까? 물이 구멍으로 빠져나가면서 특정 방향으로 회전한다는 주장은 다음과 같은 원리에 기초하고 있다. 북극점의 해저 바닥에 바닷물이 빠져나가는 구멍을 뚫고 마개를 막아 놓았다고 가정해 보자. 이제 누군가가 와서 마개를 제거했다면, 바닷물은 구멍을 통해 지구의 내부로 빠져나갈(들어갈?) 것이다(그림 4-23 참조).

바닷물은 반지름이 엄청나게 크고, 지구의 자전에 의한 회전 속도는 매우 느리다. 커다란 영역에서 회전하던 바닷물이 작은 구멍에 접근하면 각운동량 보존 법칙에 의해 회전 속도가 빨라진다(피겨스케이팅 선수가 얼음판 위에 선 채로 회전하면서 양팔을 오므렸을 때 회전 속도가 빨라지는 것과 같은 이치이다). 즉, 바닷물은 지구와 같은 방향으로 회전하고 있지만 회전 속도는 훨씬 빨라진다는 뜻이다. 이때 누군가가 높은 상공에서 지구를 내려다보고 있다면, 바닷물이 크게 회전하면서 구멍으로 빠져나가는 광경을 보게 될 것이다. 여기까지는 맞는 말이다. 논리적으로 아무런 문제가 없다. 그리고 바람도 이와 같은 방식으로 움직인다. 지표면 근처 어딘가에 기압이 낮은 지역이 있으면 주변의 공기들은 그곳으로 빨려 들어간다. 그런데 지구는 자전하고 있으므로 공기는 직선 경로를 따라가지 않고 진행 방향의 왼쪽으로 치우치는 경향을 보인다. 따라서 거시적으로 보면 공기는 한 곳에서 다른 곳으로 이동하지 않고 저기압을 중심으로 원운동을 하게 된다.

이것은 기상을 좌우하는 중요한 법칙들 중 하나이다. 북반구의

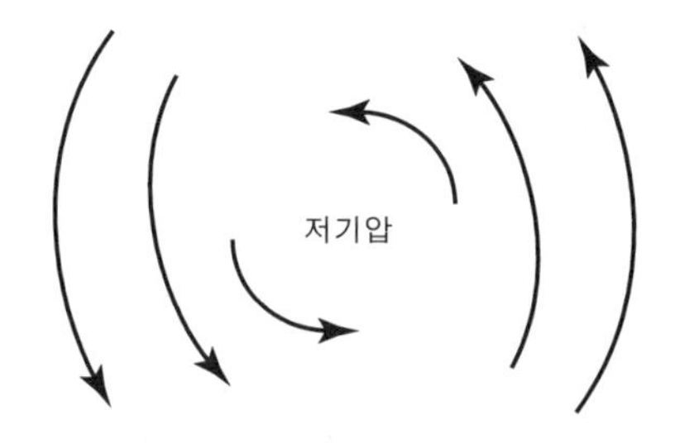

그림 4-24 북반구에서 고기압권의 공기가 저기압권으로 유입되는 경로

저기압은 항상 바람이 부는 방향의 왼쪽에 위치하고 있으며, 고기압은 오른쪽에 분포되어 있다(그림 4-24 참조). 이것은 지구가 서→동으로 자전하기 때문에 나타나는 현상이다(그러나 극단적인 상황에서는 이 법칙이 적용되지 않을 수도 있다. 대기현상은 지구의 자전뿐만 아니라 다양한 요인에 의해 결정된다).

그러나 목욕탕 욕조에서 배수구로 빠져나가는 물은 이 법칙대로 되지 않는다. 이 경우에는 물의 '초기 회전 상태'에 따라 결과가 달라지는데, 수시로 출렁거리는 물의 움직임에 비하면 지구의 자전은 너무 느리게 진행되기 때문이다(자전 속도 자체가 느리다는 뜻이 아니라, '각속도'가 느리다는 뜻이다). 다들 알다시피, 지구는 24시간 동안 단 한 바퀴밖에 돌지 않는다. 그런데 욕조에 담긴 물이 자전에 의한 효과를 방해하지 않을 정도로 고요하다고 장담할 수 있겠는가? 아니다. 결코 그럴 수 없다. 목욕을 방금 끝내고 나왔다면 욕조의 물은 정신없이 출렁대고 있을 것이다! 따라서 지구의 자전에 의해 물이 회전하는 효과는 호수나 바다처럼 거대한 스케일에 한하여 나타날 수 있다. 적은 양의 물은 다른 효과의 영향을 크게 받기 때문이다. 만일 북반구에 있는 호수의 바닥에 조그만 배수구를 뚫어 놓았다면, 반시계 방향으로 서서히 돌면서 빠져나갈 것이다.

지구의 자전과 관련된 흥미로운 현상은 이것 말고도 여러 가지가 있다. 지구의 형태가 정확하게 구형이 아니라는 것도 자전 때문에 나타난 결과이다. 자전하고 있는 지구의 좌표계에서 보면, 자전축에 수직한 방향으로 원심력이 작용하여 중력의 크기를 변화시키고 그 결과, 중심으로부터의 거리가 지역에 따라 달라지게 된다. 그러므로 각 지점에서 원심력의 크기를 알고 있다면 구체적인 형태를 계산할 수 있다. 지구를 유체로 가정하고 원심력을 산출했을 때, 이로부터 얻어지는 지구의 외형은 오차 범위 1% 이내에서 실제와 잘 들어맞는다.

그러나 달에는 이 방법을 적용할 수 없다. 달의 무게 중심은 한쪽으로 치우쳐 있기 때문이다(달의 자전 속도를 주의 깊게 관찰해 보면 이 사실을 확인할 수 있다). 다시 말해서, 달은 과거 액체 상태였을 때 지금보다 빠르게 자전하다가 중심이 어긋난 상태에서 고체화되었거나, 아니면 애초부터 중심이 벗어난 덩어리로 태어났을 가능성이 높다는 뜻이다.

다들 알다시피, 지구의 자전축은 공전면(지구의 공전 궤도가 속해 있는 평면)과 수직을 이루지 않는다(달의 자전축은 공전면과 거의 수직을 이루고 있다). 만일 지구가 완벽한 구형이라면 태양에 의한 중력과 자전에 의한 원심력이 정확하게 균형을 이루겠지만, 실제

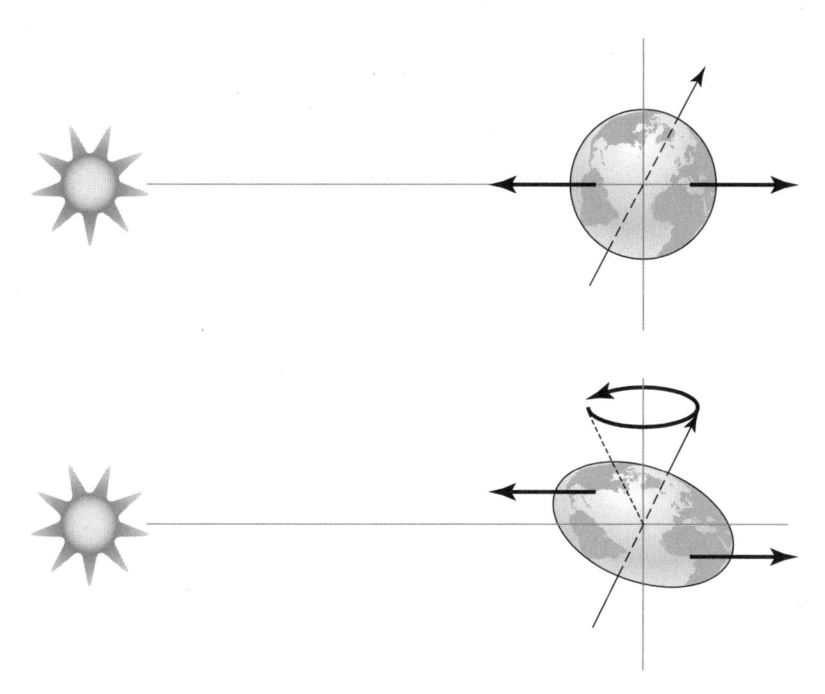

그림 4-25 찌그러진 지구는 태양의 중력이 발생시킨 토크에 의해 세차 운동을 하고 있다.

로는 구형에서 조금 벗어나 있기 때문에 중력과 원심력이 균형을 이루지 못하고 일종의 토크를 발생시킨다. 그리고 이 토크 때문에 지구의 자전축은 그림 4-25와 같이 거대한 자이로스코프처럼 세차 운동을 하게 된다.

지구의 자전축은 중심각이 23.5°인 원뿔을 그리면서 세차 운동을 하고 있으며, 그 주기는 약 26,000년이다. 현재 지구 자전축의 북극은 작은곰자리의 α성을 가리키고 있으므로, 우리는 이 별을 자연스럽게 '북극성(North Star)'이라 부르고 있다. 따라서 여러분이 26,000년 후에 다시 태어난다면 여전히 작은곰자리의 α성이 북극성의 역할을 하고 있을 것이다. 그러나 그 사이의 애매한 시기에 환생한다면 새로운 별을 북극성으로 '섬겨야 한다.'

4-10 회전하는 원판

우리는 지난 학기 강의의 마지막 부분에서(제1권 20장, "3차원 공간에서의 회전") 강체의 각운동량과 각속도가 서로 다른 방향으

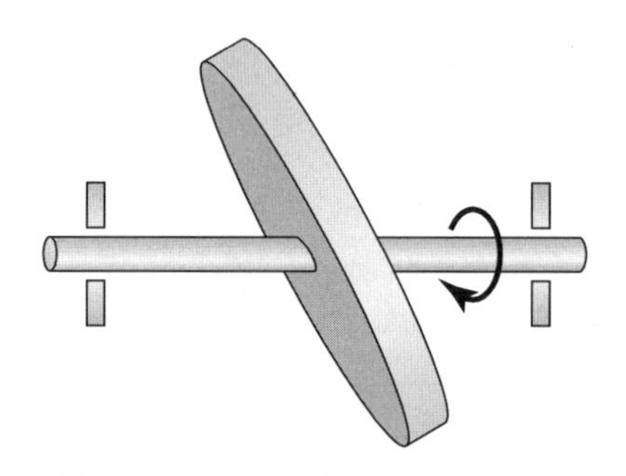

그림 4-26 회전하는 축에 비스듬한 각도로 물려 있는 원판

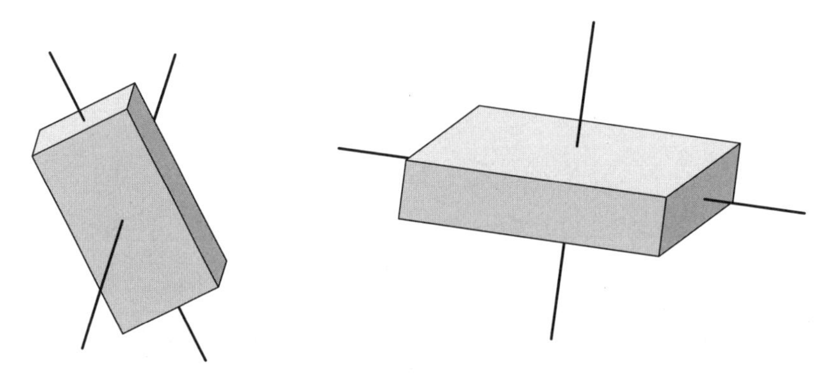

그림 4-27 육면체의 주축. 이 축에 대한 관성 모멘트는 최대 또는 최소값을 갖는다.

로 형성되는 경우를 다룬 적이 있다. 이런 현상은 둥그런 원판을 그림 4-26과 같이 회전축에 비스듬한 각도로 물려 놓았을 때 나타나는데, 지금부터 이 문제를 좀 더 자세히 살펴보기로 한다.

본론으로 들어가기 전에 지난 학기에 배웠던 내용을 잠시 복습해 보자. 임의의 강체가 주어졌을 때, 질량 중심을 지나는 축들 중에는 강체의 관성 모멘트가 최대인 축과 최소인 축이 반드시 존재하며, 이들은 서로 수직하다. 그림 4-27과 같은 육면체를 예로 들면 이 사실을 쉽게 확인할 수 있다. 물론 이것은 육면체뿐만 아니라 임의의 강체에 대하여 항상 성립하는 사실이다.

이 두 개의 축을 강체의 '주축(principal axes)'이라 하며, 주축 방향의 각운동량은 (주축 방향의 각속도 성분)×(주축에 대한 관성 모멘트)와 같다. 따라서 주축 방향의 단위 벡터를 $\boldsymbol{i}$, $\boldsymbol{j}$, $\boldsymbol{k}$라 하고, 각 주축에 대한 관성 모멘트를 A, B, C라 했을 때, 질량 중심에 대하여 각속도 $\boldsymbol{\omega}=(\omega_i,\ \omega_j,\ \omega_k)$로 회전하는 강체의 각운동량은 다음과 같다.

$$\boldsymbol{L} = A\omega_i\boldsymbol{i} + B\omega_j\boldsymbol{j} + C\omega_k\boldsymbol{k} \tag{4.1}$$

질량$=m$이고 반지름$=r$인 얇은 원판의 경우, 관성 모멘트가 가장 큰 주축에 대하여 $A=mr^2/2$이고, 다른 두 개의 주축에 대한 관성 모멘트는 $B=C=mr^2/4$이다($A=2B=2C$). 따라서 그림 4-26의 축(shaft)이 회전할 때 원판이 획득하는 각운동량은 각속도와 평행하지 않다. 축이 원판의 질량 중심을 관통하고 있으므로 회

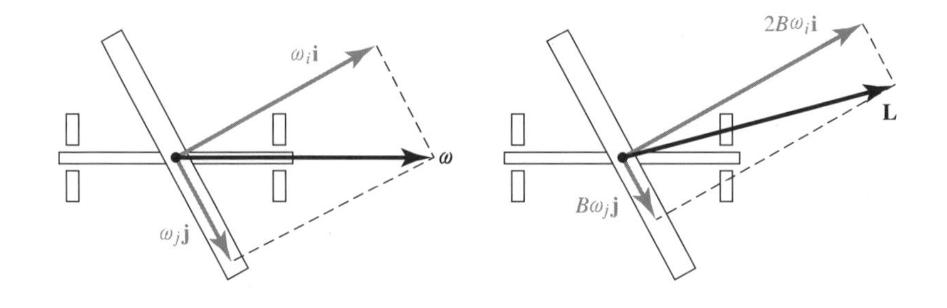

그림 4-28 축에 물려 돌아가는 원판의 각속도 $\boldsymbol{\omega}$와 각운동량 $\boldsymbol{L}$, 그리고 이들의 주축 방향 성분들

전이 없을 때에는 평형을 유지하겠지만, 역학적으로는 평형 상태가 아닌 것이다. 이런 상태에서 축을 돌리려면 원판의 각운동량도 돌려야 하므로, 일종의 토크를 가해 주어야 한다. 그림 4-28은 원판의 각속도 $\boldsymbol{\omega}$와 각운동량 $\boldsymbol{L}$, 그리고 이들의 주축 방향 성분을 보여 주고 있다.

이제, 더욱 흥미로운 문제를 제기해 보자. 원판에 베어링을 설

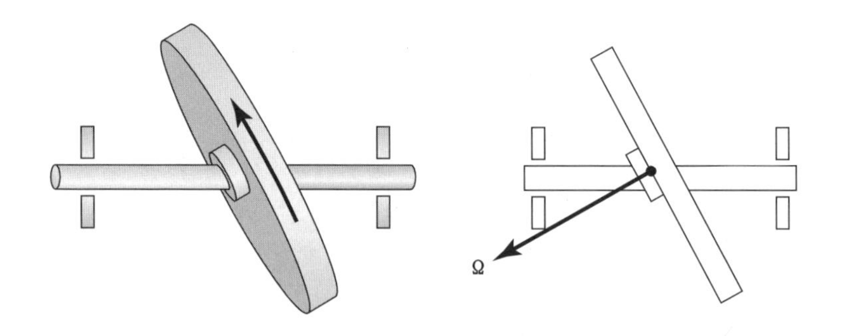

그림 4-29 정지된 축(shaft)에 물린 채 주축을 중심으로 회전하는 원판(각속도 = Ω)

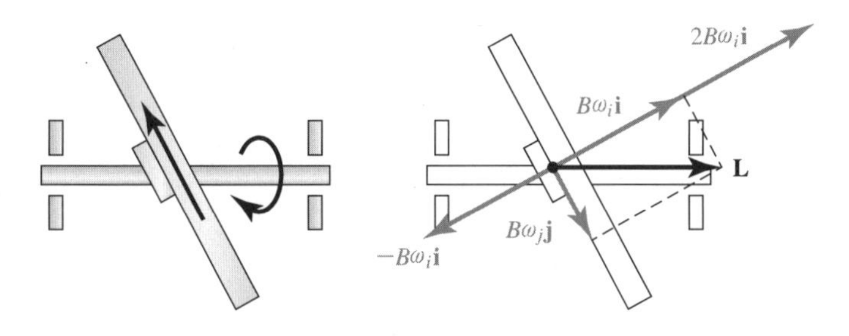

그림 4-30 회전하는 축(shaft)에 물린 채 관성 모멘트가 가장 큰 축을 중심으로 (축과 반대 방향으로) 회전하고 있는 원판. 이때 원판의 각속도를 $\Omega = -B\omega_i \boldsymbol{i}$로 유지하면 총 각운동량은 축과 평행해진다.

치하여 관성 모멘트가 가장 큰 축을 중심으로 회전할 수 있게 만들었다면(각속도 $= \Omega$) 어떻게 될까?(그림 4-29 참조)

이 상태에서 축을 회전시키면, 원판은 축의 회전에 의한 각운동량과 원판 자체의 회전(베어링의 회전)에 의한 각운동량을 모두 갖게 된다. 이때 축과 원판이 그림과 같이 서로 반대 방향으로 회전하고 있다면, 관성 모멘트가 가장 큰 주축 방향의 각속도 성분에 상쇄 효과가 일어나서 이전보다(축만 회전할 때보다) 크기가 줄어들게 된다. 원판의 주 관성 모멘트들 사이의 비율은 정확하게 2 : 1이므로, 반대 방향으로 돌아가는 원판의 각속도를 축의 회전 각속도의 1/2로 맞추면(즉, $\Omega = -B\omega_i \boldsymbol{i}$가 되도록 원판을 베어링 주위로 회전시키면), 총 각운동량 벡터는 정확하게 축방향과 일치하게 된다. 이런 상황에서는 아무런 힘도 작용하지 않으므로, 축을 제거해도 원판은 계속해서 돌아갈 것이다!(그림 4-30 참조)

이것이 바로 자유로운 물체들이 회전하는 방식이다. 일반적으로, 접시나 동전을 허공에 던졌을 때[3] 나타나는 회전 운동은 하나의 회전축으로 설명할 수 없다. 이들은 주축에 대한 회전 운동과 삐딱한 축에 대한 회전 운동을 동시에 진행하면서 각운동량을 절묘하게 보존시키고 있다. 지구가 자전하면서 흔들리는 것도, 그 나름대로 '각운동량을 보존하기 위한 몸부림'인 것이다.

4-11 지구의 장동

지구 자전축의 세차 운동 주기는 약 26,000년이며, 한 주기 안에서 계산된 관성 모멘트의 최대값(극점 기준)과 최소값(적도 기준)의 차이는 1/306에 불과하다. 간단히 말해서, 지구는 거의 구형이라는 뜻이다. 그러나 최대값과 최소값이 분명히 다르기 때문에, 무언가가 지구를 교란시키면 어떤 축을 중심으로 약간의 회전 효과가 나타나게 된다. 즉, 지구는 세차 운동과 함께 장동(章動, nutation)을 겪고 있는 것이다.

지구 장동의 주기는 약 306일이다. 이것은 실험으로 매우 정확하게 확인할 수 있다. 지구의 북극점(또는 남극점)은 약 50피트의 폭으로 불규칙적인 운동을 하고 있는데, 주된 움직임을 관측하여 그 주기를 산출해 보면 306일이 아니라 439일이다. 왜 그럴까?―답은

---

3) 파인만은 회전하면서 흔들리는 물체에 각별한 관심을 갖고 있었다. 그의 저서인 「파인만 씨, 농담도 잘하시네!(Surely You're Joking, Mr. Feynman!)」의 <고매한 교수님>편에는 다음과 같은 글이 실려 있다. "나에게 노벨상이라는 영예를 안겨 준 다이어그램 및 그와 관련된 모든 아이디어들은 흔들리는 접시를 갖고 놀다가 떠올린 것입니다."

간단하다. 우리의 분석은 지구가 강체임을 가정하고 있지만, 사실 지구는 완벽한 강체가 아니기 때문이다. 지구의 내부는 대부분 액체로 채워져 있기 때문에, 동일한 외형의 강체와 주기가 다를 수밖에 없다. 또한 지구의 장동은 시간이 흐를수록 미미해져서 결국은 사라지는 운동이므로 예상치보다 작게 나오는 것은 당연하다. 그럼에도 불구하고 장동이 계속되는 것은 바람이나 바닷물이 수시로 이동하면서 지구를 교란시키기 때문이다.

4-12 천문학적 각운동량

케플러는 태양계의 모든 행성들이 태양을 중심으로 타원 궤도를 돌고 있다는 놀라운 사실을 발견함으로써 현대천문학의 새로운 지평을 열었다. 물론 이것은 뉴턴의 중력 이론을 이용하여 명쾌하게 설명할 수 있다. 그러나 태양계에서는 이론적으로 설명할 수 없는 현상이 수시로 일어나고 있다. 예를 들어, 모든 행성들의 공전 궤도는 거의 동일한 평면 위에 놓여 있으며(1~2개는 예외이다), 자전 방향도 서→동으로 모두 같다. 또한 행성의 달(moon)들도 거의 동일한 방향으로 자전 및 공전을 수행하고 있다. 이러한 통일성은 대체 어디서 비롯된 것일까?

태양계의 기원을 연구할 때 가장 중요하게 취급되는 물리량은 다름 아닌 '각운동량(angular momentum)'이다. 다량의 먼지나 가스구름이 중력에 의해 수축될 때, 내부 운동이 거의 없다 해도 각운동량은 항상 보존되어야 한다. 그런데 전체적인 크기가 수축되면 관성 모멘트가 작아지기 때문에 각속도가 빨라진다. 따라서 행성들이 지금과 같이 움직이는 것은 태양계가 수축하기 위해 각운동량을 수시로 '털어 낸' 결과일지도 모른다. 물론, 진정한 원인은 아무도 모른다. 그런데 한 가지 중요한 사실은 태양계가 보유하고 있는 각운동량의 95%를 행성들이 갖고 있다는 점이다(태양도 자전하고 있지만, 각운동량은 태양계 전체의 5%밖에 안 된다). 천문학자들은 그동안 이 문제를 놓고 여러 차례 토론을 벌여 왔으나, 기체가 수축되는 과정과 회전하는 먼지다발이 한데 뭉치는 과정은 아직도 미지로 남

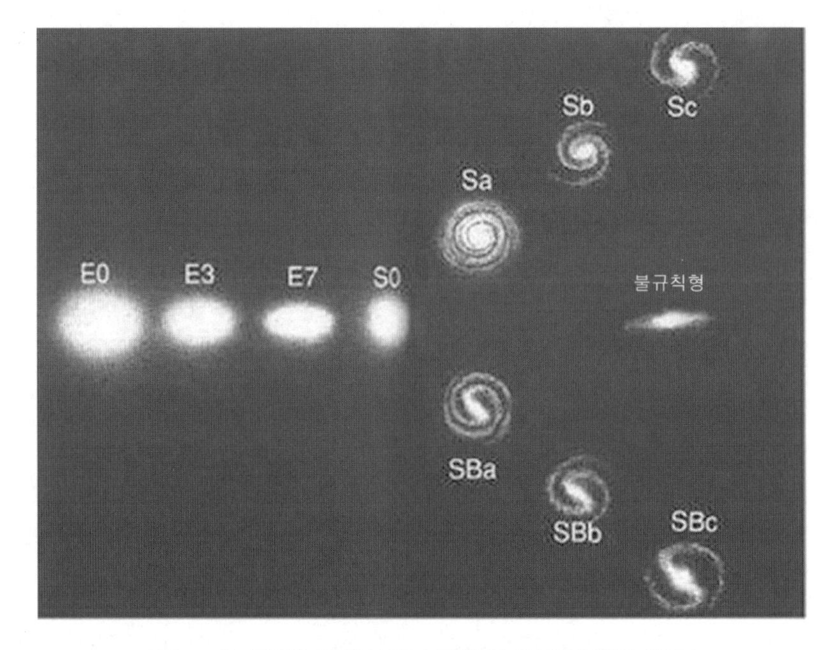

그림 4-31 나선형, 막대나선형, 타원형 등 다양한 형태의 성운들

아 있다. 그들은 연구 초기에 각운동량을 열심히 외쳐 놓고, 정작 분석으로 들어가면 언제 그랬냐는 듯이 무시해 버리곤 한다.

천문학자들이 직면하고 있는 또 다른 문제는 은하나 성운의 진화 과정을 설명하는 것이다. 이들의 형태를 결정하는 요인은 무엇인가? 그림 4-31은 여러 가지 형태의 성운을 보여 주고 있다. 가장 보편적인 나선형에서 시작하여(우리의 은하도 이런 형태이다) 중앙에서 긴 팔이 뻗어 있는 막대나선형, 그리고 팔이 없는 타원형 은하 등 다양한 형태의 은하들이 사방에 산재하고 있다. 여기서 우리의 질문은 다음과 같다. "이들은 왜 각기 다른 모양을 하고 있는가?"

물론 은하들은 질량이 제각각이므로, '다른 질량에서 출발했기 때문에 결과가 다르다'고 설명할 수도 있다. 그러나 은하의 나선형 구조는 질량이 아닌 '각운동량'에 그 기원을 두고 있기 때문에, 은하의 외형은 초기에 생성된 먼지구름이나 가스의 각운동량에 의해 결정되었을 가능성이 높다. 또한 일부 학자들은 지금까지 관측된 성운이나 은하들이 각기 다른 진화 과정에 있기 때문에 외형이 다르다고 주장하기도 한다. 만일 이것이 사실이라면 우주론에는 또 한바탕 회오리바람이 몰아칠 것이다. 과연 모든 성운들은 과거 어느 시점에서 동시에 폭발한 후, 기체가 다른 형태로 응축되어 지금과 같이 다양한 외형을 갖게 된 것일까? 그렇다면 모든 성운들은 나이가 같아야 한다. 그러나 공간에 흩어져 있는 먼지들이 서서히 응축되어 성운이 형성되었다면, 이들은 나이가 제각각일 수도 있다.

성운의 형성 과정을 역학적으로 설명하려면 무엇보다도 각운동량의 역할을 분명하게 밝혀야 하는데, 아직 이렇다 할 성과는 없다. 이 점에서 물리학자들은 창피한 줄 알아야 한다. 천문학자들은 지금도 줄기차게 질문 공세를 퍼붓고 있다. "거대한 질량이 중력으로 한데 뭉치면서 회전하면 어떤 일이 발생하는가? 물리학자들은 왜 이 문제를 연구하지 않는가? 성운의 형태를 설명하는 이론은 아직 개발되지 않았는가?" 그렇다. 아직 개발되지 않았다. 이 문제는 누구보다도 물리학자들이 나서서 풀어야 할 것이다.

4-13 양자역학적 각운동량

양자역학에서는 뉴턴의 운동 법칙 $\boldsymbol{F} = m\boldsymbol{a}$가 적용되지 않지만, 에너지 보존 법칙이나 운동량 보존 법칙 등은 여전히 성립한다. 그것도 아주 '우아한 형태'로 성립하여, 양자역학에서 핵심적인 역할을 한다. 특히, 각운동량은 양자역학 체계를 세우는 데 필수적인 개념으로서, 원자 규모에서 일어나는 현상을 이해하는 데 결정적인 역할을 하고 있다.

고전역학과 양자역학의 가장 큰 차이점은 다음과 같다. 고전역학에서는 임의의 물체가 가질 수 있는 각운동량에 아무런 제한이 없다. 회전 속도를 적절히 택하면 어떠한 각운동량도 가질 수 있다. 그러나 무대를 양자역학으로 옮기면 상황이 급변하여, 주어진 축에 대한 각운동량의 성분은 특정한 값만을 가질 수 있다. 양자역학적 물체들이 가질 수 있는 각운동량은 플랑크 상수를 원주율의 두 배로 나눈 값($h/2\pi$ 또는 $\hbar$의 정수배, 또는 반(半)정수배로 제한되어 있으며, 이들 사이의 값은 철저하게 금지되어 있다. 이것은 각운동량과 관련된 양자역학의 기본 원리 중 하나이다.

양자역학은 또 하나의 흥미로운 특성을 갖고 있다. 예를 들어, 전자(electron)를 '가장 기본적인 입자'라고 가정해 보자. 그러면 전자의 내부에는 더 이상의 세부 구조가 존재하지 않으며, 외형은 거의 점(point)으로 단순화시킬 수 있다. 그런데도 전자는 양자역학적 각운동량을 갖고 있다! 따라서 전자는 단순한 점이 아니라, 각운동량을 갖는 실제의 물체를 무한소의 영역으로 극한을 취해 얻어진 일종의 점전하로 이해되어야 한다. 고전적으로는 주어진 축을 중심으로 자전하는 물체와 비슷하지만, 정확한 비유는 아니다. 사실, 전자는 미세한 관성 모멘트를 가진 채 주축을 중심으로 엄청나게 빠른 속도로 회전하는 자이로스코프에 가깝다. 그리고 더욱 흥미로운 사실은 고전역학에서 일상적으로 사용했던 근사법, 즉 세차 운동의 축에 대한 관성 모멘트를 무시하는 근사법을 전자에 적용해도 정확하게 맞아 들어간다는 점이다! 다시 말해서, 전자는 관성 모멘트가 거의 0에 가깝고 각속도는 거의 무한대에 가까운 자이로스코프이며, 그 결과 각운동량이 유한한 값을 갖는다는 것이다. 물론, 이것은 극단적인 결론이므로 일상적인 자이로스코프에는 적용되지 않는다. 어쨌거나, 양자역학적 관점에서 바라본 전자는 아직도 신비한 구석을 많이 갖고 있다.

그림 4-13에 나온 자이로스코프의 실물을 여기 갖고 왔으니,

궁금한 사람은 나와서 직접 보기 바란다. 오늘 강의는 이것으로 마친다.

4-14 강의가 끝난 후

파인만 돋보기를 통해 주의 깊게 들여다보게. 거기 반원형 전선이 있지? 그건 용기에 피드백 파워를 전달하는 전선인데, 바깥쪽의 작은 핀에 연결되어 있지.

학생 이런 장치는 가격이 얼마나 합니까?

파인만 글쎄. 정확한 가격은 아무도 모른다네. 장비 자체는 매우 섬세하지만 대량생산되는 상품이 아니라 특정 목적을 위해 특별히 만들어진 물건이거든. 여기 조그만 구멍들이 보이나? 그리고 여기 있는 네 개의 핀은 금으로 만든 건데, 누군가가 구부려 놓은 것 같지? 용기의 균형을 잡기 위해 일부러 그렇게 만든 거라네. 하지만 오일의 밀도가 달라지면 용기는 더 이상 떠 있지 못하고 오일 속으로 가라앉거나 위로 떠오를 것이고, 그 결과 피벗에 힘이 가해져서 정상적인 작동이 불가능해지지. 용기가 항상 떠 있도록 오일의 밀도를 정확하게 유지하려면 열 코일을 사용하여 온도를 수천 분의 1° 이내로 유지해야 해. 그리고 여기 보석으로 만들어진 피벗은 손목시계에 사용되는 고가품이고…… 그러니까 굳이 값으로 따진다면 엄청나게 비싼 물건이겠지? 정확한 가격은 며느리도 모를 거야.

학생 유연한 막대의 끝에 하중을 매다는 식으로 만들 수는 없을까요?

파인만 물론 가능하지. 다른 방법을 적용한 새로운 디자인을 공학자들이 테스트하고 있다네.

학생 그렇게 하면 베어링 문제를 해결할 수 있을까요?

파인만 글쎄. 한 가지 문제가 해결되면 새로운 문제가 나타나지 않을까?

학생 지금 사용되고 있는 시제품이 있습니까?

파인만 내가 알기론 없다네. 강의시간에 언급된 자이로들은 지금까지 사용되어 온 것들인데, 기본 디자인을 바꿔서 실용화시키려면 아직도 해결해야 할 문제들이 많을 거야. 물론 아주 흥미로운 연구 과제들이지. 사람들은 새로운 형태의 자이로를 개발하기 위해 지금도 열심히 노력 중인데, 베어링의 마모 등 기존의 문제를 해결할 수만 있다면 그야말로 역사적인 발명품이 될 걸세. 자이로를 한동안 갖고 놀다 보면 축에 작용하는 마찰력이 결코 작지 않다는 것을 알게 되는데, 베어링이 이상적이라 해도 축이 조금만 흔들리면 마찰이 작용할 수밖에 없다네. 그렇다고 축의 흔들림을 십만분의 1인치까지 잡는다는 것은 어리석은 발상이지. 아마 어딘가 다른 방법이 있지 않을까?

학생 저는 공구상점에서 일한 적이 있어요.

파인만 그렇다면 십만분의 1인치가 얼마나 작은 양인지 알고 있겠군. 그건 불가능해!

학생 페로세라믹(ferroceramic)을 사용하면 어떨까요?

파인만 자기장 안에서 초전도체를 잡아 주는 물질 말인가? 구면 위에 약간의 지문만 묻혀도 장이 변하면서 에너지 손실이 초래되겠지. 요즘 구면을 평평하게 펴는 연구가 진행되고 있는데, 아직은 성공한 사례가 없다네.

다른 아이디어들도 많이 있지만, 지금 당장은 '성공 사례'를 보는 것만으로 충분하다고 생각되는군.

학생 여기 있는 용수철은 정말이지 기가 막힐 정도로 정밀하네요.

파인만 그래. 일단 크기가 작으니까 규모 면에서 정밀하다고 할 수 있지만, 성능이나 제작 과정을 놓고 봐도 이에 필적할 용수철은 세상에 없을 걸세. 재질도 최고급 철강을 사용했지.

사실, 이런 형태의 자이로는 그다지 실용적이라고 할 수 없다네. 정확도를 높이기가 결코 쉽지 않거든. 이런 물건을 제작하려면 특수 제작된 작업복과 장갑, 장화, 마스크 등을 착용하는 것은 물론이고, 먼지가 단 한 톨도 없는 방에서 작업이 이루어져야 해. 먼지 한 톨이라도 올라앉으면 마찰력이 작용하여 성능이 떨어질 테니까. 이런 장치를 제작하는 것은 작은 부품을 단순 조립하는 것과 차원이 다르다네. 현대공학의 첨단기술이 여기 집약되어 있다고 해도 과언이 아니지. 자네가 나중에 이 분야에 뛰어들어 장비의 성능을 높인다면 대단한 업적으로 남을 걸세.

용기의 축이 중심에서 이탈한 채로 회전하면 엉뚱한 결과가 초래되곤 하는데, 이 점을 보완하는 것이 가장 어려운 문제라네. 하지만 내가 보기에 이것은 (물론 내 생각이 틀렸을지도 모르지만) 근본적인 문제가 아닌 것 같아. 회전하는 물체를 지지하여 질량 중심을 찾아가도록 만드는 방법이 어딘가 있을 것 같지 않나? 그리고 '비틀리는' 정도는 얼마든지 측정 가능하지. 질량 중심이 이탈하는 것과 비틀리는 것은 분명히 다른 현상이니까.

학생 전기·디지털 장비에 역학적·아날로그 적분기를 사용할 수 있을까요?

파인만 글쎄. 가능하다고 생각하네.

대부분의 적분기는 전기 회로를 사용하지만, 일반적으로 적분기는 크게 두 종류로 나눌 수 있지. 그중 하나가 물리적 방법으로 작동되는 '아날로그' 적분기인데, 무언가를 적분한 결과를 측정하는 장치라네. 예를 들어 회로에 저항을 연결해 놓고 양단에 전압을 걸어 주면 전류가 흐르는데, 이건 테스터 같은 장치로 쉽게 측정할 수 있지. 그런데 자네가 알고 싶은 것이 전류가 아니라 총 전하량이라면 전류를 적분해야겠지? 역학에서 가속도를 적분하면 속도가 되고…… 적분을 전기적으로 하건, 역학적으로 하건 간에 결과는 같을 거라고. 이들은 모두 아날로그 적분에 해당되지.

하지만 이 적분을 다른 방법으로 수행할 수도 있다네. 예를 들어 진동수를 생각해 볼까? 어떤 신호 발생장치가 짧은 시간 간격으로 강한 펄스를 내보내고 있고, 자네는 펄스의 수를 헤아리고 있다고 가정해 보자고.

학생 펄스의 수를 적분한다는 뜻입니까?

파인만 아니, 그냥 단순하게 펄스의 수만 헤아린다고 가정하자고. 보수계(pedometer)나 만보계 같은 장치를 손에 들고 펄스가 도달할 때마다 스위치를 한 번씩 누를 수도 있고, 이와 비슷하게 작동되는 전기장치를 만들 수도 있겠지. 그런데 이 값을 적분해야 한다면 지난 학기 강의시간에 했던 것처럼 수치적인 방법을 동원하여 지루한 계산을 반복하거나, 아니면 전기적인 '덧셈장치(적분장치가 아니라 단순히 더하는 장치)'를 만들 수도 있겠지. 이 장치는 설계만 잘 하면 오류를 거의 0으로 줄일 수 있기 때문에, 적분기의 오류도 원리적으로는 거의 0으로 줄일 수 있다네. 물론 마찰 등에 의한 오차는 여전히 남아 있겠지만.

실제로 로켓이나 잠수함에서는 디지털 적분기를 아직 사용하지 않고 있지만, 디지털은 이제 곧 주류로 자리 잡으리라 생각하네. 디지털 적분기는 아날로그 신호를 도트(dot)와 같이 '헤아릴 수 있는' 대상으로 전환하여 계산을 수행하기 때문에, 기존의 적분기에서 나타나는 오차를 쉽게 극복할지도 모르지.

학생 그게 발전하면 디지털 컴퓨터가 되는 건가요?

파인만 이 장비가 디지털화되면 이중 적분을 수행하는 소형 디지털 컴퓨터가 되는 셈이지. 이 계산은 아날로그 방식보다 디지털 방식으로 수행하는 것이 훨씬 효율적이라네.

지금은 대부분의 계산을 아날로그 방식으로 하고 있지만, 머지않아 디지털 세상이 올 거야. 앞으로 1~2년만 지나면 세상은 크게 달라질 걸세. 디지털은 오류가 없으니까.

학생 그렇게 되면 수억 개의 논리를 한 번에 처리할 수도 있겠네요?

파인만 중요한 것은 속도가 아니라네. 컴퓨터를 어떻게 디자인하느냐에 따라 계산 속도는 얼마든지 달라질 수 있으니까. 아날로그 적분기로는 아무리 시간을 많이 투자해도 우리가 원하는 정확도를 얻을 수 없기 때문에 디지털로 가야 한다는 거지. 속도를 올리는 것은 부차적인 문제에 불과하다네.

하지만 자이로스코프는 디지털로 대신할 수 없기 때문에 앞으로 꾸준히 개량되어야 하겠지.

학생 응용문제에 관하여 따로 강의를 해 주셔서 감사합니다. 다음 학기 강의시간에 좀 더 자세한 설명을 들을 수 있을까요?

파인만 자넨 응용 문제를 좋아하나?

학생 네. 저는 공학을 전공할 생각이거든요.

파인만 그렇군. 오늘 강의한 내용은 공학 분야에서도 가장 아름답고 우아한 문제라 할 수 있지. 자, 한번 볼까…… 전원은 켜져 있나?

학생 아뇨. 플러그가 뽑혀 있는 것 같은데요?

파인만 아하, 미안! 여기 전원 플러그가 있군. 자, 이제 스위치를 올려 볼까?

학생 제가 해 봤는데 여전히 'OFF'로 나오던데요?

파인만 그래? 뭐가 잘못된 건지 모르겠군. 하지만 자네 잘못은 아닐 거야.

다른 학생 자이로스코프에 코리올리힘(Coriolis force)이 어떤 식으로 작용하는지 설명해 주실 수 있겠습니까?

파인만 물론이지.

학생 자이로스코프를 손에 든 채로 회전목마를 타면 확인할 수 있겠지요?

파인만 그렇다네. 여기, 축을 중심으로 회전목마처럼 돌아가는 바퀴가 보이지? 이제 축을 회전시키려면 세차 운동에 저항해야 해…… 그렇지 않으면 축을 지지하는 막대에 힘이 가해질 거야, 그렇지?

학생 네.

파인만 좋아. 그러면 축이 돌아갈 때 자이로 바퀴를 이루고 있는 특정 입자 하나가 어떻게 움직이는지 살펴보자고.

만일 바퀴가 돌지 않는다면 이 입자는 원운동을 할 것이고, 입자에 작용하는 원심력은 바퀴살에 작용하는 변형력과 평형을 이루겠지. 그러나 지금 바퀴는 매우 빠르게 돌아가고 있기 때문에 축을 돌리면 입자가 움직이면서 바퀴도 돌아간다네. 이해가 가나? 여길 보게. 여기까지 움직여 왔는데 자이로는 여전히 돌고 있잖나. 따라서 이 입자는 곡선 운동을 한 셈이지. 이 곡선을 따라 움직이려면 무언가 당기는 힘이 있어야 하는데, 그 힘이 바로 원심력이라네. 이 힘은 반지름 방향으로 작용하기 때문에 바퀴살에 작용하는 힘과 평형을 이루지 않아. 따라서 무언가 옆으로 작용하는 힘이 추가되어야 평형을 이룰 수 있지 않겠나?

학생 아하! 그렇군요!

파인만 그러니까 축이 회전하는 동안 움직이지 않게 하려면 옆으로 힘을 가해야 하는 거라고. 알겠나?

학생 네. 이제 알겠어요.

파인만 알아야 할 것이 한 가지 더 있다네. 힘이 옆으로 작용하는데, 자이로는 왜 돌아가는 것일까? 그건 바퀴의 다른 면이 반대 방향으로 회전하고 있기 때문이지. 이제 바퀴의 반대쪽 면에 있는 입자에 대하여 똑같은 논리를 펼치면 지금 구한 것과 반대 방향의 힘이 얻어질 거라고. 따라서 자이로스코프에 작용하는 알짜 힘은 0이라네.

학생 이제 좀 알 것 같네요. 그런데 교수님…….

파인만 왜 그러나?

학생 소문에 의하면 교수님께서 일곱 자리 수의 곱셈을 암산으로 하신다던데, 사실인가요?

파인만 천만에! 난 두 자리 수의 곱셈도 버거운 사람이야. 한 자리 수만 암산으로 간신히 하는 정도라네.

학생 혹시 워싱턴에 있는 센트럴 칼리지의 철학과 교수님 중 아는 사람이 있습니까?

파인만 그건 왜 묻나?

학생 그 학교에 다니는 친구가 하나 있어요. 한동안 연락이 없다가 지난 크리스마스 휴가 때 만났는데, 그 친구에게 내가 칼텍에 다닌다고 말했더니 당장 이렇게 묻더군요. "그래? 혹시 그 학교에 파인만이라는 교수님 알아?" 그 친구의 말인즉, 그 학교의 철학과 교수님께서 이런 말을 한 적이 있다는 거예요. "칼텍에 가면 파인만이라는 교수가 있는데, 일곱 자리 수의 곱셈을 암산으로 해내는 괴물 같은 사람이다!"

파인만 소문의 출처가 어딘지는 잘 모르겠지만, 아무튼 그건 사실이 아니라네. 내가 잘하는 일은 따로 있지.

학생 이 기구를 사진기로 찍어도 될까요?

파인만 물론이지! 좀 더 가깝게 찍고 싶은가?

학생 지금 이 정도 거리면 될 것 같습니다. 그 전에, 교수님의 모습을 좀 찍어도 되겠습니까? 훗날 두고두고 기억하고 싶어서요.

파인만 나도 자네를 기억할 걸세.

5장

연습 문제 [1]

여기 수록된 문제들은 『기초물리학 연습(Exercise in Introductory Physics)』의 순서에 따라 분류되었으며, 각 절의 제목 끝에는 파인만의 강의록 1, 2, 3권에서 문제와 관련된 부분을 명시해 놓았다. 예를 들어, "5-1 정적 에너지 보존(제1권 4장)"은 문제와 관련된 내용이 파인만의 강의록 제1권 4장에 수록되어 있다는 뜻이다.

문제 번호의 앞에는 난이도에 따라 별표(*)를 표시해 두었다. 쉬운 문제는 1단계(*), 중간 수준의 문제는 2단계(**), 고급 문제는 3단계(***)로 구별해 놓았으니 문제를 풀 때 참고하기 바란다. 평균

1) *Exercises in Introductory Physics*, by Robert B. Leighton and Rochus E. Vogt, 1969, Addison-Wesley, Library of Congress Catalog Card No. 73-82143 참조. *The Exercises* 5페이지에 수록된 마이클 고틀리브의 서문 참조.

정도의 실력을 가진 학생이라면 1단계는 물론이고 2단계의 문제들도 대부분 어렵지 않게 풀 수 있을 것이다. 단, 한 문제를 푸는 데 걸리는 시간은 약 10~20분을 넘지 않아야 한다. 3단계 문제들은 더욱 깊고 신중한 사고를 요구하는 문제들로서, 우등생이라면 한번 도전해 보기 바란다.

5-1 정적 에너지 보존(제1권 4장)

***1-1** 반지름=3cm이고 질량=1.00kg인 구가 각도 α로 기울어진 수평벽과 똑바로 선 수직벽 사이에 그림과 같이 끼어 있다. 벽면의 마찰을 무시했을 때, 구가 각 벽면을 누르는 힘을 구하라.

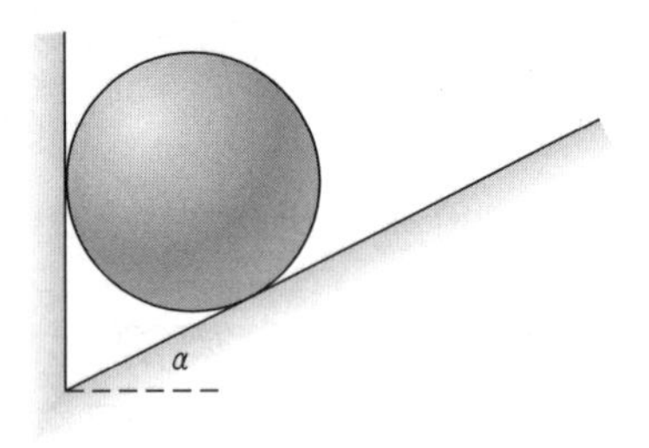

그림 1-1

***1-2** 세 개의 블록이 아래 그림과 같이 평형을 이루고 있다. 가상 일의 원리(principle of virtual work)를 이용하여 A와 B의 무게를 구하라. 단, 끈의 무게와 도르래의 마찰은 무시한다.

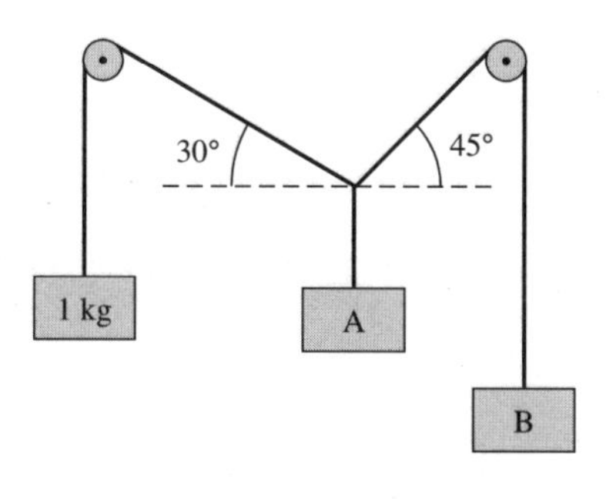

그림 1-2

*1-3 무게 W인 바퀴를 높이 h인 문턱 위로 올리려면 (바퀴의 중심을 향하여) 수평 방향으로 얼마의 힘(F)을 가해야 하는가?

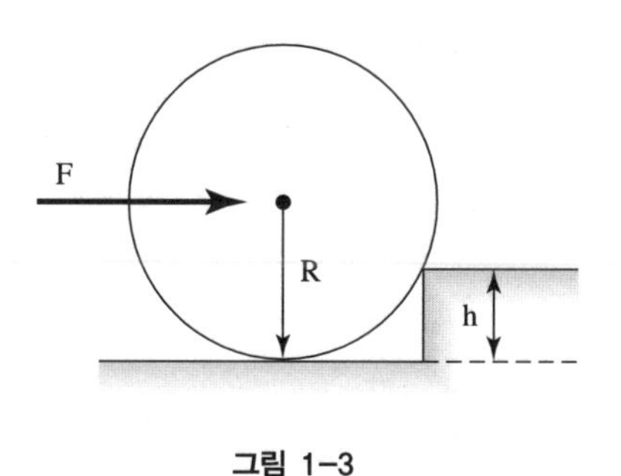

그림 1-3

**1-4 질량 M_1인 물체가 그림과 같이 45° 경사각에 매달려 있고(비탈길의 높이$=H$), 도르래의 반대편에는 질량 M_2인 물체가 수직으로 매달려 있다(줄과 도르래의 질량은 무시한다). M_1과 M_2는 외부의 힘에 의해 높이 $H/2$에서 고정된 상태이며, 도르래는 크기가 아주 작아서 높이에 영향을 주지 않는다. 이제, 시간 $t=0$일

때 외부 힘을 제거했다면,

(a) $t>0$일 때 M_2의 수직 방향 가속도를 구하라.

(b) 어느 질량이 아래쪽으로 내려오겠는가? 질량이 바닥에 도달하는 시간 t_1을 구하라.

(c) 문제 (b)의 질량은 바닥에 도달하여 멈추고 다른 질량은 계속 움직인다고 했을 때, 이 질량이 도르래와 충돌하겠는가?

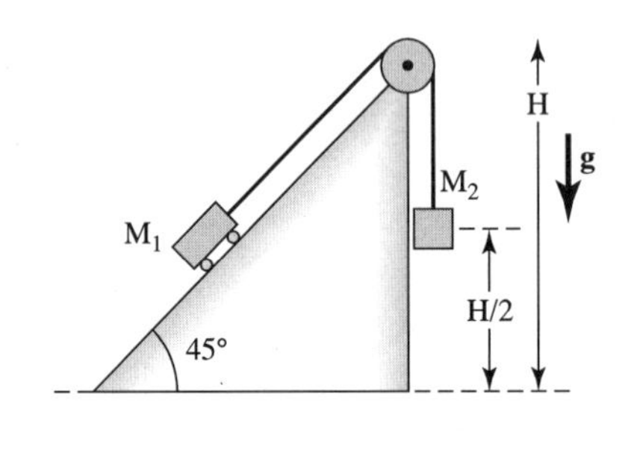

그림 1–4

**1–5 무게 $=W$이고 길이 $=\sqrt{3}R$인 판자가 그림과 같이 반경 R인 반구형 홈 속에 놓여 있고, 판자의 한쪽 끝에 무게 $=W/2$인 물체가 실려 있을 때, 판자가 평형을 이루는 각도 θ를 구하라.

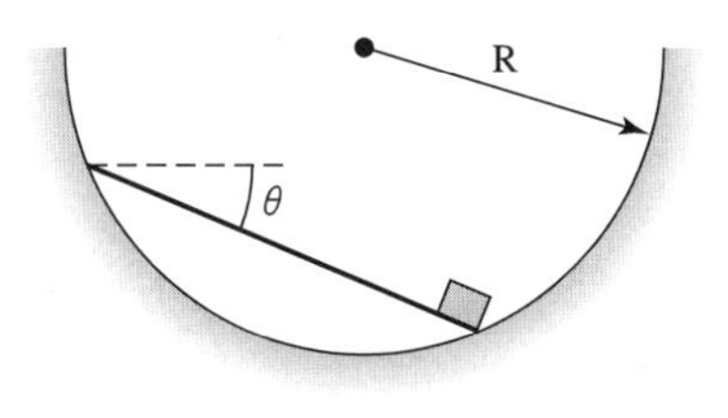

그림 1-5

****1-6** 세계박람회를 상징하는 조형물은 크기가 같은 네 개의 금속구로 만들어져 있다. 각각의 구는 무게가 $2\sqrt{6}$톤이며, 마찰은 없다고 가정한다. 이들 중 세 개의 구는 서로 접촉한 채 바닥에 놓여 있으며, 접촉부는 단단하게 용접되어 있다. 그리고 나머지 하나의 구는 이들 위에 용접 없이 얹혀져 있는 상태이다. 안전 계수를 3으로 주었을 때, 용접부는 어느 정도의 힘을 버틸 수 있어야 하겠는가?(최소한으로 요구되는 힘의 3배를 계산하라는 뜻이다)

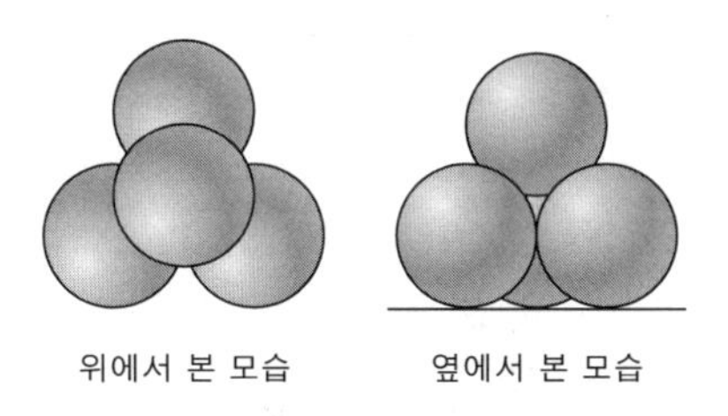

그림 1-6

****1-7** 반지름 $R=6$cm인 원통 모양 실패의 중심부에 반지

름 $r=5$cm인 작은 원통이 삽입되어 있다. 이들의 총 질량은 $M=$ 3kg이며, 작은 원통에 연결된 실에는 질량 $m=4.5$kg인 물체가 매달려 있다. 이 실패가 각도 경사면에서 굴러 내리지 않고 평형을 이루고 있을 때, 경사면의 각도 θ를 구하라.

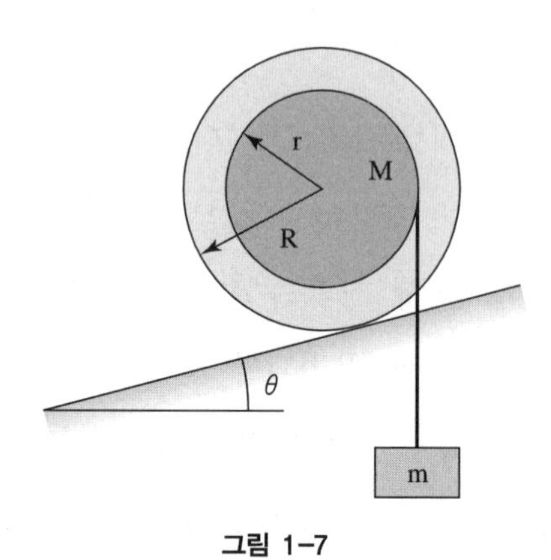

그림 1-7

**1-8 경사면 위의 짐차가 도르래에 매달린 무게 w와 균형을 이루고 있다. 모든 마찰을 무시했을 때, 짐차의 무게 W를 구하라.

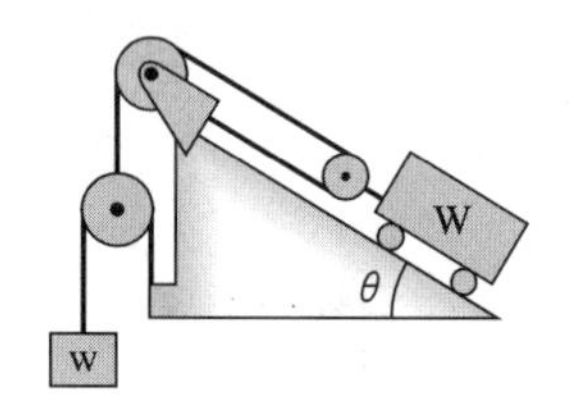

그림 1-8

****1-9** 단면적 A인 용기에 밀도 ρ인 액체가 담겨 있다. 그리고 액체의 수면으로부터 H만큼 내려온 곳에 작은 구멍이 뚫려 있어서, 이곳을 통해 액체가 분출되고 있다. 액체의 점성을 무시한다면, 분출되는 속도는 얼마인가?

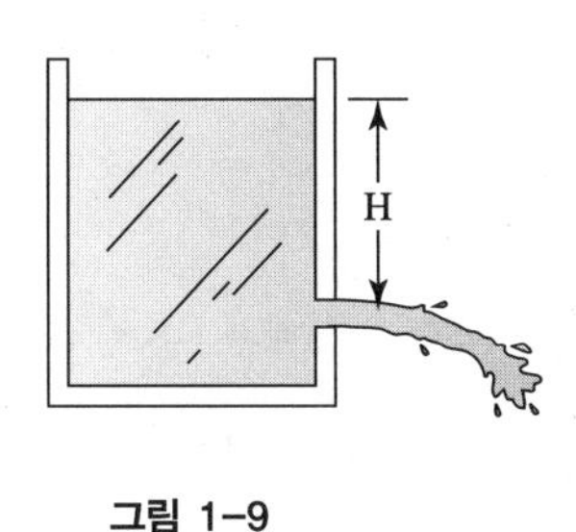

그림 1-9

5-2 케플러의 법칙과 중력(제1권 7장)

***2-1** 지구 공전 궤도의 이심률(eccentricity)은 0.0167이다. 이 사실을 이용하여 최대 공전 속도와 최소 공전 속도 사이의 비율을 구하라.

****2-2** 신콤(Syncom) 위성은 지구의 자전과 동일한 속도로 움직이는 정지 위성(geosynchronous satellite)으로서, 지표면 위의 한 점 P에 대하여 항상 정지된 상태를 유지하고 있다.

(a) 지구의 중심과 위성을 직선으로 연결했을 때, 지표면 위의 점 P가 이 직선 상에 있다면 P의 위도는 얼마인가?

(b) 위성의 질량을 m이라 했을 때, 지구의 중심으로부터 위성까지의 거리 r_s는 얼마인가? 이 값을 지구와 달 사이의 거리인 r_{em}의 단위로 표현하라.

힌트 : 지구를 완벽한 구형으로 간주하고, 달의 공전 주기 T_m=27일을 이용할 것.

5-3 동역학(제1권 8장)

***3-1** 관측장비를 실은 우주선 측정용 풍선(skyhook balloon)이 분당 1,000피트의 속도로 상승하다가 고도 30,000피트 지점에 이르렀을 때 풍선이 터지면서 탑재된 관측장비들이 추락하고 있다(이런 사고는 수시로 발생한다!).

(a) 관측장비가 지표면에 도달하려면, 폭발 직후부터 시간이 얼마나 흘러야 하는가?

(b) 지면에 충돌할 때 관측장비의 속도는 얼마인가?

(공기저항은 무시할 것)

***3-2** 20cm/s²의 가속 능력과 100cm/s²의 감속 능력을 가진 기차가 있다. 이 기차가 2km 떨어진 두 지점 사이를 여행할 때, 최소 소요 시간을 계산하라.

***3-3** 수직 방향으로 허공에 공을 던졌을 때 공기의 저항을

고려한다면 올라갈 때와 내려올 때, 어느 쪽의 시간이 더 많이 소요될 것인가?

3-4 조그만 철제 구(steel ball)가 철판 위에서 아래위로 튀고 있다. 이 철제 구는 매번 튈 때마다 속도가 감소하는데, 위로 튕겨 올라갈 때의 속도와 그 다음 지면에 도달하는 속도 사이에는 다음과 같은 관계가 성립한다.

$$v_{\text{upward}} = e \cdot v_{\text{downward}}$$

이 철제 구가 $t=0$일 때 50cm 높이에서 자유 낙하로 운동을 시작하여 30초 후에 멈췄다면 e의 값은 얼마인가?

3-5 한 운전자가 승용차를 몰다가 앞서 가는 트럭의 짐칸에 커다란 바위가 아슬아슬하게 걸쳐 있는 것을 보고 기겁을 했다. 그는 바위가 굴러 떨어졌을 때 자신의 차와 부딪히지 않게 하기 위해, 트럭과 승용차 사이의 간격을 22.5m로 벌려 놓았다. 운전자의 판단이 정확했다면, 트럭의 속도는 얼마인가?(바위는 땅에 떨어진 후 튀어 오르지 않는다)

***3-6** 교외에서의 운전에 미숙한 칼텍의 한 신입생에게 어느 날 과속위반 통지서가 날아왔다. 당황한 그는 경찰서로 찾아가 격렬하게 항의했고, 경찰은 고속도로에 설치된 '주행 테스트 장치'에

서 과속 현장을 재현해 보자고 건의했다. 학생은 자동차를 타고 '0'으로 세팅된 출발점을 지날 때 가속 페달을 밟았고, 테스트가 끝날 때까지 이 가속도를 유지했다. 그랬더니 0.1마일 지점에 도달하는 데 16초가 걸렸고, 그로부터 8초 후에 0.2마일 지점을 통과했다.

(a) 0.2마일 지점을 지날 때 자동차의 속도는 얼마인가?

(b) 이때의 가속도는 얼마인가?

***3-7** 에드워드 공군기지의 수평 활주로에서 로켓엔진과 제트엔진의 성능을 테스트하고 있다. 로켓엔진은 정지 상태에서 출발하여 계속 등가속도 운동을 하다가, 연료가 떨어진 후부터는 등속운동을 했다. 나중에 모니터를 살펴보니, 로켓엔진은 총 주행 길이의 절반에 이르렀을 때 연료가 모두 소진된 것으로 확인되었다. 그리고 제트엔진은 정지 상태에서 출발하여 끝까지 등가속도 운동을 했다. 그런데 이들이 활주로를 주파하는 데 동일한 시간이 소요되었다면, 제트엔진과 로켓엔진의 가속도의 비율은 얼마인가?

5-4 뉴턴의 법칙(제1권 9장)

***4-1** 다른 천체의 중력이 작용하지 않는 우주 공간에서 길이 $L = 2\text{m}$의 끈으로 연결된 질량 $m = 1\text{kg}$짜리 두 물체가 $V = 5\text{m/s}$의 균일한 속력으로 원운동을 하고 있을 때, 줄에 걸리는 장력을 뉴턴 단위로 계산하라.

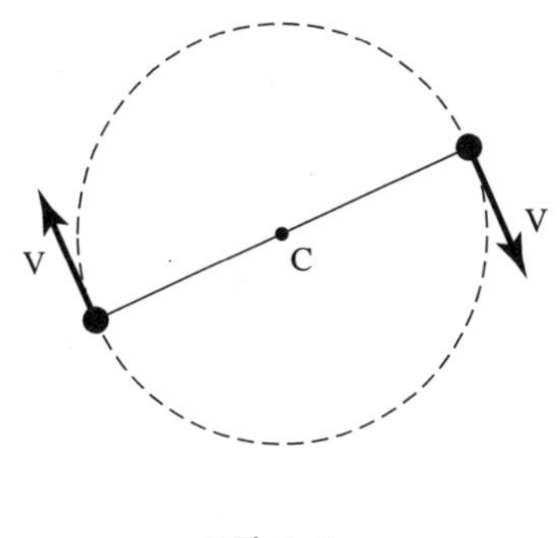

그림 4-1

**4-2 그림과 같이 도르래로 연결된 질량 M_1과 M_2가 M에 대하여 움직이지 않게 하려면, M에 얼마만큼의 힘(F)을 가해야 하는가?

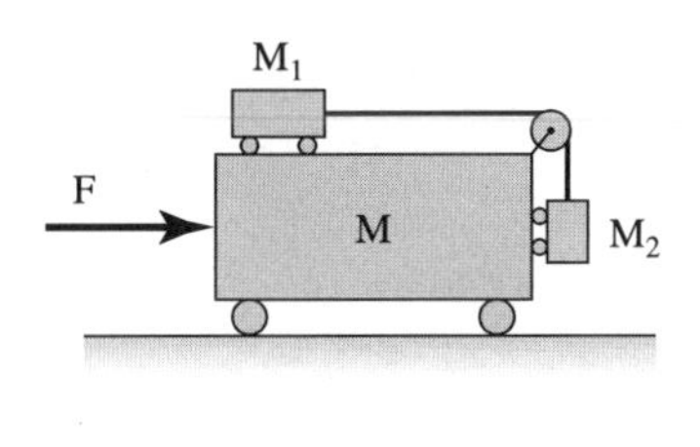

그림 4-2

**4-3 아래 그림은 지구의 중력 가속도를 최초로 측정했던 애트우드 장치(Atwood machine)의 대략적인 구조이다(도르래 P와 줄 C의 질량과 마찰은 무시할 수 있을 정도로 작다). 처음에는 동일한 질량 M이 P의 양쪽에 걸려 평형을 이루고 있다가, 한쪽 M에

조그만 질량 m을 추가하면 아래로 거리 h만큼 내려오는 동안 가속 운동을 한다. 그러다가 미리 설치해 둔 고리를 지나는 순간 m이 자동으로 제거되고, 그 후로는 속도 v로 등속 운동을 하게 된다. 이상의 조건을 이용하여 중력 가속도 g를 m, M, h, v로 표현하라.

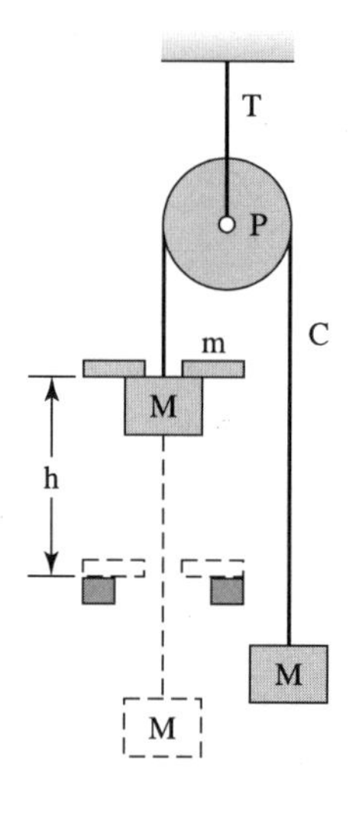

그림 4-3

***4-4 몸무게가 180파운드인 페인트공이 고층 빌딩에 설치된 도르래 의자를 탄 채 위로 급하게 올라가려고 한다. 마음이 급한 그는 도르래 줄의 반대쪽을 힘껏 잡아당겼고, 그 결과 그의 몸이 의자 바닥에 가하는 힘은 100파운드로 줄어들었다. 의자의 자체 무게는 30.0파운드이다.

(a) 페인트공과 의자의 가속도는 얼마인가?

(b) 도르래에 가해지는 총 힘은 얼마인가?

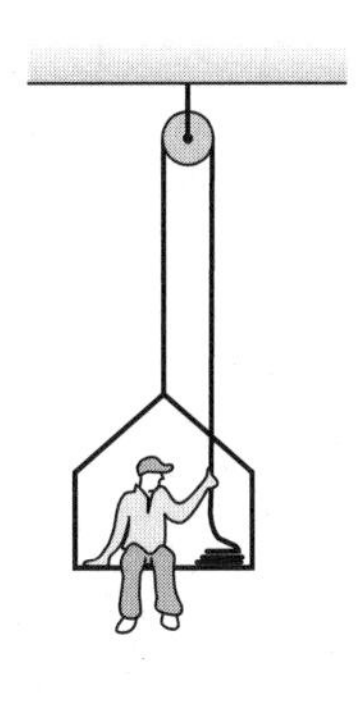

그림 4-4

***4-5 우주비행사가 달에서 암석표본을 채취하고 있다. 그는 용수철저울과 질량 1kg짜리 추 A를 갖고 있는데, 지구에서 측정한 A의 무게는 9.8뉴턴이었다. 그런데 달에 와서 보니 중력이 지구보다 훨씬 약했다! 정확한 값은 알 수 없었지만, 대략 지구의 1/6쯤 되는 것 같았다. 달 표면에서 암석 B를 채취하여 용수철저울로 달아 보니 눈금이 9.8뉴턴을 가리켰다. 그는 무게를 직접 비교하기 위해 그림과 같이 줄의 양 끝에 A와 B를 묶어 놓고 도르래에 매달았다. 그랬더니 B가 아래쪽을 향해 1.2m/s^2의 가속도로 내려왔다. 이상의 사실로부터 암석 B의 질량을 구하라.

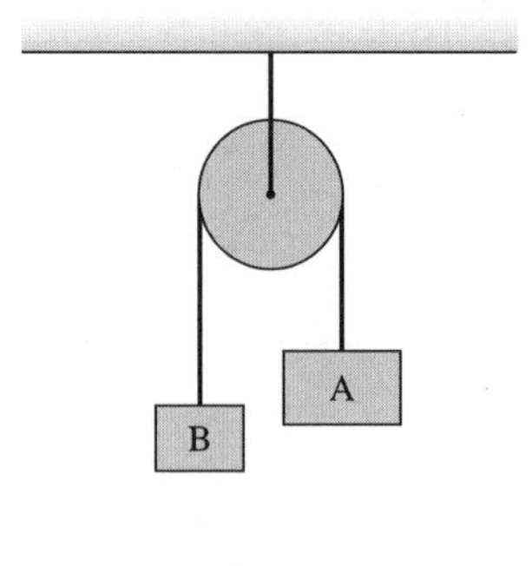

그림 4-5

5-5 운동량의 보존(제1권 10장)

***5-1** 두 대의 글라이더로 충돌 실험을 하고 있다. 한 대는 정지 상태로 놔두고, 다른 한 대를 빠르게 가속시킨 후 정지해 있는 글라이더와 완전 탄성 충돌을 시켰더니, 두 대가 서로 반대 방향을 향해 동일한 속도로 튕겨져 나갔다. 이들의 질량비는 얼마인가?

****5-2** 질량 10,000kg, 길이 5m인 지지대의 북쪽 끝에 자동 기관총이 설치되어 있다. 지지대는 베어링을 통해 수평 방향으로 자유롭게 움직일 수 있으며, 기관총은 남쪽을 향해 질량 100g짜리 탄환을 500m/s의 속도로 매 초당 10발씩 발사하고 있다.

(a) 지지대는 움직일 것인가?

(b) 어느 쪽으로 움직이는가?

(c) 속도는 얼마인가?

**5-3 $t=0$일 때 바닥에 놓여 있던 체인(단위 길이당 질량$=\mu$)이 v의 속도로 위로 들어 올려지고 있다. 체인을 들어 올리는 힘을 시간의 함수로 구하라.

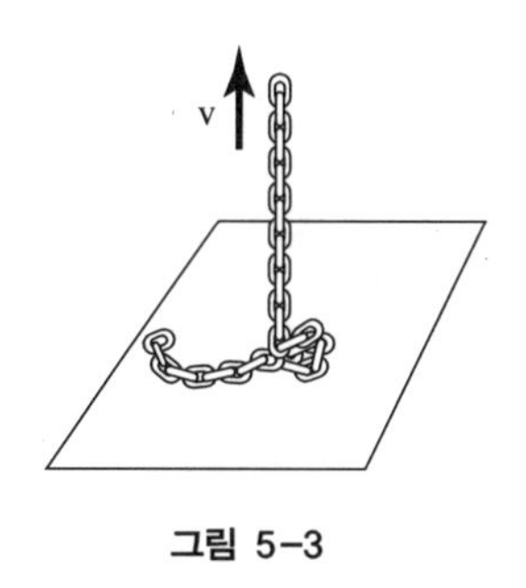

그림 5-3

***5-4 아래 그림은 총알의 속도를 측정하는 장치이다. 질량 m인 총알이 미지의 속도 V로 날아와서 질량 M짜리 나무토막 진자에 박히면, 진자는 뒤로 x만큼 후퇴한다(진자의 길이$=L$). 이때 나무토막 진자가 뒤로 후퇴하는 속도는 에너지 보존 법칙을 이용하여 구할 수 있다. 이상의 조건으로부터, 총알의 속도 V를 m, M, L, x로 표현하라.

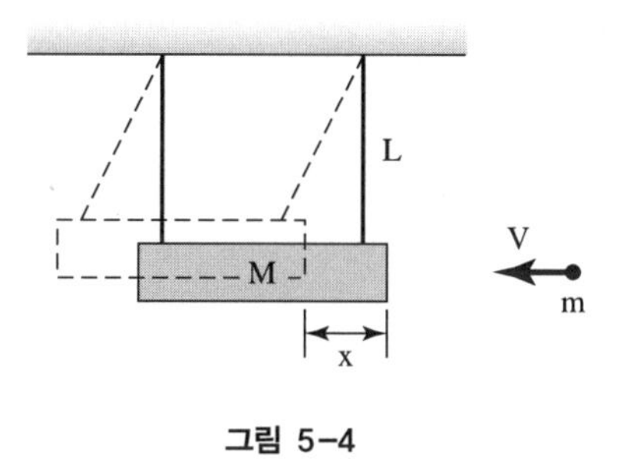

그림 5-4

***5-5** 질량이 같은 두 대의 글라이더(A, B)가 동일한 속도(v, $-v$)로 서로를 향해 다가오다가 완전 탄성 충돌을 한 후 이전보다 조금 느린 속도로 되튀었다. 이 충돌에서 글라이더가 잃은 운동 에너지의 비율은 $f \ll 1$이다. 이제, 글라이더 A를 고정시켜 놓은 상태에서 B가 v의 속도로 날아와서 충돌했다면, B의 되튀는 속도는 얼마인가?(속도의 작은 변화 Δv는 원래의 속도 v로부터 쉽게 계산할 수 있으므로, 충돌 계수도 구할 수 있다)
힌트 : $x \ll 1$일 때 $\sqrt{1-x} \approx 1 - \frac{1}{2}x$이다.

***5-6** 질량＝10kg, 평균 단면적＝0.50m²인 인공위성이 200km 상공에서 원운동을 하고 있다. 이곳은 분자의 평균 자유 거리가 매우 커서, 공기의 밀도는 1.6×10^{-10}kg/m³밖에 되지 않는다. 위성의 몸체와 공기 분자의 충돌을 완전 비탄성 충돌로 가정하고(그러나 공기 분자는 충돌 후 위성에 달라붙지 않고, 벽을 타고 서서히 흘러내린다고 가정한다), 공기의 저항에 의해 위성이 느끼는 힘을 계산하라. 이 힘은 속도에 따라 어떻게 변하는가? 몸체에 작용하는 알짜 힘에 의해 위성의 속도가 느려질 것인가?(위성의 속도와 고도 사이의 관계를 고려할 것)

5-6 벡터(제1권 11장)

****6-1** 폭이 1.0마일인 강의 한쪽 둑에 사람이 서서 맞은편 강둑을 바라보고 있다. 이 사람은 지금 강을 헤엄쳐 건너서 정확하게 반대 지점으로 가려는 참이다. 그러나 강물이 흐르고 있기 때문에, 목적지를 향해 똑바로 나아간다면 결국 비스듬한 경로를 따라가게 될 것이다. 그가 목적지에 이를 수 있는 방법은 두 가지가 있다. (1) 애초부터 강의 상류를 향해 비스듬한 방향으로 헤엄을 쳐서 목적지를 향해 똑바로 나아가거나, (2) 반대편 목적지를 향해 똑바로 헤엄을 쳐서 하류 쪽으로 어느 정도 쓸려 내려간 뒤 맞은편 강둑에 올라 목적지로 걸어가는 것이다. 이 사람의 수영 속도는 2.5마일/h이고 걷는 속도는 4마일/h, 그리고 강물이 흐르는 속도는 2마일/h이다. (1), (2) 중 어느 쪽이 얼마나 빠르게 도착할 것인가?

****6-2** 새로 제작된 모터보트의 성능을 강에서 테스트하기로 했다. 강물의 속도는 R이고, 모터보트의 속도는 V이다. 처음에 보트는 강물이 흐르는 방향으로 거리 d만큼 달린 후 동일한 속도로 강물을 거슬러 출발점으로 되돌아왔고, 소요 시간은 t_V였다. 그 다음에는 강물이 흐르는 방향과 직각 방향으로 거리 d만큼 달린 후 다시 출발점으로 되돌아올 때까지 걸리는 시간을 측정하였는데, 결과는 t_A였다(문제의 단순화를 위해, 보트가 U턴을 하는 동안 별도의 시간이 소요되지 않는다고 가정한다). 잔잔한 물에서 보트가 $2d$의 거리를 주파하는 데 걸리는 시간을 t_L이라 했을 때,

(a) t_V/t_A를 구하라.

(b) t_A/t_L를 구하라.

**6-3 끈에 매달린 단진자(질량 $= m$)가 그림과 같이 천장으로부터 H만큼 낮은 평면상에서 원운동을 하고 있을 때, 한 번 회전하는 데 소요되는 시간(주기)을 구하라.

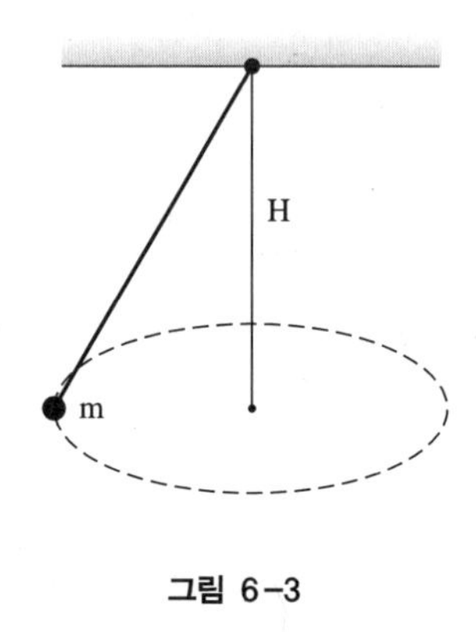

그림 6-3

***6-4 당신은 동쪽을 향해 15노트의 균일한 속도로 항해 중인 유람선에 타고 있다. 갑판에 올라와 사방을 둘러보니, 남쪽으로 6마일 떨어진 지점에서 유조선이 26노트의 속도로 움직이다가 얼마 후에 당신이 타고 있는 배의 뒤쪽으로 지나갔다. 가장 가까이 접근했을 때 두 배 사이의 거리는 3.0마일이었다.

(a) 유조선은 어느 방향으로 가고 있는가?

(b) 유조선이 남쪽 6마일 지점에서 처음 눈에 띈 후 가장 가까운 거리로 접근할 때까지 소요된 시간은 얼마인가?

5-7 비상대론적 3차원 충돌(제1권 10장, 11장)

7-1 질량 M인 입자가 등속으로 이동하다가 정지해 있는 질량 $m(m < M)$인 입자와 완전 탄성 충돌을 했다. 질량 M인 입자의 최대 산란각을 구하라.

7-2 실험실계(Lab system)에서 질량 m_1인 물체가 속도 v로 움직이다가 정지 상태에 있는 질량 m_2인 물체와 충돌했다. 충돌 후의 운동 에너지를 질량 중심계(CM system)에서 측정했더니, 원래 운동 에너지의 $(1 - \alpha^2)$배가 손실된 것으로 판명되었다. 실험실계에서 측정했을 때, 손실된 에너지는 얼마인가?

7-3 1MeV의 운동 에너지를 가진 양성자가 정지해 있는 원자핵과 탄성 충돌한 후 90°각도로 산란되었다. 충돌 후 양성자의 운동 에너지가 0.8MeV였다면, 원자핵의 질량은 얼마인가?(양성자의 질량 단위로 계산하라)

5-8 힘(제1권 12장)

*8-1 질량 $m_1 = 4\text{kg}$, $m_3 = 2\text{kg}$인 두 물체가 그림과 같이 도르래와 끈을 통해 질량 $m_2 = 2\text{kg}$인 물체에 연결되어 있다(도르래와 끈의 질량 및 마찰은 무시한다). m_2와 책상면 사이의 마찰 계수가 $\mu = 1/2$일 때, m_1의 가속도를 구하라.

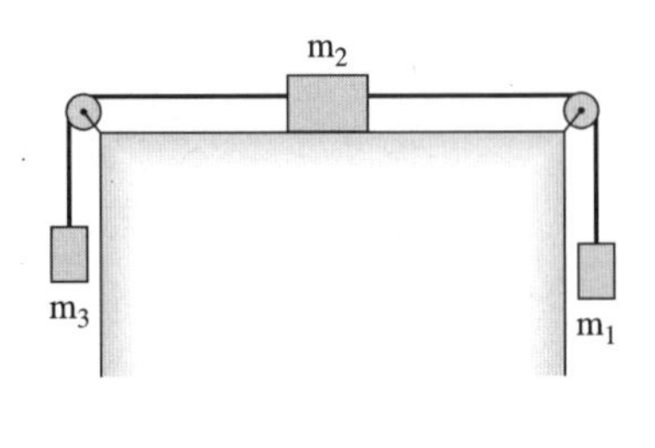

그림 8-1

**8-2 질량 5g인 총알이 수평 방향으로 발사되어 정지해 있던 질량 3kg짜리 나무토막에 박혔고, 나무토막은 총알을 품은 채 25cm를 이동한 후 멈췄다. 나무토막과 바닥 사이의 마찰 계수가 0.2일 때, 총알의 속도를 구하라.

**8-3 한 경찰관이 자동차 A, B의 접촉사고 현장을 조사하다가, 도로 위에 A의 제동 흔적(skid mark)이 150피트에 걸쳐 나 있는 것을 발견하였다. 사고가 난 도로의 제한 속도는 45마일/h이고, 도로와 타이어 사이의 마찰 계수는 0.6 이상인 것으로 확인되

었다. 경찰관은 모든 정황을 파악한 후 자동차 A의 운전자에게 과속위반 딱지를 발부하였다. 자동차 A의 속도는 얼마였을까?(60마일/h=88피트/s이며, 중력 가속도는 32피트/s^{2}이다)

****8-4** 냉방장치를 가동 중인 학교 버스가 기차 건널목을 향해 다가가고 있다. 그런데 버스에 탄 학생 중 하나가 수소 가스로 가득 찬 풍선을 좌석에 매달아 놓았다. 이 풍경을 밖에서 보았더니, 풍선은 수직선과 30°의 각도를 이루며 앞쪽으로 기울어져 있었다. 그렇다면 버스의 속도는 빨라지고 있는가? 아니면 느려지고 있는가? 정확한 가속도는 얼마인가?

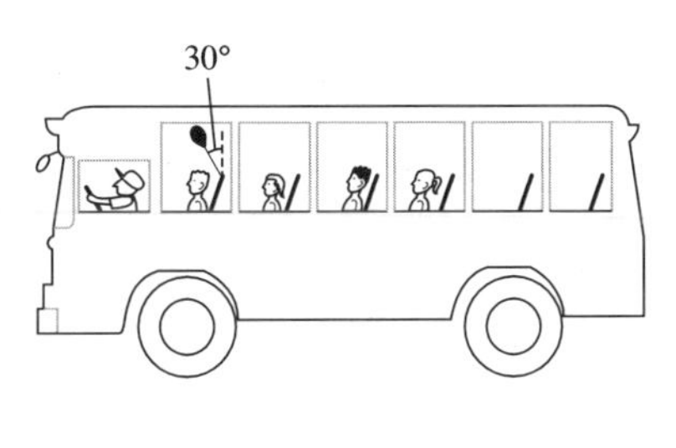

그림 8-4

*****8-5** 무게$=W$인 입자가 거친 경사면 위에 정지된 채로 놓여 있다. 경사면의 각도는 α이다.

(a) 정지 마찰 계수가 $\mu=2\tan\alpha$일 때, 입자를 움직이기 위해 최소한으로 요구되는 수평 힘 H_{min}을 구하라.

(b) 이때 입자는 어느 방향으로 움직이는가?

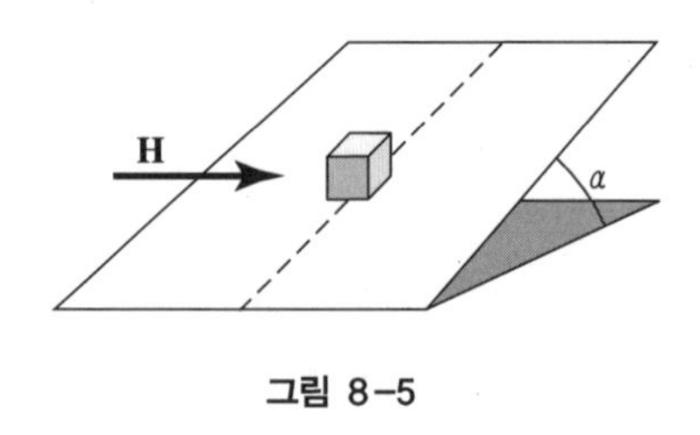

그림 8-5

5-9 퍼텐셜과 장(제1권 13장, 14장)

***9-1** 질량 m인 물체가 v_0의 속도로 움직이다가 용수철 상수 $=k$인 용수철에 충돌하였다. 충돌 후 처음으로 정지하는 지점은 어디인가?(용수철의 질량은 무시하라)

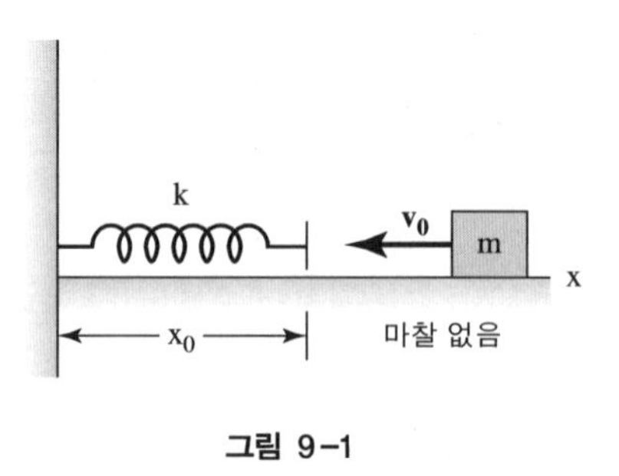

그림 9-1

***9-2** 속이 텅 빈 구형 운석이 우주 공간을 자유롭게 돌아다니고 있다. 그리고 운석의 내부에는 질량 m인 작은 입자가 들어 있다. 이 입자는 운석 내부의 어느 지점에서 평형을 이루는가?

***9-3** 지구의 중력을 탈출하기 위해 최소한으로 요구되는 탈출 속도는 약 7.0마일/s이다. 지구에서 8.0마일/s로 발사된 행성탐사선이 지구로부터 10^6마일 거리까지 비행했을 때 속도는 얼마인가?

****9-4** 마찰이 없는 소형 승용차가 경사진 원형트랙 위를 달리려고 한다. 트랙의 가장 아래쪽 반지름은 R이다. 승용차가 트랙을 이탈하지 않으려면 어느 높이에서 출발해야 하는가?

****9-5** 단위 길이당 무게 $= M$ kg/m이고, 길이 $= L$인 유연한 케이블이 크기와 질량 및 마찰을 무시할 수 있는 도르래에 걸쳐 있다. 처음에는 케이블이 균형을 이루고 있었으나, 누군가가 와서 한쪽 끝을 살짝 잡아당긴 후로는 가속 운동을 하기 시작했다. 케이블이 도르래를 완전히 이탈하는 순간의 속도를 구하라.

****9-6** 마찰이 없는 반지름 R짜리 구의 꼭대기에서 입자 하나가 중력에 의해 미끄러져 내려오기 시작했다. 입자가 구의 표면을 이탈하는 순간, 출발점과의 고도 차는 얼마인가?

****9-7** 질량 $=$ 1,000kg인 자동차에 최대출력 $=$ 120kW짜리 엔진이 장착되어 있다. 속도가 60km/h에 이르렀을 때 엔진이 최대출력을 발휘했다면, 이 자동차가 발휘할 수 있는 가속도의 최대값은 얼마인가?

****9-8** 1960년에 수록된 투척경기의 세계 신기록은 투포환 = 19.30m, 투원반 = 59.87m, 투창 = 86.09m이며, 투척물의 무게는 각각 7.25kg, 2kg, 0.8kg이다. 이들이 1.80m의 높이에서 45°의 각도로 던져졌다는 가정하에, 각 선수들이 한 일을 계산하라. 공기 저항은 무시한다.

*****9-9** 질량 m인 인공위성이 질량 M인 소행성의 주변을 공전하고 있다($M \gg m$). 이 상황에서 어느 순간 갑자기 소행성의 질량이 절반으로 줄었다면,[2] 인공위성은 어떻게 될 것인가? 새로운 궤도의 형태를 서술하라.

5-10 단위와 차원(제1권 5장)

***10-1** 서로 다른 행성에서 우주물리학자로 활동 중인 모(Moe)와 조(Joe)는 중간 행성에서 개최된 '범 우주 물리학회'에 참석하여 범 우주적으로 통일된 단위를 제정하기로 합의했다. 모는 지구에서 사용되고 있는 MKSA 단위계의 장점을 강조하면서 이것을 범 우주적 기본 단위로 채택할 것을 주장하였고, 조는 지구를 제외한 모

---

2) 이런 일은 실제로 일어날 수 있다. 소행성의 내부에 핵폭탄을 설치해 놓고 충분히 먼 거리에서 인공위성으로 관찰하고 있다면, 폭발 후 소행성이 반으로 갈라져도 인공위성에 큰 영향을 주지 않는다.

든 태양계에서 사용되고 있는 M′K′S′A′ 단위계를 강하게 추천했다. 이들이 고집하는 두 단위계의 상관관계는 다음과 같다.

$$m' = \mu m, \qquad l' = \lambda l, \qquad t' = \tau t$$

이들 두 단위계에서 속도와 가속도, 힘, 에너지의 상관관계를 구하라.

**10-2 과학박물관의 기술팀이 태양계 모형을 제작하고 있다. 태양과 각 행성의 재질을 똑같이 재현하면서 크기만 k배로 줄였다면, 각 행성의 공전 주기는 어떻게 달라질 것인가?

5-11 상대론적 에너지와 운동량(제1권 16장, 17장)

*11-1

(a) 입자의 운동량을 운동 에너지 T와 정지질량 에너지 m_0c^2으로 표현하라.

(b) 운동 에너지와 정지질량 에너지가 같을 때, 입자의 속력은 얼마인가?

**11-2 정지 상태의 파이온(질량 $m_\pi = 273m_e$)이 뮤온($m_\mu = 207m_e$)과 뉴트리노($m_\nu = 0$)로 붕괴되었다. 뮤온과 뉴트리노의 운동 에너지와 운동량을 구하라.

**11-3 정지질량이 m_0인 입자가 $v = 4c/5$의 속도로 움직이다가 정지해 있는 다른 비슷한 입자와 비탄성 충돌을 했다.

(a) 한데 뭉쳐진 입자의 속도는 얼마인가?

(b) 정지질량은 얼마인가?

****11-4** 정지해 있는 양성자(P)가 광자(γ)를 흡수하면 양성자-반양성자 쌍이 생성될 수 있다.

$$\gamma + P \rightarrow P + (P + \overline{P})$$

광자의 최소 에너지 E_γ는 얼마인가?(양성자의 정지질량 에너지 $m_p c^2$으로 표현하라)

5-12 2차원 회전과 질량 중심(제1권 18장, 19장)

****12-1** 밀도가 균일한 원판의 일부를 그림과 같이 잘라 냈을 때, 남은 원판의 질량 중심을 구하라.

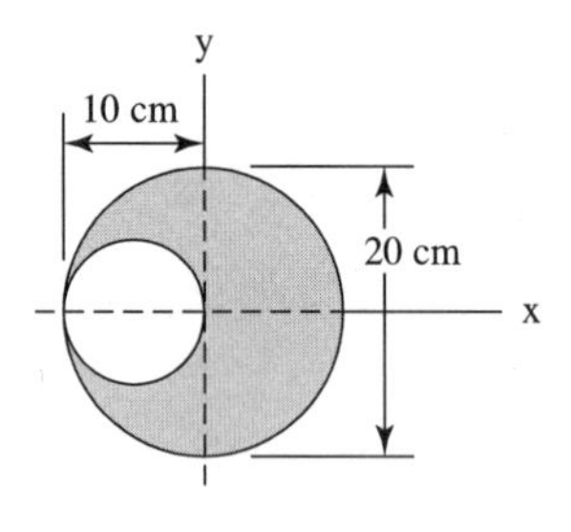

그림 12-1

****12-2** 아래 그림은 원통의 단면도이다. 이 원통은 각 구획마다 밀도가 다른 재질로 만들어졌는데, x-y축을 그림과 같이 단면의 기하학적 중심에 갖다 놓았을 때 각 사분면의 밀도 사이의 비율은 그림에 적힌 숫자와 같다. x-y좌표의 원점과 질량 중심을 동시에 지나는 직선의 방정식을 구하라.

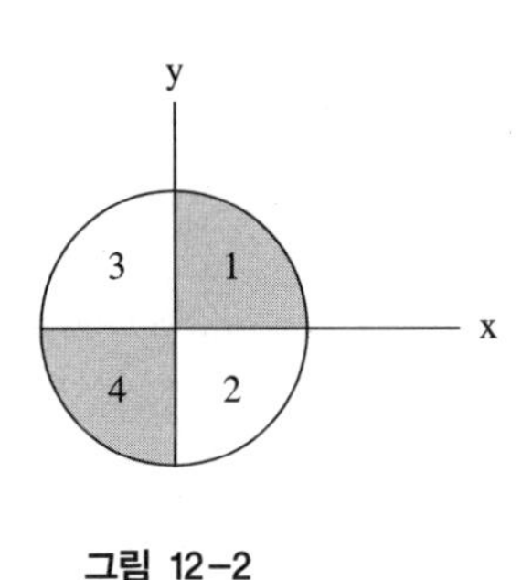

그림 12-2

****12-3** 균일한 재질로 이루어진 정사각형 판자의 한쪽 면을 그림과 같이 잘라서 이등변 삼각형을 만든 후, 남은 판자의 P점을 수평으로 받쳐 들었더니 평형을 유지했다. 잘려 나간 밑변에서 P점까지의 높이는 얼마인가?

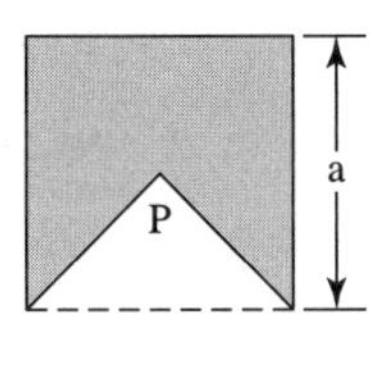

그림 12-3

**12-4 질량이 M_1, M_2인 두 물체를 길이 L인 막대의 양 끝에 매달고(막대의 무게와 M_1, M_2의 크기는 무시한다), L과 수직한 임의의 축을 중심으로 막대를 회전시키려고 한다. 막대의 각속도를 ω_0라 했을 때, 회전에 필요한 에너지를 최소화하려면 회전축은 막대의 어느 지점을 지나야 하는가?

***12-5 크기가 같은 판자를 그림과 같이 평면 위에 사선으로 쌓으려고 한다. 판자의 길이는 L이고, 하나의 판자와 그 위에 올려진 판자는 L/a만큼 어긋나 있다(a는 정수이다). 이런 식으로 최대 몇 개까지 쌓을 수 있을까?

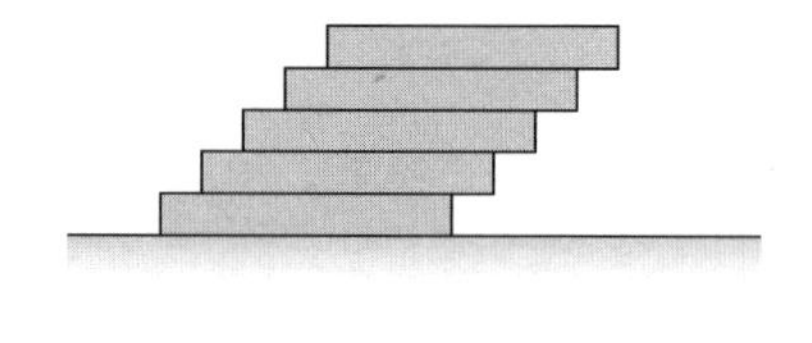

그림 12-5

***12-6 아래 그림은 회전 속도 조절기의 대략적인 모습이다. 이 조절기는 회전축에 연결된 모터(또는 그 외의 다른 장비)의 회전 속도가 120rpm을 초과하면 동력공급을 멈추도록 설계되어 있다. 이음쇠 C의 무게는 10파운드이며, 회전축 AB를 따라 위아래로 마찰 없이 움직일 수 있다. 또한 C는 AC 사이의 거리가 1.41피트

로 줄어들면 전원을 차단하는 역할을 한다. 두 개의 질량 M은 그림과 같이 끈을 통해 회전축과 연결되어 있고, 각 지점들 사이의 거리(굵은 선)는 1.00피트로 세팅되었다(끈의 질량은 무시한다). 이 조절기가 원래 의도대로 작동하려면 질량 M은 얼마가 되어야 하는가?

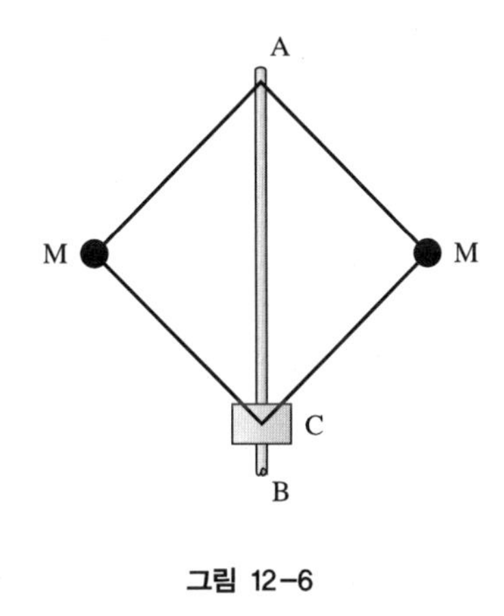

그림 12-6

5-13 각운동량과 관성 모멘트(제1권 18장, 19장)

***13-1** 밀도가 균일하고 길이가 L인 철선의 중간 지점을 각도 θ로 구부렸다. A를 지나면서 철선이 이루는 평면에 수직한 축에 대한 관성 모멘트를 구하라.

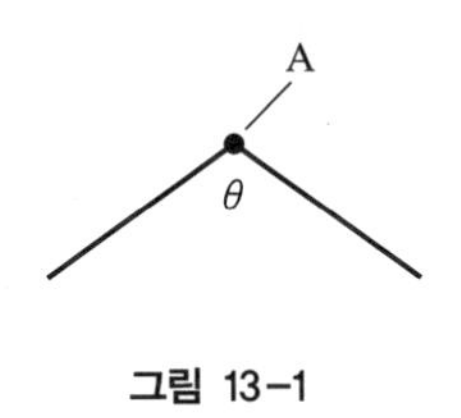

그림 13-1

***13-2** 마찰이 없는 베어링 축에 질량 $=M$, 반지름 $=r$인 원형 실린더가 그림과 같이 걸려 있고, 실린더에 감긴 줄에는 질량 m인 물체가 매달린 채 아래로 떨어지고 있다. m의 가속도를 구하라.

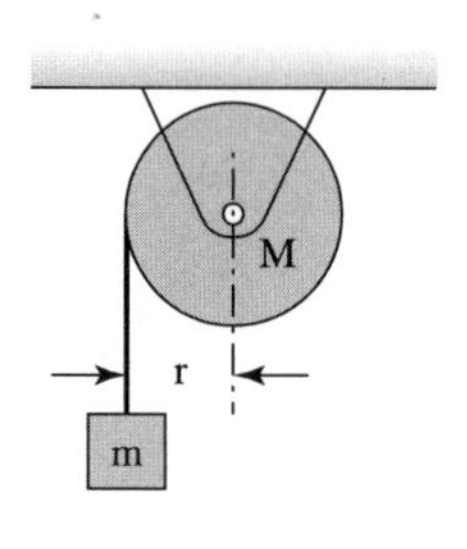

그림 13-2

****13-3** 질량 $=M$, 길이 $=L$인 가느다란 막대의 왼쪽 끝이 지지대에 걸쳐 있고, 오른쪽 끝은 천장에 고정된 끈에 매달려 있다. 끈을 잘랐을 때 막대의 왼쪽 끝에 걸리는 힘은 얼마인가?

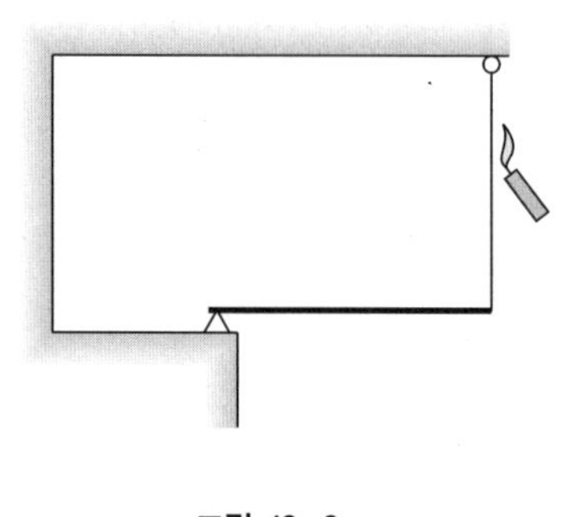

그림 13-3

**13-4 질량 중심에 대한 관성 모멘트가 I이고 질량 M인 대칭형 물체가 높이 h인 경사면의 꼭대기에서 정지 상태에 있다가 미끄러짐 없이 굴러 내려오기 시작했다. 경사면과 맞닿은 면의 반지름은 r이다. 이 물체가 경사면의 바닥까지 내려왔을 때 질량 중심의 속도를 구하라.

**13-5 수평면과 θ의 각도를 이루는 무한궤도 벨트 위에 균일한 재질의 실린더가 굴러 내려갈 준비를 하고 있다. 실린더의 축은 수평 방향이며, 벨트가 뻗은 방향과는 수직을 이루고 있다. 실린더가 벨트 위에서 미끄러짐 없이 굴러간다고 했을 때, 실린더가 구르는 동안 축이 움직이지 않게 하려면 벨트를 어떻게 움직여야 하는가?(벨트의 가속도를 구하라)

**13-6 반지름$=r$인 후프 H가 높이 h인 경사면 꼭대기에 대기하고 있다(후프는 구르는 동안 미끄러지지 않는다). 이 후프가 바닥까지 굴러 내려온 후, 바닥에 고정되어 있는 대형 후프 P(직경$=d$)의 안쪽 궤도를 타고 한 바퀴를 완전히 돌게 하려면, h는 최소한 얼마가 되어야 하는가?

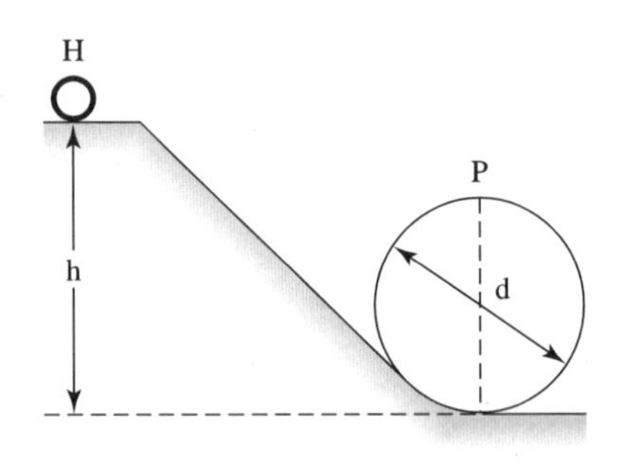

그림 13-6

***13-7 볼링 선수가 질량 $= M$, 반지름 $= R$인 균일한 볼링 공을 레인에 던졌다. 볼링공은 처음에 전혀 구르지 않고 V_0의 속도로 미끄러지면서 전진한다. 레인 바닥과 볼링공 사이의 마찰 계수는 μ이다. 이 공은 얼마나 전진한 후에 미끄러짐 없이 구르기 시작하겠는가? 또한 그때의 속도는 얼마인가?

***13-8 테이블 위에 반지름 $= R$인 구슬을 놓고 위에서 구슬의 한쪽 끝을 손가락으로 세게 눌렀더니, ω_0의 각속도(반시계 방향)로 회전하면서 V_0의 속도로 (오른쪽으로) 전진하였다. 구슬의 회전축은 수평 방향이며, 진행 방향과는 수직을 이루고 있다. 그리고 구슬과 바닥 사이의 미끄럼 마찰 계수는 어디서나 동일하다.

(a) 구슬이 미끄러지면서 전진하다가 조금도 후퇴하지 않고 그 자리에서 멈췄을 때, V_0, R, ω_0 사이의 관계를 유도하라.

(b) 구슬이 미끄러지면서 전진하다가 잠시 멈춘 후에 반대 방향으로 되돌아오기 시작했다. 이 구슬이 출발점을 (반대 방향으로) $3V_0/7$의 속도로 통과했을 때, V_0, R, ω_0 사이의 관계를 유도하라.

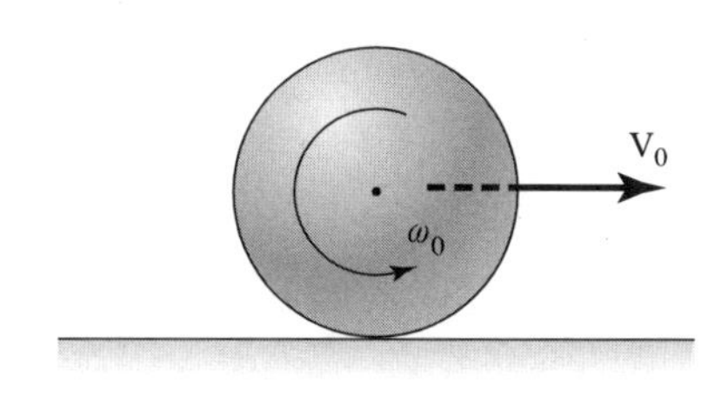

그림 13-8

5-14 3차원 회전(제1권 20장)

*14-1 여러 개의 엔진이 장착된 제트기가 상공에서 좌회전을 시도하고 있다. 모든 엔진들이 비행기의 진행 방향을 기준으로 오른손나사 방향으로 회전하고 있다면, 엔진의 자이로 효과는 비행기에 어떤 영향을 미칠 것인가?

(a) 오른쪽 롤링(rolling)

(b) 왼쪽 롤링

(c) 오른쪽 요잉(yawing)

(d) 왼쪽 요잉

(e) 상향 피칭(pitching)

(f) 하향 피칭

**14-2 질량이 같은 두 개의 물체가 유연한 끈으로 연결되어 있다. 이들 중 한 물체를 손으로 잡고 수평 방향으로 회전시키다가 잡았던 손을 놓았다.

(a) 이 과정에서 줄이 끊어졌다면, 손을 놓기 전에 끊어졌을까? 아니면 손을 놓은 후에 끊어졌을까?
(b) 줄이 끊어지지 않은 경우, 손을 놓은 후 두 물체의 운동을 서술하라.

**14-3 질량$=m$, 반지름$=R$인 목재 후프가 마찰 없는 면 위에 놓여 있다. 이때 누군가가 왼쪽에서 후프와 질량이 같은 총알을 발사했는데, 속도 v로 날아온 총알은 그림과 같이 후프의 바닥 쪽에 박혔다. 이 경우, 질량 중심의 속도는 얼마인가? 질량 중심에 대한 총 각운동량은 얼마인가? 후프의 각속도 ω는 얼마인가? 충돌 전과 충돌 후의 총 운동 에너지는 얼마인가?

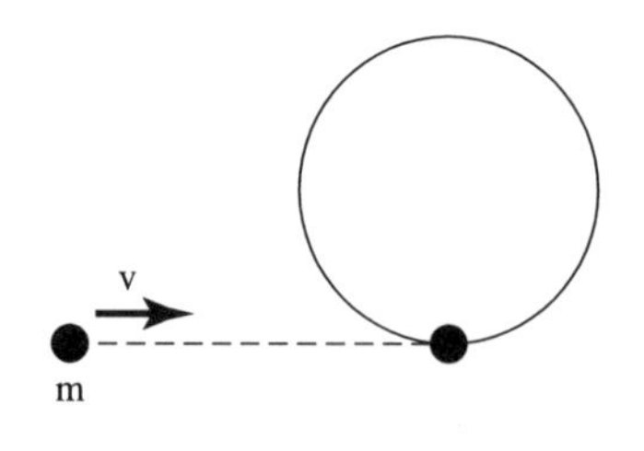

그림 14-3

****14-4** 질량$=M$, 길이$=L$인 가느다란 막대가 마찰 없는 면 위에 똑바로 서 있다. 여기에 질량$=M$인 조그만 진흙덩어리가 막대에 수직한 방향을 따라 속도 v로 다가와서 막대의 아래쪽 끝에 비탄성적으로 충돌했다.

(a) 충돌 전과 충돌 후, 이 물리계의 질량 중심의 속도를 구하라.
(b) 충돌 직후 이 물리계의 질량 중심에 대한 각운동량은 얼마인가?
(c) 충돌 직후의 (질량 중심에 대한) 각속도는 얼마인가?
(d) 이 충돌에서 운동 에너지는 얼마나 손실되었는가?

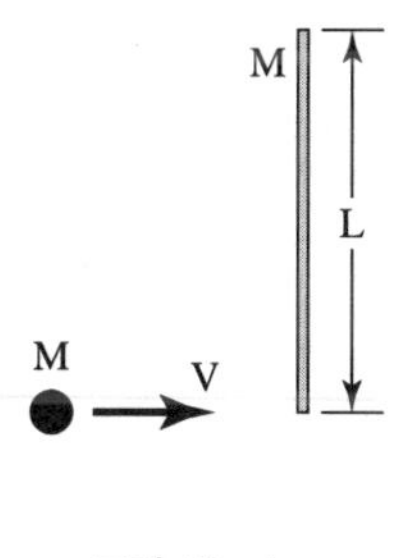

그림 14-4

****14-5** 질량$=M$, 길이$=L$인 균일한 막대 AB가 A점에 매달려 있다. 이 막대는 A를 중심으로 자유롭게 흔들릴 수 있다. 여기에 질량$=M$인 조그만 진흙덩어리가 막대에 수직한 방향을 따라 속도 V로 다가와서 정지 상태에 있는 막대의 아랫부분 B에 충돌한 후 그대로 들러붙었다. 충돌 후에 막대가 한 바퀴를 완전히 돌아가려면, 진흙덩어리의 속도는 최소한 얼마 이상이 되어야 하는가?

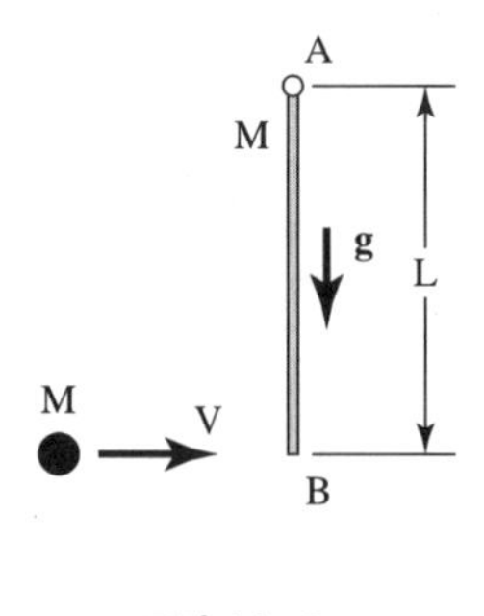

그림 14-5

**14-6 턴테이블 T_1이 다른 턴테이블 T_2 위에 놓여 있다. T_1은 회전 없이 정지된 상태이며, T_2의 각속도는 ω이다. 그러다가 어느 순간에 내부 클러치가 T_2의 축에 작용하여 회전을 멈췄으나, T_1은 T_2 위를 자유롭게 움직이고 있다. T_1의 질량은 M_1이고, 중심축에 대한 관성 모멘트는 I_1이다. 또한 T_2의 질량은 M_2이고 중심축에 대한 관성 모멘트는 I_2이다. T_1과 T_2의 중심축 사이의 거리를 r이라 했을 때, T_2가 멈춘 후 T_1의 각속도 Ω를 구하라.

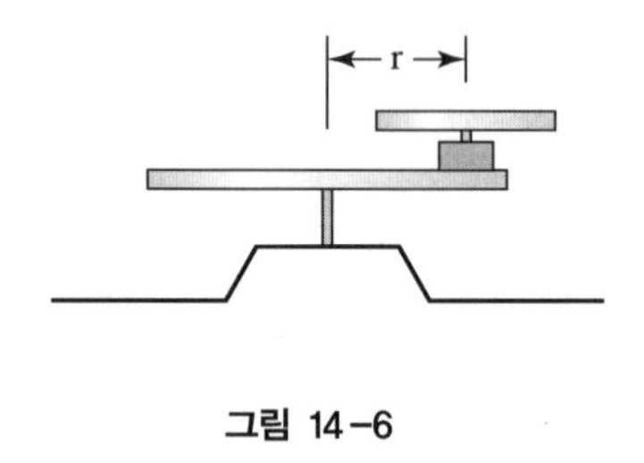

그림 14-6

***14-7 세로로 서 있는 질량 $= M$, 길이 $= L$인 막대의 바닥

쪽에 45°상향으로 충격 J가 가해졌고, 이 충격으로 인해 막대는 허공으로 날아갔다. 이 막대가 바닥에 착지하면서 다시 똑바로 서려면 (J가 가해진 쪽이 아래로 와야 한다), J는 얼마가 되어야 하는가?

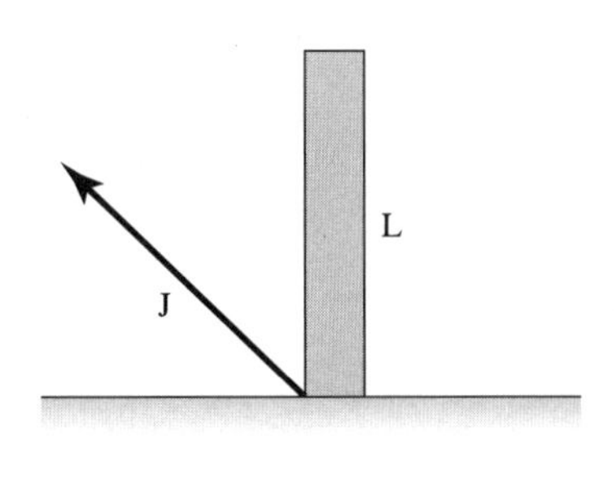

그림 14-7

***14-8 관성 모멘트 $= I_0$인 원형 턴테이블이 가운데 축을 중심으로 회전하고 있다. 턴테이블 위에는 질량 $= m$인 조그만 물체가 놓여 있는데, 이 물체는 턴테이블의 중심을 지나는 트랙 위를 자유롭게 움직일 수 있다. 또한 이 물체에는 가느다란 끈이 연결되어 있고, 끈의 반대쪽 끝은 조그만 도르래를 지나 턴테이블의 회전축을 따라 아래로 늘어져 있다. 처음에 턴테이블은 ω_0의 각속도로 회전하고 있었고, 물체는 중심으로부터 R만큼 떨어진 곳에 정지되어 있었다. 그런데 누군가가 물체에 매달린 줄을 아래로 잡아당겼고, 물체는 턴테이블의 중심으로부터 r만큼 떨어진 곳에서 안정을 되찾았다.

(a) 이 물리계의 새로운 각속도는 얼마인가?

(b) 처음 상태와 나중 상태의 에너지의 차이가 구심력이 한 일과 같음을 증명하라.

(c) 밑에서 잡고 있던 줄을 놓았다면, 물체가 반경 R지점을 통과할 때의 속도 dr/dt는 얼마인가?

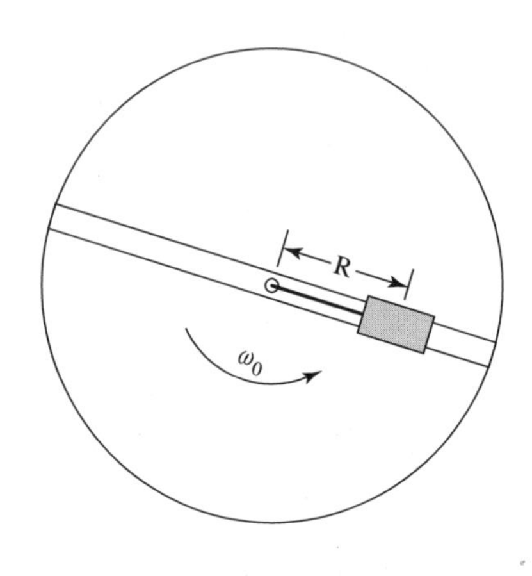

그림 14-8

***14-9 질량=10.0kg, 반지름=1.00m인 얇고 균일한 원판이 질량 중심을 지나는 축 위에 고정되어 있다. 원판의 면과 회전축 사이의 각도는 1°0′이다. 이제, 25.0라디안/s의 각속도로 축을 회전시키려 한다면, 축의 베어링은 얼마의 토크를 공급해야 하는가?

연습 문제 해답

1-1

$$F_P = \frac{1}{\cos\alpha} \text{kg}\cdot\text{wt}$$

$$F_W = \tan\alpha \, \text{kg}\cdot\text{wt}$$

1-2

$$A = \left(\frac{1}{2} + \frac{\sqrt{3}}{2}\right) \text{kg}\cdot\text{wts}$$

$$B = \sqrt{\frac{3}{2}} \, \text{kg}\cdot\text{wts}$$

1-3

$$F = W \frac{\sqrt{h(2R-h)}}{R-h}$$

1-4

(a) $a = -\frac{1}{2}\left(1 - \frac{1}{\sqrt{2}}\right)g$

(b) $M_2,\ t_1 = \sqrt{\frac{2H}{g\left(1 - \frac{1}{\sqrt{2}}\right)}}$

(c) 충돌하지 않는다.

1-5

$\theta = 30°$

1-6

$2 \, \text{ton}\cdot\text{wts}$

1-7

$\theta = 30°$

1-8

$$W = \frac{4w}{\sin\theta}$$

1-9

$v = \sqrt{2gH}$

2-1
1.033

2-2
(a) $\lambda = 0$

(b) $r_s = \frac{1}{9} r_{em}$

3-1
(a) $t = 1843.8\text{s}$

(b) $v \approx 1385\text{ft/s}$

3-2
$\approx 155\text{s}$

3-3
내려올 때

3-4
$e \approx 0.98$

3-5
14.8m/s

3-6
(a) 52.5마일/h

(b) 2.75ft/s^2

3-7
$a_J = \frac{8}{9} a_R$

4-1
$T = 25\text{N}$

4-2
$F = \frac{M_2}{M_1}(M + M_1 + M_2)g$

4-3
$g = \frac{v^2(2M + m)}{2mh}$

4-4
(a) $a_{up} = g/3$

(b) 280파운드

4-5
$m_b \approx 5.8\text{kg}$

5-1
$m_2/m_1 = 3$

5-2

(a) 움직인다.

(b) 북쪽

(c) $V = 5 \times 10^{-4}$m/s

5-3

$F = \mu v(v + gt)$

5-4

$V = x\frac{m+M}{m}\sqrt{\frac{g}{L}}$

5-5

$\Delta v \approx v\frac{f}{4}$

5-6

$F_R = 5.1 \times 10^{-3}$N

$F_R \propto v^2$

6-1

두 번째 경로가 4분 빠르다.

6-2

$\frac{t_V}{t_A} = \frac{V}{\sqrt{V^2 - R^2}}$

$\frac{t_A}{t_L} = \frac{t_V}{t_A}$

6-3

$T = 2\pi\sqrt{\frac{H}{g}}$

6-4

(a) 북쪽

(b) 0.17h

7-1

$\theta_{max} = \sin^{-1}\frac{m}{M}$

7-2

$\left.\frac{\Delta T}{T}\right|_{lab} = \frac{(1-\alpha^2)m_2}{m_1 + m_2}$

7-3

$\frac{M}{m_p} = 9$

8-1

$a = -\frac{g}{8}$

8-2

$v_0 = 595\text{m/s}$

8-3

51.8마일/h

8-4

가속되고 있다.

$a = \frac{g}{\sqrt{3}}\text{m/s}^2$

8-5

(a) $\sqrt{3}\, W \sin\alpha$

(b) $\phi = 60°$

9-1

$x_0 - x = x_0 - v_0\sqrt{\frac{m}{k}}$

9-2

운석 내부의 모든 점에서 평형을 이룬다.

9-3

$v_\infty \approx 3.9$마일/s

9-4

$H = \frac{1}{2}R$

9-5

$v = \sqrt{\frac{gL}{2}}$

9-6

$\frac{R}{3}$

9-7

7.2m/s^2

9-8

$\approx 625\text{J}$

$\approx 570\text{J}$

$\approx 330\text{J}$

9-9

인공위성은 소행성으로부터 포물선 경로를 따라 멀어진다.

10-1

$$v' = \frac{\lambda}{\tau} v$$

$$a' = \frac{\lambda}{\tau^2} a$$

$$F' = \frac{\mu\lambda}{\tau^2} F$$

$$E' = \frac{\mu\lambda^2}{\tau^2} E$$

10-2

주기 T는 k와 무관하다.

11-1

(a) $pc = T\left(1 + \frac{2m_c^2}{T}\right)^{1/2}$

(b) $\frac{v}{c} = \frac{\sqrt{3}}{2}$

11-2

$T_\mu = 4.1\text{MeV}$

$T_\nu = 29.7\text{MeV}$

$p_\mu = p_\nu = 29.7\text{MeV}/c$

11-3

(a) $c/2$

(b) $\frac{4}{\sqrt{3}} m_0$

11-4

$E_\gamma = 4m_p c^2\,(3.8\text{GeV})$

12-1

$x = 1.7\text{cm}$

12-2

$$y = \frac{1}{2}x$$

12-3

$$h = \frac{a}{2}(3 - \sqrt{3})$$

12-4

M_2로부터의 거리 $X =$

$$\frac{M_1 L}{M_1 + M_2}$$

12-5

$n = a$

12-6

$M = 4.0$파운드

13-1

$$I = \frac{mL^2}{12}$$

13-2

$$a = \frac{mg}{m + \frac{M}{2}}$$

13-3

$$F = \frac{Mg}{4}$$

13-4

$$V_0 = r\sqrt{\frac{2Mgh}{I + Mr^2}}$$

13-5

$$a = 2g \sin \theta$$

13-6

$$h = \frac{3d}{2} - 3r$$

13-7

$$D = \frac{12 V_0^2}{49 \mu g}$$

$$V = \frac{5}{7} V_0$$

13-8

(a) $V_0 = \frac{2}{5} R\omega_0$

(b) $V_0 = \frac{1}{4} R\omega_0$

14-1

(e)

14-2

(a) 손을 놓기 전

(b) $V_{CM} = \frac{l}{2}\omega_0 \qquad \omega = \omega_0$

(l=끈의 길이)

14-3

$$V_{CM} = \frac{v}{2}$$

$$L = \frac{mvR}{2}$$

$$\omega = \frac{v}{3R}$$

$$\text{K.E.}\Big|_1 = \frac{mv^2}{2}$$

$$\text{K.E.}\Big|_2 = \frac{mv^2}{3}$$

14-4

(a) $\frac{v}{2}$

(b) $Mv\frac{L}{4}$

(c) $\frac{6}{5}\ \frac{v}{L}$

(d) 20%

14-5

$V = \sqrt{8g\,L}$

14-6

$$\Omega = \frac{I_2}{I_1 + I_2 + M_2 r^2}\,\omega$$

14-7

$J = M\sqrt{\frac{\pi g L n}{3}}$ (n은 정수)

14-8

(a) $\omega = \frac{I_0 + mR^2}{I_0 + mr^2}\,\omega_0$

(b) 생략

(c) $v =$

$$\omega_0\sqrt{\frac{I_0 + mR^2}{I_0 + mr^2}(R^2 - r^2)}$$

14-9

$T \sim 27\mathrm{N\,m}$

찾아보기

ㄱ

ㄴ

ㄷ

ㅅ

ㅇ

ㅈ

ㅊ

ㅋ

ㅌ

ㅍ

ㅎ

사진 출처

9쪽 1962년경의 파인만(촬영자는 알려져 있지 않음). 랠프 레이턴의 허락하에 게재함.

110쪽 컬럼비아 대학교 6층 진 애쉬턴(Jean Ashton)의 희귀도서 및 필사본 도서관, 버틀러(Butler) 도서관. 535 West 114th Street, New York, NY 10027

182쪽 브리스틀 대학교(Bristol Univ.) 물리학과

199쪽 캘리포니아 공과대학(Caltech)

물리

How the nature behaves

파인만의 물리학 강의 I

리처드 파인만 강의, 로버트 레이턴 · 매슈 샌즈 엮음 | 박병철 옮김 | 736쪽 | 양장 38,000원 | 반양장 18,000원, 16,000원(I - I , I - II 로 분권)

40년 동안 한 번도 절판되지 않았던, 전 세계 이공계생들의 전설적인 필독서, 파인만의 빨간 책.

2006년 중3, 고1 대상 권장 도서 선정(서울시 교육청)

파인만의 물리학 강의 II

리처드 파인만 강의, 로버트 레이턴 · 매슈 샌즈 엮음 | 김인보, 박병철 외 6명 옮김 | 이상민 감수 | 800쪽 | 40,000원

파인만의 물리학 강의 I 에 이어 우리나라에 처음으로 소개하는 파인만 물리학 강의의 완역본. 주로 전자기학과 물성에 관한 내용을 담고 있다.

파인만의 여섯 가지 물리 이야기

리처드 파인만 강의 | 박병철 옮김 | 246쪽 | 양장 13,000원, 반양장 9,800원

파인만의 강의록 중 일반인도 이해할 만한 '쉬운' 여섯 개 장을 선별하여 묶은 책. 미국 랜덤하우스 선정 20세기 100대 비소설 가운데 물리학 책으로 유일하게 선정된 현대과학의 고전.

간행물윤리위원회 선정 '청소년 권장 도서'

파인만의 또 다른 물리 이야기

리처드 파인만 강의 | 박병철 옮김 | 238쪽 | 양장 13,000원, 반양장 9,800원

파인만의 강의록 중 상대성이론에 관한 '쉽지만은 않은' 여섯 개 장을 선별하여 묶은 책. 블랙홀과 웜홀, 원자 에너지, 휘어진 공간 등 현대물리학의 분수령이 된 상대성이론을 군더더기 없는 접근방식으로 흥미롭게 다룬다.

일반인을 위한 파인만의 QED 강의

리처드 파인만 강의 | 박병철 옮김 | 224쪽 | 9,800원

가장 복잡한 물리학 이론인 양자전기역학을 가장 평범한 일상의 언어로 풀어 낸 나흘간의 여행. 최고의 물리학자 리처드 파인만이 복잡한 수식 하나 없이 설명해 간다.

발견하는 즐거움

리처드 파인만 지음 | 승영조 · 김희봉 옮김 | 320쪽 | 9,800원

인간이 만든 이론 가운데 가장 정확한 이론이라는 '양자전기역학(QED)'의 완성자로 평가 받는 파인만. 그에게서 듣는 앎에 대한 열정.

문화관광부 선정 '우수학술도서', 간행물윤리위원회 선정 '청소년을 위한 좋은 책'

천재: 리처드 파인만의 삶과 과학

제임스 글릭 지음 | 황혁기 옮김 | 792쪽 | 28,000원

'카오스'의 저자 제임스 글릭이 쓴 천재 과학자 리처드 파인만의 전기. 과학자라면, 특히 과학을 공부하는 학생이라면 꼭 읽어야 하는 책!

2006년 과학기술부 인증 '우수과학도서'

파인만의 과학이란 무엇인가?

리처드 파인만 강연 | 정무광, 정재승 옮김 | 192쪽 | 10,000원

'과학이란 무엇인가?', '과학적인 사유는 세상의 다른 많은 분야에 어떻게 영향을 미치는가?'에 대한 기지 넘치는 강연을 생생히 읽을 수 있다. 리처드 파인만의 1963년 워싱턴 대학교 강연을 책으로 엮었다.

엘러건트 유니버스

브라이언 그린 지음 | 박병철 옮김 | 592쪽 | 20,000원

초끈이론과 숨겨진 차원, 그리고 궁극의 이론을 향한 탐구 여행.

초끈이론의 권위자 브라이언 그린은 핵심을 비껴가지 않고도 가장 명쾌한 방법으로 독자들을 이끈다.

〈KBS TV 책을 말하다〉와 〈동아일보〉 〈조선일보〉 〈한겨레〉 선정 '2002년 올해의 책', 2008년 '새 대통령에게 권하는 책 30선'

우주의 구조

브라이언 그린 지음 | 박병철 옮김 | 747쪽 | 28,000원

'엘러건트 유니버스'에 이어 최첨단 물리를 맛보고 싶은 독자들을 위한 브라이언 그린의 역작! 새로운 각도에서 우주의 본질에 관한 이해를 도모할 수 있을 것이다.

〈KBS TV 책을 말하다〉 테마북 선정, 제46회 한국출판문화상(번역부문, 한국일보사), 아 · 태 이론물리센터 선정 '2005년 올해의 책'

초끈이론의 진실: 이론 입자물리학의 역사와 현주소

피터 보이트 지음 | 박병철 옮김 | 456쪽 | 20,000원

초끈이론은 탄생한 지 20년이 지난 지금까지도 아무런 실험적 증거를 내놓지 못하고 있다. 그 이유는 무엇일까? 입자물리학을 지배하고 있는 초끈이론을 논박하면서 (그 반대진영에 있는) 고리 양자 중력, 트위스터 이론 등을 소개한다.

아이작 뉴턴

제임스 글릭 지음 | 김동광 옮김 | 320쪽 | 16,000원

'엄선된 자서전, 인간 뉴턴이 그늘에서 모습을 드러내다.'

'천재'와 '카오스'의 저자 제임스 글릭이 쓴 아이작 뉴턴의 삶과 업적! 과학에서 가장 난해한 뉴턴의 일생을 진지한 시선으로 풀어낸다.

아인슈타인의 베일: 양자물리학의 새로운 세계

안톤 차일링거 지음 | 전대호 옮김 | 312쪽 | 15,000원

양자물리학의 전체적인 흐름을 심오한 질문들을 통해 설명하는 책. 세계의 비밀을 감추고 있는 거대한 '베일'을 양자이론으로 점차 들춰낸다. 고전물리학에서부터 최첨단 실험 결과에 이르기까지, 일반 독자들을 위해 쉽게 설명하고 있어 과학 논술을 준비하는 학생들에게 도움을 준다.

퀀트: 물리와 금융에 관한 회고

이매뉴얼 더만 지음 | 권루시안 옮김 | 472쪽 | 18,000원

'금융가의 리처드 파인만'으로 손꼽히는 더만! 그가 말하는 이공계생들의 금융계 진출과 성공을 향한 도전을 책으로 읽는다. 금융공학과 퀀트의 세계에 대한 다채롭고 흥미로운 회고. 이공계생들이여, 금융공학에 도전하라!

너무 많이 알았던 사람: 엘런 튜링과 컴퓨터의 발명

데이비드 리비트 지음 | 고중숙 옮김 | 408쪽 | 18,000원

튜링은 제2차 세계대전 중에 독일군의 암호를 해독하기 위해 '튜링기계'를 성공적으로 설계하고 제작하여 연합군에게 승리를 보장해 주었고 컴퓨터 시대의 문을 열었다. 또한 반동성애법을 위반했다는 혐의로 체포되기도 했다. 저자는 소설가의 감성을 발휘하여 튜링의 세계와 특출한 이야기 속으로 들어가 인간적인 면에 대한 시각을 잃지 않으면서 그의 업적과 귀결을 우아하게 파헤친다.

과학의 새로운 언어, 정보

한스 크리스천 폰 베이어 지음 | 전대호 옮김 | 352쪽 | 18,000원

양자역학이 보여 주는 '반직관적인' 세계관과 새로운 정보 개념의 소개. 눈에 보이는 것이 세상의 전부가 아님을 입증해 주는 '양자역학'의 세계와, 현대 생활에서 점점 더 중요시되는 '정보'에 대해 친근하게 설명해 준다. IT산업에 밑바탕이 되는 개념들도 다룬다.

스트레인지 뷰티: 머리 겔만과 20세기 물리학의 혁명

조지 존슨 지음 | 고중숙 옮김 | 608쪽 | 20,000원

20여 년에 걸쳐 입자물리학을 지배했던, 탁월하면서도 고뇌를 벗어나지 못했던 한 인간에 대한 다차원적인 조명. 노벨물리학상 수상자 머리 겔만의 삶과 학문.

갈릴레오가 들려주는 별자리 이야기: 시데레우스 눈치우스

갈릴레오 갈릴레이 지음 | 장헌영 옮김 (근간)

스스로 만든 망원경을 통해 달을 관찰하고, 그 내용을 바탕으로 당대의 천문학적 믿음을 뒤엎었던 갈릴레오. 시대를 넘어선 갈릴레오의 뛰어난 통찰력과 날카로운 지성을 느낄 수 있다.

수학

An invention of the human mind

오일러 상수 감마

줄리언 해빌 지음 | 프리먼 다이슨 서문 | 고중숙 옮김 | 416쪽 | 20,000원

수학의 중요한 상수 중 하나인 감마는 여전히 깊은 신비에 싸여 있다. 줄리언 해빌은 여러 나라와 세기를 넘나들며 수학에서 감마가 차지하는 위치를 설명하고, 독자들을 로그와 조화급수, 리만 가설과 소수정리의 세계로 끌어들인다.

허수: 시인의 마음으로 들여다본 수학적 상상의 세계

베리 마주르 지음 | 박병철 옮김 | 280쪽 | 12,000원

수학자들은 허수라는 상상하기 어려운 대상을 어떻게 수학에 도입하게 되었을까? 하버드 대학교의 저명한 수학 교수인 베리 마주르는 우여곡절 많았던 그 수용과정을 추적하면서 수학에 친숙하지 않은 독자들을 수학적 상상의 세계로 안내한다. 이 책의 목적은 수학에서 '상상력'이 필요한 이유를 제시하고 독자들을 상상하는 훈련에 끌어들임으로써 수학적 사고력을 확장시키는 것이다.

리만 가설: 베른하르트 리만과 소수의 비밀

존 더비셔 지음 | 박병철 옮김 | 560쪽 | 20,000원

수학의 역사와 구체적인 수학적 기술을 적절하게 배합시켜 '리만 가설'을 향한 인류의 도전사를 흥미진진하게 보여 준다. 일반 독자들도 명실공히 최고 수준이라 할 수 있는 난제를 해결하는 지적 성취감을 느낄 수 있을 것이다.

2007 대한민국 학술원 기초학문육성 '우수학술도서' 선정

소수의 음악: 수학 최고의 신비를 찾아

마커스 드 사토이 지음 | 고중숙 옮김 | 560쪽 | 20,000원

수학의 위대한 신비로 남아 있는 소수의 비밀을 파헤친다! 수의 구조와 밀접한 관련을 맺고 있는 소수의 비밀을 풀기 위한 수학자들의 도전사다. 세계 최고의 수학자들이 혼돈 속에서 질서를 찾고 소수의 음악을 듣기 위해 힘겨운 노력을 기울이는 경이로운 과정을 생생하게 담고 있다.

불완전성:쿠르트 괴델의 증명과 역설

레베카 골드스타인 지음 | 고중숙 옮김 | 352쪽 | 15,000원

독자적인 증명을 통해 괴델은 충분히 복잡한 체계, 요컨대 수학자들이 사용하는 체계라면 무엇이든 참이면서도 증명불가능한 명제가 반드시 존재한다는 사실을 밝혀냈다! 놀랍도록 쉽게 풀어 쓴 이야기.

뷰티풀 마인드

실비아 네이사 지음 | 신현용 · 승영조 · 이종인 옮김 | 757쪽 | 18,000원

존 내쉬의 영화 같았던 삶. 그의 삶 속에서 진정한 승리는 정신분열증을 극복하고 노벨상을 수상한 것이 아니라, 아내 앨리샤와의 사랑이 끝까지 살아남아 성장할 수 있었다는 점이다.

간행물윤리위원회 선정 '우수도서', 영화 〈뷰티풀 마인드〉 오스카 4개 부문 수상

무한의 신비

애머 악첼 지음 | 신현용 · 승영조 옮김 | 304쪽 | 12,000원

고대부터 현대에 이르기까지 수학자들이 이루어 낸 무한에 대한 도전과 좌절. 무한의 개념을 연구하다 정신병원에서 쓸쓸히 생을 마쳐야 했던 집합론의 창시자 칸토어와, 피타고라스에서 괴델에 이르는 '무한'의 역사.

영재들을 위한 365일 수학여행

시오니 파파스 지음 | 김흥규 옮김 | 280쪽 | 15,000원

재미있는 수학 문제와 수수께끼를 일기를 쓰듯이 하루에 한 문제씩 풀어 가면서 문제 해결 능력을 키우는 책. 더불어 수학사의 유익한 에피소드들도 읽을 수 있다.

우리 수학자 모두는 약간 미친 겁니다

폴 호프만 지음 | 신현용 옮김 | 376쪽 | 12,000원

83년간 살면서 하루 19시간씩 수학문제만 풀었고, 485명의 수학자들과 함께, 1,475편의 수학논문을 써낸 20세기 최고의 전설적인 수학자 폴 에어디시의 전기.

한국출판인회의 선정 '이달의 책', 론-풀랑 과학도서 저술상 수상

파인만의 물리학 길라잡이

강의록에 딸린 문제 풀이

1판 1쇄 펴냄 2006년 12월 18일
1판 3쇄 펴냄 2016년 12월 20일

지은이 | 리처드 파인만, 마이클 고틀리브, 랠프 레이턴
옮긴이 | 박병철
펴낸이 | 황승기

마케팅 | 송선경
표지디자인 | 소울커뮤니케이션
본문디자인 | 미래미디어

펴낸곳 | 도서출판 승산
등록날짜 | 1998년 4월 2일
주소 | 서울특별시 강남구 역삼동 723번지 혜성빌딩 402호
전화번호 | 02-568-6111
팩시밀리 | 02-568-6118
이메일 | books@seungsan.com
웹사이트 | www.seungsan.com

ISBN 978-89-88907-89-4 94420
978-89-88907-62-7 (세트)

* 이 도서의 국립중앙도서관 출판시도서목록(CIP)은 e-CIP 홈페이지(http://www.nl.go.kr/ecip)에서 이용하실 수 있습니다.(CIP제어번호: CIP2009000435)
* 승산 북카페는 온라인 독서토론을 위한 공간입니다. '이 책의 포럼 tips.seungsan.com'으로 오시면 이 책에 대해 자유롭게 이야기 나눌 수 있습니다.
* 도서출판 승산은 좋은 책을 만들기 위해 언제나 독자의 소리에 귀를 기울이고 있습니다.